迭代分析基础

何松年　张翠杰　编著

科学出版社

北　京

内 容 简 介

本书以非线性算子不动点为出发点导出非线性问题解的迭代算法，着重介绍如下三类非线性问题的迭代算法及其收敛性分析：①非线性算子不动点迭代算法，包括与非线性算子不动点理论和算法密切相关的泛函分析的基本知识，非扩张映像不动点的 Halpern 迭代、粘滞迭代、Mann 迭代以及 Ishikawa 迭代等迭代算法. ②单调变分不等式解的迭代算法，包括变分不等式解的存在性、唯一性理论，Lipschitz 连续单调变分不等式解的外梯度算法、次梯度外梯度算法以及松弛投影方法等.③凸优化问题解的迭代算法，包括凸分析基本知识、二次规划问题、最小二乘问题、凸可行问题、分裂可行问题解的迭代算法，大型线性方程组随机 Kaczmarz 算法，一般凸优化问题的邻近梯度算法等. 本书既介绍了一些经典的结果，也介绍了新近出现的新成果，其中包含了作者的一些新结果.

本书可作为数学专业非线性分析与最优化理论、算法及其应用方向硕士研究生的学习参考书，也可供优化与控制、计算数学、运筹学、非线性规划、机器学习等领域的教师以及相关领域的工程技术人员参考.

图书在版编目(CIP)数据

迭代分析基础/何松年，张翠杰编著. —北京：科学出版社，2023.4
ISBN 978-7-03-074275-9

Ⅰ. ①迭…　Ⅱ. ①何…　②张…　Ⅲ. ①迭代法　Ⅳ. ①O241.6

中国版本图书馆 CIP 数据核字(2022)第 241100 号

责任编辑：王丽平　李香叶／责任校对：彭珍珍
责任印制：赵　博／封面设计：无极书装

科学出版社 出版
北京东黄城根北街 16 号
邮政编码：100717
http://www.sciencep.com
北京华宇信诺印刷有限公司印刷
科学出版社发行　各地新华书店经销
*
2023 年 4 月第 一 版　开本：720×1000　1/16
2024 年 1 月第二次印刷　印张：14 1/2
字数：290 000
定价：88.00 元
(如有印装质量问题，我社负责调换)

前　言

本书是作者近 20 年来为数学专业计算数学方向硕士研究生讲授"迭代分析"课程教学成果的总结. 本书主要内容是在实 Hilbert 空间框架下介绍非线性算子不动点、单调变分不等式解以及凸优化问题解的迭代算法, 既包括了重要的经典成果, 也吸收了部分新成果, 其中包括作者近年来在学术研究中取得的一些新结果. 内容选择不求大而全, 但求算法具有实用性和有效性.

与国内外已出版的相关书籍比较, 本书具有以下两个特点:

(1) 已出版的相关书籍大多系统全面地介绍非线性算子不动点、变分不等式以及凸优化这三类非线性问题中某一类问题的迭代算法成果, 而本书则同时介绍三类非线性问题迭代算法的重要成果, 并且以非线性算子不动点为主线贯穿全书, 使得三部分内容成为紧密联系的整体.

(2) 本书尽力突出基于不动点方程设计求解非线性问题的迭代算法的基本思想, 充分展示利用非线性算子理论分析迭代算法收敛性的基本方法和基本技巧, 力图对读者在数学思想方法方面富有启发性.

科学计算在当今社会中的地位日益提高, 希望掌握非线性问题迭代算法基本知识的人们并不限于数学学科的学生和工作者, 譬如机器学习、数据科学、人工智能等领域也存在大量凸优化问题的数值计算问题. 作者希望本书的出版, 对非线性分析与最优化理论、算法及其应用方向的研究生以及相关领域的教师、科技工作者都有一定的帮助.

中国民航大学理学院院长高有教授、多年的同事与研究合作者董巧丽教授 (天津市教委科研计划项目 (2020ZD02)) 及研究生院对本书出版经费给予了大力支持, 没有他们的大力支持, 本书是不可能顺利出版的. 田明、董巧丽、赵静、段培超、张雅轩、郭燕妮等同仁认真审阅了本书初稿, 提出了许多有益的意见和建议, 研究生陈佳佳为打印书稿付出了辛勤劳动, 科学出版社王丽平编辑在本书编写和出版过程中做了大量认真细致的工作, 作者在此对他们一并表示衷心的感谢.

限于作者水平, 书中不妥和疏漏之处在所难免, 恳请专家与读者不吝指正.

何松年　张翠杰

2022 年 11 月

前　言

目　录

符 号 表

$\mathbb{R}$	实数域
$\mathbb{R}^m$	m 维欧氏空间
$\mathcal{H}$	实 Hilbert 空间
$\mathbf{0}$	向量空间的零向量
$\varnothing$	空集
$\forall$	对任意一个
$\exists$	存在某一个
$A \Leftrightarrow B$	命题 A 与命题 B 等价
$A := B$	B 是 A 的定义
$\{z_i\}_{i=1}^m$	有限序列 $z_1, z_2, \cdots, z_m$
$\{x_n\}$	无穷序列 $x_0, x_1, \cdots, x_n, \cdots$
$x_n \rightharpoonup x^*$	$\{x_n\}$ 弱收敛于 x^*
$x_n \to x^*$	$\{x_n\}$ 强收敛于 x^*
$\overline{\lim\limits_{n\to\infty}} x_n$	$\{x_n\}$ 的上极限
$\underline{\lim\limits_{n\to\infty}} x_n$	$\{x_n\}$ 的下极限
$\omega_w(x_n)$	$\{x_n\}$ 的弱极限点集
$\operatorname{sign}(x)$	x 的符号
$k \bmod m$	k 除以 m 取余数
$A \subset B$	集合 A 含于集合B
$A + B$	集合$\{x + y : x \in A, y \in B\}$
$A \times B$	集合$\{(x, y) : x \in A, y \in B\}$
$U(x_0, r)$	以 x_0 为中心，以 r 为半径的开球
$B(x_0, r)$	以 x_0 为中心，以 r 为半径的闭球
$\operatorname{diam}(D)$	集合 D 的直径
$\operatorname{int}(D)$	集合 D 的开核, 即内点全体所成的集合
$\operatorname{bd}(D)$	集合 D 的边界
$\overline{D}$	集合 D 的闭包
$\operatorname{co}(D)$	集合 D 的凸包, 即包含 D 的最小的凸集

$\overline{\text{co}}(D)$	集合 D 的闭凸包, 即包含 D 的最小的闭凸集
2^D	集合 D 的幂集, 即 D 的子集全体所成的集合类
$\text{span}\{a_1, a_2, \cdots, a_n\}$	由向量 $a_1, a_2, \cdots, a_n$ 生成的线性空间
$V^{\perp}$	线性空间 V 的正交补子空间
$\text{ran}(A)$	算子 A 的值域
$\text{gra}(A)$	算子 A 的图像
$\text{Zero}(A)$	算子 A 的零点集
$\text{Fix}(T)$	算子 T 的不动点集
dom	函数的有效域或集值映像的定义域
A^{T}	矩阵 A 的转置
I	恒等算子或单位矩阵
$\Gamma_0(\mathcal{H})$	映 $\mathcal{H}$ 入$(-\infty, +\infty]$ 的真凸下半连续函数类
ι_C	集合 C 上的指示函数
P_C	集合 C 上的投影算子
N_C	集合 C 上的法锥算子
∇f	函数 f 的梯度算子
$\text{epi}(f)$	函数 f 的上方图
$\arg\min f$	函数 f 的唯一极小值点
$\text{Arg}\min f$	函数 f 的极小值点全体所成集
$S_r^{\leqslant}(f)$	函数 f 的下水平集
∂f	函数 f 的次微分
$\text{Prox}_{\lambda f}$	函数 f 关于指数λ 的邻近算子
J_λ^A	算子 A 的预解式
A^*	算子 A 的 Hilbert 共轭算子
$\mathcal{S}$	某个非线性问题的解集合

第 1 章　非线性算子不动点理论及其算法概述

1.1　不动点理论概述

1.1.1　什么是不动点

设 X 是非空集合, D 是 X 的非空子集, $T: D \to X$ 是映射 (或者称为映像、算子). 顾名思义, 若存在 $x \in D$, 使得 $Tx = x$, 则称 x 为 T 的一个不动点. T 的不动点全体所构成的集合称为 T 的不动点集, 今后我们用 $\mathrm{Fix}(T)$ 来表示 T 的不动点集.

1.1.2　为什么要研究不动点

数学学科中代数方程、微分方程、积分方程等解的存在性问题和求解问题的研究是不动点理论产生和发展的直接动力. 各种类型的方程大多可以归结为如下形式的算子方程: 设 X 为 Banach 空间, D 是 X 的非空子集, y 是 X 中的给定元素, $F: D \to X$ 为算子 (线性或非线性), 寻求 $x \in D$, 使得 $Fx = y$ 成立. 算子方程 $Fx = y$ 是否有解? 若有解, 解是否唯一? 当有解时如何求出解? 这些问题是算子方程的基本问题. 而算子方程解的存在性和求解问题往往等价于某个算子不动点的存在性和不动点的计算问题. 例如算子方程 $Fx = y$ 显然等价于 $Fx - y = \mathbf{0}$, 也等价于 $x - (Fx - y) = x$. 若令 $T: x \to x - (Fx - y)$, 则 $Fx = y$ 等价于 $Tx = x$, 即 x 是算子方程 $Fx = y$ 的解当且仅当 x 是 T 的不动点, 于是 $Fx = y$ 解的存在性与计算问题等价地转化为算子 T 不动点的存在性及其计算问题.

显然这样的算子 T 有多种选择, 譬如也可取 $T: x \to x + (Fx - y)$. 至于在解决实际方程问题中如何选取算子 T 把算子方程问题 $Fx = y$ 等价地转化为算子 T 的不动点问题则是另外一个很重要的问题, 需要根据算子 F 的性质具体分析. 只有选择合适的算子 T 才能有效地解决问题.

1.1.3　若干重要不动点定理

1911 年, Brouwer[16] 证明了第一个不动点定理, 现在被称为 Brouwer 不动点定理. Brouwer 不动点定理是重要的不动点定理之一, 这一定理不仅在数学学科本身有重要应用, 而且在数理经济学等其他学科中也有广泛应用.

定理 1.1 (Milnor[91], 1978 年) 设 $\Omega \subset \mathbb{R}^m$ 是非空有界闭凸集, $T:\Omega \to \mathbb{R}^m$ 为连续算子, 并且 $T(\mathrm{bd}(\Omega)) \subset \Omega$, 其中 $\mathrm{bd}(\Omega)$ 表示 Ω 的边界, 则 T 在 Ω 上至少存在一个不动点.

何松年对 Brouwer 不动点定理做了进一步推广, 把 Ω 为有界闭凸集的条件放宽为 Ω 是一有界闭星形体. 称 Ω 是一个星形体, 若存在一内点 $x_0 \in \Omega$, 使得对任意 $x \in \Omega$, x_0 与 x 连接的线段均属于 Ω, 且至多除 x 点外, 线段上各点均为 Ω 之内点. 显然, 星形体是含有内点的凸集的一种推广, 例如 $\mathbb{R}^2$ 中五角形、星形线所围区域均为星形体, 但不是凸集.

何松年利用 Brouwer 拓扑度理论证明了如下结果.

定理 1.2[70] 设 $\Omega \subset \mathbb{R}^m$ 是有界闭星形体, $T:\Omega \to \mathbb{R}^m$ 为连续算子, 并且 $T(\mathrm{bd}(\Omega)) \subset \Omega$, 则 T 在 Ω 上至少存在一个不动点.

不动点理论的另一个奠基性成果是著名数学家 Banach 于 1922 年证明的如下结果.

定理 1.3 (Banach 压缩映像原理 [7], 1922 年) 设 (X,d) 为完备的度量空间, $T:X \to X$ 是压缩映像, 即存在某常数 $0 \leqslant h < 1$, 使得

$$d(Tx,Ty) \leqslant hd(x,y), \quad \forall x,y \in X,$$

则 T 在 X 中有唯一不动点 x^*, 并且对任一 $x_0 \in X$, 由迭代格式

$$x_{n+1} = Tx_n, \quad n \geqslant 0$$

产生的序列 $\{x_n\}$ 收敛于唯一不动点 x^*. 此外, 有如下收敛速度估计式:

$$d(x_n,x^*) \leqslant \frac{h^n}{1-h} d(x_1,x_0).$$

推论 1.1 设 (X,d) 为完备的度量空间, $T:X \to X$ 是映像, 若存在某个自然数 n_0 使得 T^{n_0} 是压缩的, 则 T 在 X 中存在唯一不动点.

Banach 压缩映像原理是泛函分析乃至数学学科中少有的、非常简洁优美的结果之一, 它不但肯定了不动点的存在性与唯一性, 而且给出了不动点的计算方法, 同时还给出了近似不动点 x_n 逼近精确不动点 x^* 的误差估计. 误差估计为实际计算时按照精度要求确定迭代次数 n 提供了依据. 直到今天, 压缩映像原理仍被广泛应用. 现举例如下, 以便对如何利用压缩映像原理解决某些具体问题获得一个基本的认识.

定理 1.4[127] 设 $C[0,a]$ 表示有界闭区间 $[0,a]$ 上的连续函数空间, 被赋予通常的范数. $k(t,s,x)$ 是定义在 $[0,a]\times[0,a]\times\mathbb{R}$ 上的连续函数, 并且关于第三个变

元满足 Lipschitz 条件, 即存在常数 $L > 0$, 使得

$$|k(t,s,x) - k(t,s,y)| \leqslant L|x-y|, \quad \forall (t,s) \in [0,a]\times[0,a],\ \forall x,y \in \mathbb{R},$$

则对任意 $v \in C[0,a]$, 积分方程

$$u(t) = v(t) + \int_0^t k(t,s,u(s))\mathrm{d}s \quad (0 \leqslant t \leqslant a)$$

有唯一解 $u \in C[0,a]$. 此外, 对任意取定的 $u_0 \in C[0,a]$, 由计算格式

$$u_{n+1}(t) = v(t) + \int_0^t k(t,s,u_n(s))\mathrm{d}s \quad (0 \leqslant t \leqslant a)$$

产生的连续函数序列 $\{u_n(t)\}$ 在 $[0,a]$ 上一致收敛于解 $u(t)$, 即 $\{u_n(t)\}$ 按照 $C[0,a]$ 范数收敛于 $u(t)$.

证明 对连续函数空间 $C[0,a]$ 改赋范数

$$\|g\|_1 = \max_{0\leqslant t\leqslant a} e^{-Lt}|g(t)|, \quad \forall g \in C[0,a].$$

以 $\|\cdot\|_1$ 为范数的 $[0,a]$ 上连续函数空间记作 $C_1[0,a]$. 注意 $C_1[0,a]$ 仍为 Banach 空间, 这是因为两种范数显然是等价的. 因而 $C_1[0,a]$ 与 $C[0,a]$ 是拓扑同构的. 事实上, $\forall g \in C[0,a]$, 通常范数为

$$\|g\| = \max_{0\leqslant t\leqslant a} |g(t)|,$$

显然有

$$e^{-La}\|g\| \leqslant \|g\|_1 \leqslant \|g\|.$$

考虑积分算子 $A: C_1[0,a] \to C_1[0,a]$:

$$(Ag)(t) = v(t) + \int_0^t k(t,s,g(s))\mathrm{d}s, \quad \forall g \in C_1[0,a].$$

显然原积分方程有唯一解当且仅当 A 在 $C_1[0,a]$ 中有唯一不动点. 下证 A 是 $C_1[0,a]$ 上的压缩映像. $\forall g,h \in C_1[0,a]$, 有

$$\begin{aligned}\|Ag - Ah\|_1 &\leqslant L \max_{0\leqslant t\leqslant a} e^{-Lt}\int_0^t |g(s)-h(s)|\mathrm{d}s \\ &= L \max_{0\leqslant t\leqslant a} e^{-Lt}\int_0^t e^{Ls}e^{-Ls}|g(s)-h(s)|\mathrm{d}s\end{aligned}$$

$$
\begin{aligned}
&\leqslant L\|g-h\|_1 \max_{0\leqslant t\leqslant a} e^{-Lt}\int_0^t e^{Ls}\mathrm{d}s \\
&= L\|g-h\|_1 \max_{0\leqslant t\leqslant a} e^{-Lt}\frac{e^{Lt}-1}{L} \\
&\leqslant (1-e^{-La})\|g-h\|_1.
\end{aligned}
$$

因为 $1-e^{-La}<1$, 所以 A 是压缩映像. 由定理 1.3 可知, A 在 $C_1[0,a]$ 中存在唯一不动点 u, 且对任意的 $u_0\in C_1[0,a]$, $A^n u_0\to u(n\to\infty)$, 即迭代序列 $\{u_n(t)\}$ 在 $[0,a]$ 上一致收敛于积分方程之解 $u(t)$. □

注 1.1 多数教材或文献 (譬如 [35], [122]) 中, 取通常范数 $\|g\|=\max\limits_{0\leqslant t\leqslant a}|g(t)|$ 讨论, 为了保证算子 $A:C[0,\lambda]\to C[0,\lambda]$ 是压缩的, 只能取 $\lambda<\min\left\{a,\dfrac{1}{L}\right\}$. 因此当 $a>\dfrac{1}{L}$ 时, 只能在子区间 $[0,\lambda]$ 上得到积分方程解的存在性. 而采用范数 $\|\cdot\|_1$ 后, 可保证在 $[0,a]$ 上有解, 由此显示出采用 $\|\cdot\|_1$ 而不采用 $\|\cdot\|$ 的优越性.

注 1.2 定理 1.4 之证明给我们一点启示: 一个算子是不是压缩的, 事实上是与所选用的范数有关的, 当范数选取适当时有可能获得更好的结果.

推论 1.2 设函数 $f(t,x)$ 在 $[0,a]\times\mathbb{R}$ 上连续, 并且关于第二个变元满足 Lipschitz 条件, 即存在常数 $L>0$, 使得

$$
|f(t,x)-f(t,y)|\leqslant L|x-y|,\quad \forall t\in[0,a],\ \forall x,y\in\mathbb{R},
$$

则微分方程初值问题

$$
\begin{cases}
\dfrac{\mathrm{d}u}{\mathrm{d}t}=f(t,u),\\
u(0)=0
\end{cases}
$$

在 $[0,a]$ 上有唯一解 $u\in C[0,a]$.

证明 容易证明此微分方程问题等价于如下积分方程问题

$$
u(t)=\int_0^t f(s,u(s))\mathrm{d}s.
$$

由定理 1.4 可知结论成立. □

1930 年, Schauder 证明了如下应用非常广泛的不动点定理, 这一定理可以认为是 Brouwer 不动点定理在无限维赋范线性空间中的推广. 直到今天, 这个不动点定理仍然是研究非线性微分方程、积分方程解的存在性的主要工具.

定理 1.5 (Schauder[106], 1930 年) 设 Ω 为赋范线性空间 X 中的非空有界闭凸集, $T:\Omega\to\Omega$ 为全连续算子 (连续的紧算子), 则 T 在 Ω 上存在不动点.

推论 1.3 设 Ω 为赋范线性空间 X 中的非空紧凸集, $T:\Omega\to\Omega$ 为连续算子, 则 T 在 Ω 上必有不动点.

非扩张映像是一种重要的非线性算子, 这种算子的不动点的存在性有如下基本结果.

定理 1.6 (Browder[15], 1965 年) 设 X 为一致凸 Banach 空间, Ω 为 X 中的非空有界闭凸子集, $T:\Omega\to\Omega$ 为非扩张映像, 即

$$\|Tx-Ty\|\leqslant\|x-y\|,\quad \forall x,y\in\Omega,$$

则 T 在 Ω 上有不动点.

定理 1.7 (Goebel-Kirk[43], 1972 年) 设 X 为一致凸 Banach 空间, Ω 为 X 中的非空有界闭凸子集, $T:\Omega\to\Omega$ 为渐近非扩张映像, 即存在实数列 $\{k_n\}$, 满足 $\lim\limits_{n\to\infty}k_n=1$, 使得如下不等式成立

$$\|T^nx-T^ny\|\leqslant k_n\|x-y\|,\quad \forall n\geqslant 1,\ \forall x,y\in\Omega,$$

则 T 在 Ω 上存在不动点.

注 1.3 若 $T:\Omega\to\Omega$ 为渐近非扩张映像, 则我们总是假设对每个自然数 $n\geqslant 1$ 恒有 $k_n\geqslant 1$. 这是因为, 若对某个 $n\geqslant 1$ 成立 $k_n<1$, 则 T^n 是一压缩映像, 则由推论 1.1 可断定 T 必有唯一不动点.

1.2 不动点迭代算法概述

1.2.1 不动点问题研究的演变

概括起来讲, 非线性算子不动点问题研究的核心课题有两个: 其一是不动点的存在性、唯一性以及不动点存在时不动点集的结构等理论性问题; 其二是不动点的计算问题. 早期的不动点问题以理论性研究为主, 很少涉及不动点的计算问题. 近三十年来, 由于计算机科学与技术的迅猛发展, 计算能力大幅提升, 这使得大规模科学与工程计算成为可能, 促使计算数学与科学计算飞速发展, 科学计算的影响和作用越来越大. 今天, 科学计算与理论研究、科学实验一起成为科学研究的三大基本方法这一观点, 已经成为人们的共识. 受此背景的影响与刺激, 不动点理论的研究也呈现出新的变化, 研究重点由不动点的理论研究转向不动点的计算方法研究. 特别是近十年来, 非线性算子不动点迭代算法以及变分不等式解的迭代算法的研究获得蓬勃发展, 成果非常丰硕, 并且在诸如最优化、图像与信号处理等理论与应用领域得到广泛应用.

一般而论, 计算方法分为直接算法和迭代算法 (也即逐次逼近法). 但是, 在科学研究和工程实际中的许多问题都是非线性问题, 而非线性问题一般是比较复杂的, 直接算法往往没有可能. 因此, 迭代算法实际上是基本的 (或者说是主要的) 计算方法, 正因为这一原因, 非线性算子不动点的计算一般只能用迭代方法. 事实上, 即使是线性问题, 比如线性方程组, 当阶数较高、系数矩阵条件数较大时, 直接解法效果往往不好, 也需用迭代方法求解.

所谓不动点的迭代算法是指: 根据非线性算子的特性, 采用某种适当的方式产生一个序列 $\{x_n\}$, 使得此序列收敛 (强收敛或者弱收敛) 于算子的某个不动点.

1.2.2　几种重要的不动点迭代算法

不同类型的非线性算子其性质差异是很大的, 因此其不动点的计算方法也不尽相同, 一般地必须分门别类地去研究. 在应用上最常见的非线性算子是 Lipschitz 连续映像.

定义 1.1　设 X 为 Banach 空间, $D(T) \subset X$, $T: D(T) \to X$ 为非线性算子. 称算子 T 是 Lipschitz 连续映像, 如果存在常数 $L > 0$ (L 称为 Lipschitz 常数), 使得

$$\|Tx - Ty\| \leqslant L\|x - y\|, \quad \forall x, y \in D(T).$$

当我们有必要强调指出 Lipschitz 常数时, 也常称 T 是 L-Lipschitz 连续映像. 特别地, 当 $L = 1$ 时, T 是非扩张映像; 当 $L < 1$ 时, T 是压缩映像.

对于 L-Lipschitz 连续映像, 压缩映像无疑是性质最好的, 非扩张映像是除压缩映像之外较为简单的应用背景广泛且明确的一类非线性算子, 也是最受关注、研究成果最为丰富的一类算子. 到目前为止, 非扩张映像不动点的存在性、不动点集的结构以及不动点的计算方法等研究已经取得比较系统的成果.

假设 X 为 Banach 空间, $C \subset X$ 为非空闭凸集, 算子 $T: C \to C$ 具有不动点, 如何用迭代方法求出 T 的一个不动点呢? 我们列举如下几种常用的迭代格式.

算法 1.1 (Picard 迭代[99], 1890 年)　任取定 $x_0 \in C$, 并令

$$x_{n+1} = Tx_n, \quad \forall n \geqslant 0.$$

Banach 压缩映像原理即采用此法证明了压缩映像不动点的存在性、唯一性以及算法的误差估计. 但是, 对于非压缩映像, Picard 迭代未必收敛, 更未必收敛于其某个不动点.

算法 1.2 (Halpern 迭代 [50], 1967 年)　任取定 $x_0 \in C$, 并令

$$x_{n+1} = \alpha_n u + (1 - \alpha_n)Tx_n, \quad \forall n \geqslant 0,$$

其中 $\{\alpha_n\} \subset [0, 1]$ 为参数序列, $u \in C$ 是固定向量.

Halpern 迭代常用于逼近非扩张映像的不动点. 显然当 $\{\alpha_n\} \subset (0,1)$ 时, $\{(1-\alpha_n)T\}$ 是一列压缩映像, 因此 Halpern 迭代源于正则化思想, 即用一列压缩映像逼近非扩张映像 T, 而 u 与 Tx_n 进行凸组合运算则是为了保证 $\{x_n\} \subset C$, 亦即保证迭代过程能够进行下去, 有人形象地称固定点 u 为 Halpern 迭代的 "锚值".

算法 1.3 (粘滞迭代 [92], 2000 年) 任取定 $x_0 \in C$, 并令

$$x_{n+1} = \alpha_n f(x_n) + (1-\alpha_n)Tx_n, \quad \forall n \geqslant 0,$$

其中 $\{\alpha_n\} \subset [0,1]$ 为参数序列, $f: C \to C$ 为压缩映像.

这种迭代也常用于逼近非扩张映像的不动点. 粘滞迭代是 Halpern 迭代的一种推广 (或称一般化), 当 f 为常算子时, 粘滞迭代即退化为 Halpern 迭代. 许多迭代算法均可以纳入粘滞迭代的框架之下.

算法 1.4 (Mann 迭代 [89], 1953 年) 任取定 $x_0 \in C$, 并令

$$x_{n+1} = \alpha_n x_n + (1-\alpha_n)Tx_n, \quad \forall n \geqslant 0,$$

其中 $\{\alpha_n\} \subset [0,1]$ 为参数序列.

当 $\alpha_n \equiv 0$ 时, Mann 迭代即为 Picard 迭代, 所以 Mann 迭代可以看作是 Picard 迭代的一种推广. Mann 迭代也常用于逼近非扩张映像的不动点. 对每个自然数 $n \geqslant 0$, 令

$$T_n = \alpha_n I + (1-\alpha_n)T,$$

其中 I 表示恒等算子. 容易验证, 当 $\{\alpha_n\} \subset (0,1)$ 时, 每个 T_n 都是非扩张映像, 并且其不动点集与 T 的不动点集相同, 即 $\mathrm{Fix}(T_n) = \mathrm{Fix}(T), \forall n \geqslant 0$, 但是 T_n 的性质却明显好于算子 T. 下面的例子虽然简单, 但清晰地说明了这一点, 因而也说明了 Mann 迭代是有意义的.

例 1.1 考虑平面 $\mathbb{R}^2$ 上逆时针旋转 $\dfrac{\pi}{2}$ 的旋转算子 $T_{\frac{\pi}{2}}: \mathbb{R}^2 \to \mathbb{R}^2$. 则显然 $T_{\frac{\pi}{2}}$ 是线性算子, 且有唯一不动点 $(0,0)^{\mathrm{T}}$. 当 $x_0 \neq (0,0)^{\mathrm{T}}$ 时, 显然 Picard 迭代产生的序列发散, 但取 $\alpha_n \equiv \dfrac{1}{2}$ 时, Mann 迭代序列收敛, 且收敛于唯一不动点 $(0,0)^{\mathrm{T}}$. 此外我们还可以很容易地得到迭代算法的误差估计:

$$\|x_n\| = \left(\frac{1}{\sqrt{2}}\right)^n \|x_0\|, \quad n = 1, 2, \cdots.$$

虽然 Halpern 迭代 (粘滞迭代) 和 Mann 迭代两类算法都常用于计算非扩张映像的不动点, 但二者又有不同的特点. Halpern 迭代 (粘滞迭代) 的优点是其产

生的序列强收敛于某个不动点, 并且可计算具有某种特殊性质的不动点, 譬如计算最小范数不动点, 它的缺点是收敛速度较慢. 而 Mann 迭代的优点是收敛速度较快 (正因为这个原因, 在解决实际问题时, 工程技术人员更乐意采用 Mann 迭代), 缺点是一般的 Mann 迭代产生的序列只能保证弱收敛到某个不动点. 为了获得强收敛性需要对 Mann 迭代做某种修正.

算法 1.5 (Ishikawa 迭代 [72], 1974 年) 任取定 $x_0 \in C$, 并令

$$\begin{cases} y_n = \beta_n x_n + (1-\beta_n)Tx_n, \\ x_{n+1} = \alpha_n x_n + (1-\alpha_n)Ty_n, \end{cases}$$

其中 $\{\alpha_n\}, \{\beta_n\} \subset [0,1]$ 是两个参数序列.

显然如果 $\beta_n \equiv 1, \forall n \geqslant 0$, 那么 Ishikawa 迭代成为 Mann 迭代, 因此 Ishikawa 迭代是 Mann 迭代的一种推广.

对于一类更一般的映像——Lipschitz 连续伪压缩映像不动点的计算问题, 算法 1.1—算法 1.4 均告失效. Ishikawa 迭代的价值在于其不仅可用于计算非扩张映像的不动点, 而且可以用于计算 Lipschitz 连续伪压缩映像的不动点.

定义 1.2 设 X 为 Banach 空间, $D(T) \subset X, T: D(T) \to X$ 为非线性算子, 称算子 T 是伪压缩映像, 如果成立

$$\|Tx - Ty\|^2 \leqslant \|x-y\|^2 + \|(I-T)x - (I-T)y\|^2, \quad \forall x, y \in D(T).$$

注 1.4 伪压缩映像未必是连续映像, 非扩张映像为伪压缩映像.

1.3 练 习 题

练习 1.1 写出一维空间上的 Brouwer 不动点定理, 并证明定理结论.

练习 1.2 证明非线性方程组

$$\begin{cases} x - \cos(x+y) = 0, \\ y - \sin(x+y) = 0 \end{cases}$$

在 $\mathbb{R}^2$ 中有解, 并指出解的所在范围.

练习 1.3 证明推论 1.1.

练习 1.4 设 X 为 Banach 空间. 称 $T: X \to X$ 为膨胀映射, 如果存在 $\rho > 1$, 使得

$$\|Tx - Ty\| \geqslant \rho\|x - y\|, \quad \forall x, y \in X.$$

若 T 为满射, 证明 T 在 X 中有唯一不动点.

练习 1.5 在 Hilbert 空间框架下, 证明伪压缩映像等价定义:

$$\langle x - Ty, x - y \rangle \leqslant \|x - y\|^2, \quad \forall x, y \in D(T),$$

并举例说明伪压缩映像未必连续.

练习 1.6 设 $\{a_n\}$ 和 $\{b_n\}$ 是两个实数列, 且其中之一是收敛的, 证明

$$\overline{\lim_{n\to\infty}}(a_n + b_n) = \overline{\lim_{n\to\infty}} a_n + \overline{\lim_{n\to\infty}} b_n, \quad \underline{\lim_{n\to\infty}}(a_n + b_n) = \underline{\lim_{n\to\infty}} a_n + \underline{\lim_{n\to\infty}} b_n.$$

第 2 章　不动点迭代算法分析基础

2.1　几个重要引理

本节介绍的几个重要引理是研究非线性算子不动点迭代算法收敛性的主要工具, 今后常常会用到. 这几个引理都可以看作微积分中单调有界原理的某种推广, 不妨称之为广义单调有界原理.

2.1.1　重要引理 1

引理 2.1[101]　设 $\{a_n\}$, $\{\lambda_n\}$ 以及 $\{\mu_n\}$ 均为非负实数列, 并且满足

$$a_{n+1} \leqslant (1+\lambda_n)a_n + \mu_n, \quad n \geqslant 0, \tag{2.1}$$

$\sum\limits_{n=0}^{\infty} \lambda_n < +\infty$, $\sum\limits_{n=0}^{\infty} \mu_n < +\infty$, 则有 $\lim\limits_{n\to\infty} a_n$ 存在.

证明　对于任意取定的自然数 $m < n$, 由递推关系式 (2.1) 可得

$$\begin{aligned}
a_{n+1} &\leqslant (1+\lambda_n)a_n + \mu_n \\
&\leqslant (1+\lambda_n)(1+\lambda_{n-1})a_{n-1} + (1+\lambda_n)\mu_{n-1} + \mu_n \\
&\leqslant (1+\lambda_n)(1+\lambda_{n-1})\cdots(1+\lambda_m)a_m + (1+\lambda_n)\cdots(1+\lambda_{m+1})\mu_m \\
&\quad + \cdots + (1+\lambda_n)\mu_{n-1} + \mu_n \\
&\leqslant e^{\sum\limits_{k=m}^{n}\lambda_k}\left(a_m + \sum_{k=m}^{n}\mu_k\right).
\end{aligned} \tag{2.2}$$

任意固定 m, (2.2) 两端令 $n \to \infty$ 取上极限, 得到

$$\overline{\lim_{n\to\infty}}\, a_n \leqslant e^{\sum\limits_{k=m}^{\infty}\lambda_k}\left(a_m + \sum_{k=m}^{\infty}\mu_k\right).$$

于是, 有

$$a_m \geqslant e^{-\sum\limits_{k=m}^{\infty}\lambda_k}\, \overline{\lim_{n\to\infty}}\, a_n - \sum_{k=m}^{\infty}\mu_k. \tag{2.3}$$

注意到假设条件 $\sum\limits_{n=0}^{\infty}\lambda_n < +\infty$ 以及 $\sum\limits_{n=0}^{\infty}\mu_n < +\infty$, (2.3) 两端令 $m\to\infty$ 取下极限, 得到

$$\varliminf_{n\to\infty} a_n \geqslant \varlimsup_{n\to\infty} a_n,$$

从而证明了 $\lim\limits_{n\to\infty} a_n$ 存在. □

2.1.2 重要引理 2

引理 2.2[86, 116] 设 $\{a_n\}$ 是非负实数列, 并且满足

$$a_{n+1} \leqslant (1-\gamma_n)a_n + \gamma_n\sigma_n, \qquad n \geqslant 0, \tag{2.4}$$

其中 $\{\gamma_n\}\subset(0,1)$, $\{\sigma_n\}\subset\mathbb{R}$ 满足条件:

(i) $\sum\limits_{n=0}^{\infty}\gamma_n = +\infty$;

(ii) $\sum\limits_{n=0}^{\infty}|\gamma_n\sigma_n| < +\infty$, 或者 $\varlimsup\limits_{n\to\infty}\sigma_n \leqslant 0$,

那么 $\lim\limits_{n\to\infty} a_n = 0$.

证明 对于任意取定的自然数 $m<n$, 由递推关系式 (2.4) 有

$$\begin{aligned}
a_{n+1} &\leqslant (1-\gamma_n)a_n + \gamma_n\sigma_n \\
&\leqslant (1-\gamma_n)(1-\gamma_{n-1})a_{n-1} + (1-\gamma_n)\gamma_{n-1}\sigma_{n-1} + \gamma_n\sigma_n \\
&\leqslant (1-\gamma_n)(1-\gamma_{n-1})\cdots(1-\gamma_m)a_m + (1-\gamma_n)\cdots(1-\gamma_{m+1})\gamma_m\sigma_m \\
&\quad\ + \cdots + (1-\gamma_n)\gamma_{n-1}\sigma_{n-1} + \gamma_n\sigma_n.
\end{aligned} \tag{2.5}$$

若条件 (ii) 中 $\sum\limits_{n=0}^{\infty}|\gamma_n\sigma_n| < +\infty$ 满足, 则由 (2.5) 得到

$$a_{n+1} \leqslant e^{-\sum\limits_{k=m}^{n}\gamma_k} a_m + \sum_{k=m}^{n}|\gamma_k\sigma_k|. \tag{2.6}$$

于是, 在 (2.6) 中任意固定 m, 两端令 $n\to\infty$ 取上极限, 则由条件 (i) 得到

$$\varlimsup_{n\to\infty} a_n \leqslant \sum_{k=m}^{\infty}|\gamma_k\sigma_k|. \tag{2.7}$$

在 (2.7) 中令 $m \to \infty$, 得到 $\overline{\lim\limits_{n\to\infty}} a_n \leqslant 0$, 由于 $\{a_n\}$ 非负, 故有 $\lim\limits_{n\to\infty} a_n = 0$.

若条件 (ii) 中 $\overline{\lim\limits_{n\to\infty}} \sigma_n \leqslant 0$ 满足, 则对任意 $\varepsilon > 0$, 存在 N, 当 $n \geqslant N$ 时, $\sigma_n < \varepsilon$, 由不等式 (2.5), 则容易看出, 当 $n \geqslant N$ 时,

$$a_{n+1} \leqslant \left(\prod_{k=N}^{n}(1-\gamma_k)\right) a_N + \left(1 - \prod_{k=N}^{n}(1-\gamma_k)\right)\varepsilon. \tag{2.8}$$

由 $\sum\limits_{n=0}^{\infty} \gamma_n = +\infty$ 容易得到 $\lim\limits_{n\to\infty} \prod\limits_{k=N}^{n}(1-\gamma_k) = 0$, 于是由 (2.8) 有 $\overline{\lim\limits_{n\to\infty}} a_n \leqslant \varepsilon$. 最后由 ε 的任意性得到 $\lim\limits_{n\to\infty} a_n = 0$. □

引理 2.2 还可以推广成如下更为一般的形式.

推论 2.1[116] 设 $\{a_n\}$ 是非负实数列, 满足

$$a_{n+1} \leqslant (1-\gamma_n)a_n + \gamma_n\sigma_n + \delta_n, \quad n \geqslant 0,$$

其中 $\{\gamma_n\} \subset (0,1)$, $\{\sigma_n\} \subset \mathbb{R}$ 以及 $\{\delta_n\} \subset \mathbb{R}$ 满足条件:

(i) $\sum\limits_{n=0}^{\infty} \gamma_n = +\infty$;

(ii) $\overline{\lim\limits_{n\to\infty}} \sigma_n \leqslant 0$;

(iii) $\sum\limits_{n=0}^{\infty} |\delta_n| < +\infty$,

那么 $\lim\limits_{n\to\infty} a_n = 0$.

由于推论 2.1 之证明与引理 2.2 极为类似, 此处略去证明.

2.1.3 重要引理 3

引理 2.3[66] 设 $\{s_n\}$ 是非负实数列, 满足条件

$$s_{n+1} \leqslant (1-\gamma_n)s_n + \gamma_n\delta_n, \quad n \geqslant 0, \tag{2.9}$$

$$s_{n+1} \leqslant s_n - \eta_n + \alpha_n, \quad n \geqslant 0, \tag{2.10}$$

其中 $\{\gamma_n\} \subset (0,1)$, $\{\eta_n\}$ 是非负实数列, $\{\delta_n\} \subset \mathbb{R}$, $\{\alpha_n\} \subset \mathbb{R}$ 满足条件:

(i) $\sum\limits_{n=0}^{\infty} \gamma_n = +\infty$;

(ii) $\lim\limits_{n\to\infty} \alpha_n = 0$;

(iii) $\lim\limits_{k\to\infty}\eta_{n_k}=0$ 蕴含 $\overline{\lim\limits_{k\to\infty}}\,\delta_{n_k}\leqslant 0,\ \forall\{n_k\}\subset\{n\}$,

那么 $\lim\limits_{n\to\infty}s_n=0$.

证明 我们分以下两种情况来证明当 $n\to\infty$ 时, $s_n\to 0$.

第一种情况: $\{s_n\}$ 是严格单调递减的, 即 $\exists N\geqslant 0$, 使得对一切 $n\geqslant N$ 成立 $s_n>s_{n+1}$. 在这种情况下, $\{s_n\}$ 一定是收敛的. 另一方面, 由 (2.10) 可得

$$\eta_n\leqslant(s_n-s_{n+1})+\alpha_n. \tag{2.11}$$

注意到条件 (ii), (2.11) 式两边令 $n\to\infty$ 可得

$$\lim_{n\to\infty}\eta_n=0.$$

再由条件 (iii), 得到

$$\overline{\lim_{n\to\infty}}\,\delta_n\leqslant 0.$$

应用引理 2.2, 我们可以断定 $\lim\limits_{n\to\infty}s_n=0$.

第二种情况: $\{s_n\}$ 不是严格单调递减的. 于是存在某个自然数 n_0, 使得

$$s_{n_0}\leqslant s_{n_0+1},$$

定义一个指标集合列

$$J_n:=\{n_0\leqslant k\leqslant n: s_k\leqslant s_{k+1}\},\quad n>n_0.$$

则显然, J_n 是非空的并且满足 $J_n\subset J_{n+1}$. 令 $\tau(n)=\max\limits_{k\in J_n}\{k\},\forall n>n_0$. 显然, 当 $n\to\infty$ 时, $\tau(n)\to\infty$(否则 $\{s_n\}$ 是严格单调递减的). 由 $\tau(n)$ 的定义可断定, 对一切 $n>n_0$, $s_{\tau(n)}\leqslant s_{\tau(n)+1}$ 成立. 更进一步地, 还可以证明

$$s_n\leqslant s_{\tau(n)+1},\quad \forall n>n_0. \tag{2.12}$$

事实上, 如果 $\tau(n)=n$, (2.12) 式已经成立. 如果 $\tau(n)\leqslant n-1$, 则存在一个整数 $i\geqslant 1$, 使得 $\tau(n)+i=n$. 由 $\tau(n)$ 的定义可知

$$s_{\tau(n)+1}>s_{\tau(n)+2}>\cdots>s_{\tau(n)+i}=s_n,$$

于是 (2.12) 式成立.

因为 $s_{\tau(n)}\leqslant s_{\tau(n)+1}$ 对一切 $n>n_0$ 成立, 所以由 (2.11) 式知

$$0\leqslant\eta_{\tau(n)}\leqslant\alpha_{\tau(n)}.$$

应用条件 (ii) 可得

$$\lim_{n\to\infty} \eta_{\tau(n)} = 0. \tag{2.13}$$

再由条件 (iii) 得到

$$\overline{\lim_{n\to\infty}}\, \delta_{\tau(n)} \leqslant 0. \tag{2.14}$$

再一次注意到 $s_{\tau(n)} \leqslant s_{\tau(n)+1}$, $\forall n > n_0$. 则由 (2.9) 式可得

$$s_{\tau(n)} \leqslant \delta_{\tau(n)}. \tag{2.15}$$

综合 (2.14) 和 (2.15) 得到

$$\overline{\lim_{n\to\infty}}\, s_{\tau(n)} \leqslant 0,$$

因此

$$\lim_{n\to\infty} s_{\tau(n)} = 0. \tag{2.16}$$

综合 (2.10), (2.13) 以及 (2.16) 得

$$s_{\tau(n)+1} \leqslant s_{\tau(n)} - \eta_{\tau(n)} + \alpha_{\tau(n)} \to 0 \quad (n \to \infty).$$

最后由 (2.12) 得

$$\lim_{n\to\infty} s_n = 0.$$

□

2.1.4 重要引理 4

引理 2.4[2-4] 设 $\{s_n\}$, $\{\delta_n\}$ 以及 $\{\alpha_n\}$ 是非负实数列, 满足

$$s_{n+1} \leqslant s_n + \alpha_n(s_n - s_{n-1}) + \delta_n, \quad n \geqslant 0, \tag{2.17}$$

$\sum_{n=0}^{\infty} \delta_n < +\infty$, 且存在常数 $\alpha \in (0,1)$, 使得 $0 \leqslant \alpha_n \leqslant \alpha < 1$, 则必成立:

(i) $\sum_{n=0}^{\infty} [s_n - s_{n-1}]_+ < +\infty$, 其中 $[t]_+ = \max\{t, 0\}$;

(ii) 存在 $s^* \in [0, +\infty)$, 使得 $\lim_{n\to\infty} s_n = s^*$.

证明 容易验证: 对于任意正实数 a 以及任意实数 b, c 成立:

$$[ab]_+ = a[b]_+, \tag{2.18}$$

$$[b+c]_+ \leqslant [b]_+ + [c]_+. \tag{2.19}$$

以下将多次用到这两个基本关系式.

由 (2.17) 可得

$$s_{n+1}-s_n\leqslant\alpha_n(s_n-s_{n-1})+\delta_n,\quad n\geqslant 0,$$

于是由 (2.18) 和 (2.19) 有

$$[s_{n+1}-s_n]_+\leqslant\alpha_n[s_n-s_{n-1}]_++\delta_n,\quad n\geqslant 0.$$

再由条件 $0\leqslant\alpha_n\leqslant\alpha<1$, 可得

$$[s_{n+1}-s_n]_+-\alpha[s_n-s_{n-1}]_+\leqslant\delta_n,\quad n\geqslant 0.$$

同理有如下各式

$$[s_n-s_{n-1}]_+-\alpha[s_{n-1}-s_{n-2}]_+\leqslant\delta_{n-1},$$

$$\cdots\cdots$$

$$[s_2-s_1]_+-\alpha[s_1-s_0]_+\leqslant\delta_1.$$

以上各式相加得到

$$[s_{n+1}-s_n]_++(1-\alpha)\sum_{k=0}^{n-1}[s_{k+1}-s_k]_+\leqslant\alpha[s_1-s_0]_++\sum_{k=0}^{n}\delta_k. \tag{2.20}$$

(2.20) 以及已知条件 $\sum\limits_{n=0}^{\infty}\delta_n<+\infty$ 表明 $\sum\limits_{n=0}^{\infty}[s_n-s_{n-1}]_+<+\infty$, 即 (i) 成立.

注意到 $\max\{x,y\}=\dfrac{x+y}{2}+\dfrac{|x-y|}{2}$, 得到

$$\sum_{k=0}^{n}[s_{k+1}-s_k]_+=\frac{1}{2}[s_{n+1}-s_0]+\frac{1}{2}\sum_{k=0}^{n}|s_{k+1}-s_k|,$$

从而有

$$\sum_{k=0}^{n}|s_{k+1}-s_k|\leqslant 2\sum_{k=0}^{n}[s_{k+1}-s_k]_++s_0. \tag{2.21}$$

(2.21) 结合结论 (i) 可断定 (ii) 成立. □

2.2 Banach 空间基础

2.2.1 Banach 空间基本概念

设 X 为实线性空间. 若 X 上实函数 $\|\cdot\|$ 满足

(i) (非负性) $\|x\| \geqslant 0, \forall x \in X$, 且 $\|x\|=0$ 当且仅当 $x=0$;

(ii) (正齐性) $\|\lambda x\|=|\lambda| \cdot \|x\|, \forall \lambda \in \mathbb{R}, \forall x \in X$;

(iii) (三角不等式) $\|x+y\| \leqslant \|x\|+\|y\|, \forall x, y \in X$,

则称 $\|\cdot\|$ 为 X 上的范数, 称 $(X,\|\cdot\|)$ 为赋范线性空间. 赋范线性空间均为度量空间, 因为由范数 $\|\cdot\|$ 可导出距离: $d(x, y)=\|x-y\|, \forall x, y \in X$. 设 $\{x_n\}$ 是 X 中的序列, 如果存在 $x \in X$, 使得 $\lim\limits_{n \rightarrow \infty}\|x_n-x\|=0$, 则称 $\{x_n\}$ 强收敛于 x, 记作 $x_n \rightarrow x$. 如果 $\lim\limits_{m, n \rightarrow \infty}\|x_m-x_n\|=0$, 则称 $\{x_n\}$ 是一个 Cauchy 列. 如果 $(X,\|\cdot\|)$ 中每个 Cauchy 列都收敛, 那么称 $(X,\|\cdot\|)$ 是完备的. 完备的赋范线性空间称为 Banach 空间. 为符号简单起见, 常把赋范线性空间 $(X,\|\cdot\|)$ 简记为 X.

强收敛有时显得太强, 需要用到弱收敛, 因此需要考虑 X 的共轭空间:

$$X^*=\{x^*: x^* \text{是} X \text{上的连续线性泛函}\},$$

共轭空间 X^* 是 Banach 空间.

定义 2.1 称 $\{x_n\} \subset X$ 弱收敛于 $x \in X$, 如果 $\forall f \in X^*$, 都有 $f(x_n) \rightarrow f(x)\ (n \rightarrow \infty)$. $\{x_n\}$ 弱收敛于 x, 记作 $x_n \rightharpoonup x$.

对于无限维空间, 弱收敛确实比强收敛要弱, 但当 X 为有限维空间时, 二者等价.

定义 2.2 若在同构意义下 $X^{**}=X$, 则称 X 是自反的.

众所周知, Hilbert 空间 $\mathcal{H}$, Banach 空间 l^p 和 $L^p[a, b]\ (1<p<+\infty)$ 均为自反的 Banach 空间, 而 l^1, l^{∞}, $L^1[a, b]$, $L^{\infty}[a, b]$ 均为非自反的 Banach 空间.

2.2.2 严格凸与一致凸

凸性是 Banach 空间很重要的一类性质.

定义 2.3 (严格凸空间) 称一个 Banach 空间 X 是严格凸的, 如果它的单位闭球 $B(\mathbf{0}, 1)=\{x \in X:\|x\| \leqslant 1\}$ 是严格凸的: $\forall x, y \in B(\mathbf{0}, 1), x \neq y$, 有 $\left\|\dfrac{x+y}{2}\right\|<1$.

定义 2.4 (一致凸空间) 称一个 Banach 空间 X 是一致凸的, 如果对任意 $\varepsilon \in(0,2]$, 存在 $\delta=\delta(\varepsilon)>0$, 满足 $\forall x, y \in B(\mathbf{0}, 1)$, 只要 $\|x-y\| \geqslant \varepsilon$, 就有 $\left\|\dfrac{x+y}{2}\right\| \leqslant 1-\delta(\varepsilon)$.

空间的凸性可由凸性模来刻画.

定义 2.5 (凸性模) 设 X 是一个 Banach 空间, 称函数

$$\delta_X(\varepsilon)=\inf\left\{1-\frac{\|x+y\|}{2}:\forall x,y\in B(\mathbf{0},1),\|x-y\|\geqslant\varepsilon\right\},\quad \forall\varepsilon\in(0,2]$$

为 X 的凸性模.

容易验证, X 是一致凸空间的充分必要条件是 $\delta_X(\varepsilon)>0, \forall\varepsilon\in(0,2]$. Hilbert 空间 $\mathcal{H}$、Banach 空间 l^p 和 $L^p[a,b]$ $(1<p<+\infty)$ 均为一致凸空间, 而 l^1, l^∞, $L^1[a,b]$, $L^\infty[a,b]$ 都不是一致凸空间. Hilbert 空间 $\mathcal{H}$ 的凸性模很容易计算出来, 其表达式为

$$\delta_{\mathcal{H}}(\varepsilon)=1-\sqrt{1-\left(\frac{\varepsilon}{2}\right)^2},\quad \varepsilon\in(0,2].$$

另外, 可以证明凸性模 $\delta_X(\varepsilon)$ 是 $(0,2]$ 上单调不减的连续函数.

注 2.1 有的文献中把一致凸空间定义为: $\forall\varepsilon\in(0,2]$, $\exists\delta=\delta(\varepsilon)>0$, 满足 $\forall x,y\in X$, 若 $\|x\|=\|y\|=1$, $\|x-y\|\geqslant\varepsilon$, 就有 $\dfrac{\|x+y\|}{2}<1-\delta(\varepsilon)$. 可证两种定义是等价的.

2.2.3 闭与弱闭

定义 2.6 (闭与弱闭) 设 X 为赋范线性空间, $D\subset X$, 称 D 为闭的 (弱闭的), 如果对任何 $\{x_n\}\subset D$, 只要 $x_n\to x_0$ $(x_n\rightharpoonup x_0)$, 就有 $x_0\in D$.

关于闭与弱闭的关系问题, 有如下基本结果.

命题 2.1 若 D 是弱闭集, 则 D 一定是闭集.

证明 设 $\{x_n\}\subset D$, $x_n\to x_0$, 则显然有 $x_n\rightharpoonup x_0$, 又因为 D 是弱闭集, 所以 $x_0\in D$, 从而 D 为闭集. □

命题 2.2 (Banach-Mazur 定理) 若 D 为 Banach 空间 X 中的凸集, 则 D 是弱闭集的充要条件是: D 是闭集.

证明 详细证明见 [124], 第 58 页. □

2.2.4 紧与弱紧

定义 2.7 (紧与弱紧) 设 X 为赋范线性空间, $D\subset X$, 称 D 为紧集 (弱紧集), 如果对任何 $\{x_n\}\subset D$, 存在 $\{x_{n_k}\}\subset\{x_n\}$ 以及 $x_0\in D$, 使得 $x_{n_k}\to x_0$ $(x_{n_k}\rightharpoonup x_0)$.

显然紧集一定是闭集, 弱紧集一定是弱闭集, 反之未必成立. 类似可以定义相对紧集与弱相对紧集的概念.

定义 2.8(相对紧与弱相对紧) 称赋范线性空间 X 的子集 D 为相对紧集 (弱相对紧集), 如果 D 中任何点列都存在收敛 (弱收敛) 于 X 中某点的一个子列.

命题 2.3 假设 X 为自反的 Banach 空间, 则 X 中的有界弱闭集一定是弱紧集.

证明 详细证明见 [124], 第 19 页. □

定义 2.9 (凸包与闭凸包) 设 X 为赋范线性空间, $D \subset X$, X 中包含 D 的最小的凸集称为 D 的凸包, 记作 $\mathrm{co}(D)$. $\mathrm{co}(D)$ 的闭包称为 D 的闭凸包, 记作 $\overline{\mathrm{co}}(D)$.

容易验证

$$\mathrm{co}(D) = \left\{ z : z = \sum_{i=1}^{m} \lambda_i x_i, x_i \in D, \lambda_i \in [0,1],\ \sum_{i=1}^{m} \lambda_i = 1, \forall m \geqslant 1 \right\}. \tag{2.22}$$

$\overline{\mathrm{co}}(D)$ 是包含 D 的最小的闭凸集.

推论 2.2 假设 X 为自反的 Banach 空间, 则 X 中的有界集一定是弱相对紧集.

证明 设 A 是有界集, 则存在常数 $M > 0$, 使得 $\forall x \in A$, 成立 $\|x\| \leqslant M$. 由 (2.22) 可知, $\forall z \in \mathrm{co}(A)$, 存在自然数 $m \geqslant 1$, $\{x_i\}_{i=1}^m \subset A$, 以及 $\{\lambda_i\}_{i=1}^m \subset [0,1]$ 满足 $\sum\limits_{i=1}^{m} \lambda_i = 1$, 使得 $z = \sum\limits_{i=1}^{m} \lambda_i x_i$, 于是有 $\|z\| \leqslant \sum\limits_{i=1}^{m} \lambda_i \|x_i\| \leqslant M$. 明显 $\forall z \in \overline{\mathrm{co}}(A)$ 也有 $\|z\| \leqslant M$, 从而 $\overline{\mathrm{co}}(A)$ 是有界闭凸集, 再根据 Banach-Mazur 定理, $\overline{\mathrm{co}}(A)$ 是有界弱闭集, 由命题 2.3 可断定 $\overline{\mathrm{co}}(A)$ 是弱紧集. 但 $A \subset \overline{\mathrm{co}}(A)$, 所以 A 是弱相对紧集. □

注 2.2 今后将常用到 $\{x_n\}$ 的弱极限点集:

$$\omega_w(x_n) = \{x \in X : \exists \{x_{n_k}\} \subset \{x_n\}, 满足\ x_{n_k} \rightharpoonup x\}.$$

由推论 2.2 可知, 当 X 为自反的 Banach 空间 (特别地, X 为 Hilbert 空间), $\{x_n\}$ 为 X 中的有界点列时, 可断定 $\omega_w(x_n) \neq \varnothing$.

命题 2.4 设 X 为自反的 Banach 空间, $\{x_n\}$ 为 X 中有界点列, 若 $\omega_w(x_n) = \{\overline{x}\}$, 则 $x_n \rightharpoonup \overline{x}$.

证明 假设结论不成立, 则存在 X 上某连续线性泛函 f, 使得 $\{f(x_n)\}$ 不收敛于 $f(\overline{x})$. 于是存在某个 $\varepsilon_0 > 0$ 以及某子列 $\{x_{n_k}\} \subset \{x_n\}$, 对一切自然数 k 恒有 $|f(x_{n_k}) - f(\overline{x})| \geqslant \varepsilon_0$. 由于 $\{x_{n_k}\}$ 也是有界序列, 因而也存在弱收敛的子列 $\{x_{n_{k_j}}\}$, 但由于 $\omega_w(x_n) = \{\overline{x}\}$, 所以 $\{x_{n_{k_j}}\}$ 必然弱收敛于 $\overline{x}$, 进而必有 $f(x_{n_{k_j}}) \to f(\overline{x})\,(j \to \infty)$, 这与 $|f(x_{n_k}) - f(\overline{x})| \geqslant \varepsilon_0$ 相矛盾. □

2.2.5 下半连续与弱下半连续

众所周知, 有界闭区间上连续函数必有最大值和最小值. 但在实际问题中, 我们往往并不企图要求函数既有最大值又有最小值, 只要保证最大值或最小值其中之一存在就可以了. 这样看来, 通常的连续性条件显得有些太强, 于是有必要引进较弱的连续性概念.

定义 2.10(下 (上) 半连续) 设 X 为赋范线性空间, $D \subset X$, $\varphi : D \to \mathbb{R}$ 为一泛函, $x_0 \in D$. 称 φ 在 x_0 点下半连续 (上半连续), 如果对任何 $\{x_n\} \subset D$, 只要 $x_n \to x_0$, 就有

$$\varphi(x_0) \leqslant \varliminf_{n\to\infty} \varphi(x_n) \quad \left(\varphi(x_0) \geqslant \varlimsup_{n\to\infty} \varphi(x_n)\right).$$

显然, 一个泛函在某一点连续的充要条件是该泛函在这一点既下半连续又上半连续.

若在定义 2.10 中把 $x_n \to x_0$ 改成 $x_n \rightharpoonup x_0$, 则可定义弱下半连续和弱上半连续的概念.

命题 2.5 若泛函 φ 在 x_0 点弱下半连续, 则 φ 在 x_0 点下半连续.

证明 设 $x_n \to x_0$, 则 $x_n \rightharpoonup x_0$. 因为 φ 在 x_0 点弱下半连续, 所以 $\varphi(x_0) \leqslant \varliminf_{n\to\infty} \varphi(x_n)$. □

命题 2.6 设 X 为赋范线性空间, 则 X 上的范数函数 $\|x\|, x \in X$, 是弱下半连续函数.

证明 设 $x_n \rightharpoonup x$, 来证 $\|x\| \leqslant \varliminf_{n\to\infty} \|x_n\|$. 由弱收敛定义可知, $\forall f \in X^*$, $f(x_n) \to f(x)$ $(n \to \infty)$. 由泛函延拓定理, $\exists f_0 \in X^*$, 满足

$$\|f_0\| = 1, \quad f_0(x) = \|x\|,$$

于是有 $\|x_n\| = \|f_0\|\|x_n\| \geqslant |f_0(x_n)| \to |f_0(x)| = \|x\|$, 从而有

$$\|x\| \leqslant \varliminf_{n\to\infty} \|x_n\|.$$

□

注 2.3 若 X 为 Hilbert 空间, 则利用 Hilbert 空间上连续线性泛函表示定理, 命题 2.6 有如下另外证法. 设 $x_n \rightharpoonup x_0$, 则有

$$\|x_0\|^2 = \langle x_0, x_0 \rangle = \langle x_0 - x_n, x_0 \rangle + \langle x_n, x_0 \rangle \leqslant \langle x_0 - x_n, x_0 \rangle + \|x_0\| \cdot \|x_n\|.$$

于是有 $\|x_0\|^2 \leqslant \|x_0\| \varliminf_{n\to\infty} \|x_n\|$, 从而有 $\|x_0\| \leqslant \varliminf_{n\to\infty} \|x_n\|$.

有时, 我们还要用到算子的弱连续概念.

定义 2.11(弱连续) 设 X, Y 为赋范线性空间, $D \subset X$, 算子 $T : D \to Y, x_0 \in D$. 若对任何 $\{x_n\} \subset D$, $x_n \rightharpoonup x_0$, 都成立 $Tx_n \rightharpoonup Tx_0$, 则称 T 在 x_0 点弱连续.

2.3 Hilbert 空间基础

2.3.1 Hilbert 空间基本概念

设 X 为实线性空间, $\langle\cdot,\cdot\rangle$ 是定义于 $X\times X$ 上的实函数, 若满足条件:

(i) (正定性) $\langle x,x\rangle\geqslant 0, \forall x\in X$, 且 $\langle x,x\rangle=0$ 当且仅当 $x=0$;

(ii) (对称性) $\langle x,y\rangle=\langle y,x\rangle, \forall x,y\in X$;

(iii) (线性性质) $\langle\alpha x+\beta y,z\rangle=\alpha\langle x,z\rangle+\beta\langle y,z\rangle, \forall\alpha,\beta\in\mathbb{R}, \forall x,y,z\in X$,

则称 $\langle x,y\rangle$ 是 x,y 的内积, 称 $(X,\langle\cdot,\cdot\rangle)$ 是一个内积空间.

内积空间都是赋范线性空间, 其中 $\|x\|=\sqrt{\langle x,x\rangle}$ 是由内积导出的范数. 为符号简单起见, 常把内积空间 $(X,\langle\cdot,\cdot\rangle)$ 简记为 X.

内积空间成立著名的 Cauchy-Schwarz 不等式:

$$|\langle x,y\rangle|\leqslant\|x\|\|y\|,\quad \forall x,y\in X.$$

完备的内积空间称为 Hilbert 空间. 今后, 我们常用 $\mathcal{H}$ 表示一个实 Hilbert 空间.

例 2.1 $l^2=\left\{x=\{x_n\}\subset\mathbb{R}:\sum\limits_{n=1}^{\infty}x_n^2<+\infty\right\}$ 是 Hilbert 空间, 其内积和范数分别为

$$\langle x,y\rangle=\sum_{n=1}^{\infty}x_ny_n,\quad \forall x=\{x_n\},\quad y=\{y_n\}\in l^2$$

和

$$\|x\|=\sqrt{\sum_{n=1}^{\infty}x_n^2},\quad \forall x=\{x_n\}\in l^2.$$

我们知道, 内积空间中范数成立如下平行四边形公式:

$$\|x+y\|^2+\|x-y\|^2=2\left(\|x\|^2+\|y\|^2\right).$$

平行四边形公式是内积空间的特征, 即如果一个赋范线性空间中的范数满足平行四边形公式, 则可以定义一个内积, 使得这个赋范线性空间成为一个内积空间, 并且由内积导出的范数就是赋范线性空间原来的范数.

事实上, 在内积空间中成立如下更为一般的恒等式.

命题 2.7 (i) $\|tx+(1-t)y\|^2=t\|x\|^2+(1-t)\|y\|^2-t(1-t)\|x-y\|^2, \forall t\in\mathbb{R}, \forall x,y\in\mathcal{H}$.

(ii) $\left\|\sum_{i=1}^{m} t_i x_i\right\|^2 = \sum_{i=1}^{m} t_i\|x_i\|^2 - \sum_{i<j} t_i t_j\|x_i - x_j\|^2, \forall t_i \in \mathbb{R}, \sum_{i=1}^{m} t_i = 1, \forall x_i \in \mathcal{H}.$

公式 (i) 在讨论 Hilbert 空间上非线性算子迭代算法时常常会用到. 注意到若 (i) 中 t 取 $\frac{1}{2}$, 则 (i) 成为平行四边形公式. 当需要对一些量进行更为精细的估计时, 需要用到公式 (ii). 公式 (i) 可直接证明, 而公式 (ii) 可采用数学归纳法证明.

2.3.2 泛函表示定理

定理 2.1 (泛函表示定理) 设 $\mathcal{H}$ 是实 Hilbert 空间, 以 $\mathcal{H}^*$ 表示其共轭空间 ($\mathcal{H}$ 上的连续线性泛函全体构成的 Banach 空间), 则 $\mathcal{H}$ 与 $\mathcal{H}^*$ 同构, 其同构映射 $\varphi: \mathcal{H} \to \mathcal{H}^*$ 如下定义: 对于任意 $z \in \mathcal{H}$, $\varphi(z) = f_z \in \mathcal{H}^*$, 其中

$$f_z(x) = \langle x, z\rangle, \quad \forall x \in \mathcal{H}.$$

设 $\mathcal{H}$ 是实 Hilbert 空间, 则利用定理 2.1 容易理解: 对于 $\{x_n\} \subset \mathcal{H}$, $x \in \mathcal{H}$, $\{x_n\}$ 弱收敛于 x 等价于对一切 $y \in \mathcal{H}$ 都成立:

$$\langle x_n, y\rangle \to \langle x, y\rangle \quad (n \to \infty).$$

2.3.3 度量投影

度量投影在非线性问题迭代算法的设计及其收敛性分析研究中具有特别重要的地位. 以下讨论中恒设 $\mathcal{H}$ 为实 Hilbert 空间.

先引进凸集的概念.

定义 2.12 称集合 $C \subset \mathcal{H}$ 为凸集, 如果对 $\forall x, y \in C$ 及 $t \in [0,1]$, 恒成立 $tx + (1-t)y \in C$.

度量投影定义基于如下命题.

命题 2.8 (极小化向量定理) 设 C 是 $\mathcal{H}$ 的非空闭凸子集, 则对任何 $x \in \mathcal{H}$, 存在唯一一点 $z \in C$ 满足 $\|x-z\| \leqslant \|x-y\|, \forall y \in C$, 或等价表示为 $\inf\{\|x-y\|: y \in C\} = \|x-z\|$, 称 z 为 C 逼近 x 的最佳逼近元.

证明 $\forall x \in \mathcal{H}$, 记

$$d = d(x, C) := \inf_{y \in C}\|x-y\|.$$

取一极小化序列 $\{y_n\} \subset C$, 亦即满足 $\lim\limits_{n\to\infty}\|x-y_n\| = d$. 利用 C 之凸性, 由平行四边形公式立得

$$d^2 \leqslant \left\|\frac{y_n + y_m}{2} - x\right\|^2$$

$$
\begin{aligned}
&= \left\| \frac{1}{2}(y_n - x) + \frac{1}{2}(y_m - x) \right\|^2 \\
&= \frac{1}{2}\|y_n - x\|^2 + \frac{1}{2}\|y_m - x\|^2 - \frac{1}{4}\|y_m - y_n\|^2.
\end{aligned}
$$

于是, 有

$$
\|y_m - y_n\|^2 \leqslant 4\left(\frac{1}{2}\|y_n - x\|^2 + \frac{1}{2}\|y_m - x\|^2 - d^2\right) \to 0 \quad (m, n \to \infty),
$$

因此 $\{y_n\}$ 为 Cauchy 列. 由于 $\mathcal{H}$ 为 Hilbert 空间, $C \subset \mathcal{H}$ 是闭集, 所以 $\{y_n\}$ 必然收敛于一点 $z \in C$, 于是 $d = \|x - z\| = \lim\limits_{n\to\infty} \|x - y_n\|$. 假设另有一点 $z' \in C$ 也满足 $d = \|x - z'\|$, 则显然 $\{z, z', z, z', \cdots\}$ 也是一极小化序列, 从而也是收敛点列, 因而必然有 $z = z'$. □

注 2.4 命题 2.8 中最佳逼近元的唯一性也可以这样证明: 由

$$
\begin{aligned}
d^2 &\leqslant \left\| \frac{z + z'}{2} - x \right\|^2 \\
&= \left\| \frac{1}{2}(z - x) + \frac{1}{2}(z' - x) \right\|^2 \\
&= \frac{1}{2}\|z - x\|^2 + \frac{1}{2}\|z' - x\|^2 - \frac{1}{4}\|z - z'\|^2,
\end{aligned}
$$

得到

$$
\|z - z'\|^2 \leqslant 4\left(\frac{1}{2}\|z - x\|^2 + \frac{1}{2}\|z' - x\|^2 - d^2\right) = 0,
$$

从而有 $\|z - z'\| = 0$, 即 $z = z'$.

定义 2.13 (度量投影) 命题 2.8 中 z 称为 x 关于闭凸集 C 的度量投影, 记作 $P_C x$, 于是我们可以定义度量投影算子 $P_C : \mathcal{H} \to C$. 特别地, 当 C 为 $\mathcal{H}$ 之非空闭子空间时, 称 P_C 为关于 C 的正交投影算子.

无论研究非线性算子不动点迭代算法, 还是研究变分不等式解的迭代算法, 总会用到如下结果, 这一结果揭示了度量投影算子的特征.

命题 2.9 (钝角原理 [44]) 对于 $x \in \mathcal{H}$, $z \in C$, $z = P_C x$ 的充要条件是

$$
\langle x - z, y - z \rangle \leqslant 0, \quad \forall y \in C.
$$

证明 (必要性) $\forall y\in C$, $\forall t\in(0,1)$, 由 C 之凸性可知

$$z+t(y-z)=ty+(1-t)z\in C.$$

于是

$$\begin{aligned}\|x-z\|^2&\leqslant\|x-(z+t(y-z))\|^2=\|(x-z)-t(y-z)\|^2\\&=\|x-z\|^2-2t\langle x-z,y-z\rangle+t^2\|y-z\|^2.\end{aligned}$$

从而有 $\langle x-z,y-z\rangle\leqslant\dfrac{t}{2}\|y-z\|^2$. 令 $t\to0$, 得到 $\langle x-z,y-z\rangle\leqslant0$.

(充分性) 假设成立 $\langle x-z,y-z\rangle\leqslant0$, $\forall y\in C$, 则有

$$\langle x-z,y-x+x-z\rangle\leqslant0,\quad\forall y\in C.$$

进而有

$$\|x-z\|^2\leqslant\|x-z\|\cdot\|x-y\|,\quad\forall y\in C.$$

于是, 有 $\|x-z\|\leqslant\|x-y\|$, $\forall y\in C$, 即 z 为 x 的最佳逼近元, 亦即 $z=P_Cx$. □

推论 2.3 设 $\mathcal{H}$ 是实 Hilbert 空间, $V\subset\mathcal{H}$ 是闭子空间, 设 $x\in\mathcal{H}$, $z\in V$, 则 $z=P_Vx$ 的充要条件是

$$\langle x-z,y\rangle=0,\quad\forall y\in V.$$

命题 2.10(投影算子的性质)

(i) $\|x-P_Cx\|^2\leqslant\|x-y\|^2-\|y-P_Cx\|^2$, $\forall x\in\mathcal{H}$, $\forall y\in C$;

(ii) $\langle x-y,P_Cx-P_Cy\rangle\geqslant\|P_Cx-P_Cy\|^2$, $\forall x,y\in\mathcal{H}$;

(iii) $\|P_Cx-P_Cy\|\leqslant\|x-y\|,\forall x,y\in\mathcal{H}$.

证明 (i) 记 $z=P_Cx$, 则由钝角原理可知, $\forall y\in C$, 有

$$\begin{aligned}\|x-y\|^2&=\|x-z+z-y\|^2\\&=\|x-z\|^2+\|z-y\|^2+2\langle x-z,z-y\rangle\\&\geqslant\|x-z\|^2+\|y-z\|^2,\end{aligned}$$

即已证 (i) 成立.

(ii) 由钝角原理可知, 对任何 $x,y\in\mathcal{H}$, 有

$$\langle x-P_Cx,P_Cy-P_Cx\rangle\leqslant0,$$

同理可得

$$\langle y - P_C y, P_C x - P_C y \rangle \leqslant 0,$$

以上两式相加, 有

$$\langle P_C x - P_C y - x + y, P_C x - P_C y \rangle \leqslant 0,$$

从而, $\langle x - y, P_C x - P_C y \rangle \geqslant \|P_C x - P_C y\|^2, \ \forall x, y \in \mathcal{H}$.

(iii) 由结论 (ii) 与 Cauchy-Schwarz 不等式即可证得. □

定义 2.14 设 C 为实 Hilbert 空间 $\mathcal{H}$ 中的非空闭凸子集, $T: C \to C$ 称为非扩张映像, 如果成立

$$\|Tx - Ty\| \leqslant \|x - y\|, \quad \forall x, y \in C.$$

定义 2.15 称 $T: \mathcal{H} \to \mathcal{H}$ 是 firmly 非扩张映像, 如果

$$\langle x - y, Tx - Ty \rangle \geqslant \|Tx - Ty\|^2, \ \forall x, y \in \mathcal{H}. \tag{2.23}$$

注 2.5 firmly 非扩张映像也可等价地定义为: 称 $T: \mathcal{H} \to \mathcal{H}$ 是 firmly 非扩张映像, 如果

$$\|Tx - Ty\|^2 \leqslant \|x - y\|^2 - \|(I - T)x - (I - T)y\|^2, \ \forall x, y \in \mathcal{H}. \tag{2.24}$$

firmly 非扩张映像必为非扩张映像, 而非扩张映像未必是 firmly 非扩张映像. 命题 2.10(ii) 表明度量投影算子是 firmly 非扩张映像. 事实上, 度量投影是典型的、常用的 firmly 非扩张映像.

命题 2.11 设 $T: \mathcal{H} \to \mathcal{H}$ 是 firmly 非扩张映像, 并且 $\mathrm{Fix}(T) \neq \varnothing$. 则如下两个命题等价:

(i) $T = P_{\mathrm{Fix}(T)}$;

(ii) $T^2 = T$.

证明 (i)⇒(ii) 显然成立.

(ii)⇒(i) $\forall x \in \mathcal{H}$, $y \in \mathrm{Fix}(T)$, 由 T 的 firmly 非扩张性有

$$\langle x - y, Tx - y \rangle \geqslant \|Tx - y\|^2,$$

于是有

$$\langle x - Tx, Tx - y \rangle \geqslant 0,$$

即 $\langle x - Tx, y - Tx \rangle \leqslant 0, \ \forall y \in \mathrm{Fix}(T)$.

另一方面, 由于 $T^2 = T$, 所以 T 的值域 $\mathrm{ran}(T) \subset \mathrm{Fix}(T)$, 从而 $Tx \in \mathrm{Fix}(T)$, $\forall x \in \mathcal{H}$, 由钝角原理可得 $Tx = P_{\mathrm{Fix}(T)}x$, $\forall x \in \mathcal{H}$. □

当 C 为闭球、超平面、半空间以及两个半空间的交集等比较简单规则的闭凸集时, 度量投影 P_C 有解析表达式, 而对一般闭凸集 C, 度量投影 P_C 往往没有解析表达式, 从可计算性方面来看, 这是度量投影的一个缺陷.

例 2.2 若 $C=\{z\in\mathcal{H}:\|z-z_0\|\leqslant r\}$, 其中 $z_0\in\mathcal{H}$, $r>0$, 则 P_C 是镜像投影, 即 $\forall x\in\mathcal{H}$, 有

$$P_Cx=\begin{cases}x, & \|x-z_0\|\leqslant r,\\ z_0+\dfrac{r(x-z_0)}{\|x-z_0\|}, & \|x-z_0\|>r.\end{cases}\tag{2.25}$$

P_C 的上述表达式从几何直观上看是"天经地义"的, 下面我们用钝角原理给出 (2.25) 的严格证明.

当 $\|x-z_0\|\leqslant r$ 时, 结论显然成立. 当 $\|x-z_0\|>r$ 时, 一方面显然有 $z_0+\dfrac{r(x-z_0)}{\|x-z_0\|}\in C$, 另一方面, 任取 $y\in C$, 有

$$\begin{aligned}&\left\langle x-z_0,y-z_0-\frac{r(x-z_0)}{\|x-z_0\|}\right\rangle\\ =&\langle x-z_0,y-z_0\rangle-r\|x-z_0\|\\ \leqslant&\|x-z_0\|(\|y-z_0\|-r)\leqslant 0.\end{aligned}$$

注意到 $1-\dfrac{r}{\|x-z_0\|}>0$, 有

$$\begin{aligned}&\left\langle x-z_0-\frac{r(x-z_0)}{\|x-z_0\|},y-z_0-\frac{r(x-z_0)}{\|x-z_0\|}\right\rangle\\ =&\left(1-\frac{r}{\|x-z_0\|}\right)\left\langle x-z_0,y-z_0-\frac{r(x-z_0)}{\|x-z_0\|}\right\rangle\leqslant 0.\end{aligned}$$

于是由钝角原理可知 $P_Cx=z_0+\dfrac{r(x-z_0)}{\|x-z_0\|}$ 成立.

定义 2.16 设 $\mathcal{H}$ 是实 Hilbert 空间, $v\in\mathcal{H}$ 是给定的非零向量, $d\in\mathbb{R}$ 是给定的实数, 则称形如

$$W=\{z\in\mathcal{H}:\langle v,z\rangle=d\}$$

的集合为 $\mathcal{H}$ 的一个超平面, 称非零向量 v 是超平面 W 的法向量, 称 $\mathcal{H}$ 的两个子集

$$W_-=\{z\in\mathcal{H}:\langle v,z\rangle\leqslant d\},\quad W_+=\{z\in\mathcal{H}:\langle v,z\rangle\geqslant d\}$$

为 $\mathcal{H}$ 被超平面 W 分割出的两个 (闭) 半空间.

注 2.6 超平面和半空间概念并不神秘，实际上就是 $\mathbb{R}^2$ 中直线与半空间或者 $\mathbb{R}^3$ 中平面与半空间概念在 Hilbert 空间中的自然推广.

例 2.3 设 $C=\{z\in\mathcal{H}:\langle v,z\rangle\leqslant d\}$，其中 $v\in\mathcal{H}$ 是给定的非零向量，$d\in\mathbb{R}$ 是给定的实数. 任取 $x\in\mathcal{H}$，则 P_Cx 有显式表达式:

$$P_Cx=\begin{cases}x, & \langle v,x\rangle\leqslant d,\\ x-\dfrac{\langle v,x\rangle-d}{\|v\|^2}v, & \langle v,x\rangle>d.\end{cases}\tag{2.26}$$

我们首先基于几何直观导出 (2.26). 当 $x\in C$ 时，显然 $P_Cx=x$. 下设 $x\notin C$，即 x 满足 $\langle v,x\rangle>d$. 令 $z^*=P_Cx$，则从几何直观上看，应有 $x-z^*=\lambda v$，即

$$z^*=x-\lambda v,\tag{2.27}$$

其中 $\lambda>0$ 为待定常数. 由于 $x\notin C$，所以明显 z^* 应在 C 的边界 $\mathrm{bd}(C)$ 上，即在超平面 $\{z\in\mathcal{H}:\langle v,z\rangle=d\}$ 上，亦即 z^* 满足 $\langle v,z^*\rangle=d$. 于是，将 (2.27) 代入得

$$\langle v,x-\lambda v\rangle=d,$$

求得

$$\lambda=\frac{\langle v,x\rangle-d}{\|v\|^2}>0.\tag{2.28}$$

把 (2.28) 代入 (2.27) 有

$$z^*=x-\frac{\langle v,x\rangle-d}{\|v\|^2}v.\tag{2.29}$$

其次利用钝角原理证明 (2.26) 这个结果的正确性. 当 $x\in C$ 时，结论显然成立. 当 $x\notin C$ 时，则有 $\langle v,x\rangle>d$. 对任取定的 $z\in C$，由 (2.28) 和 (2.29) 有

$$\begin{aligned}\langle x-z^*,z-z^*\rangle&=\langle\lambda v,z-x+\lambda v\rangle\\&=\lambda^2\|v\|^2+\lambda\langle v,z-x\rangle\\&=\lambda\left(\lambda\|v\|^2+\langle v,z-x\rangle\right)\\&=\lambda\left(\langle v,x\rangle-d+\langle v,z-x\rangle\right)\\&=\lambda(\langle v,z\rangle-d)\leqslant 0,\end{aligned}$$

其中最后一个不等式用到了 C 的定义以及 $z\in C$. 从而，由钝角原理可断定 $P_Cx=z^*$ 成立.

例 2.4 设 $C=\{z\in\mathcal{H}:\langle v,z\rangle=d\}$, 其中 $v\in\mathcal{H}$ 是给定的非零向量, $d\in\mathbb{R}$ 是给定的实数. 借鉴例 2.3 的讨论过程, 不难验证

$$P_Cx=x-\frac{\langle v,x\rangle-d}{\|v\|^2}v,\quad \forall x\in\mathcal{H}. \tag{2.30}$$

由于 C 较复杂时, P_C 没有解析表达式, 所以有人研究过用交替投影方法代替直接投影. 例如早在 1939 年, von Neumann[96] 讨论了关于两个闭子空间的交替投影算法, 得到了如下结果.

定理 2.2 [96] 设 M,N 是 $\mathcal{H}$ 的两个闭子空间, 则对任何 $x\in\mathcal{H}$, 成立 $(P_NP_M)^n(x)\to P_{M\bigcap N}(x)(n\to\infty)$.

1965 年, 苏联数学家 Bregman[12] 讨论了 M,N 是两个闭凸子集时的交替投影算法的收敛性, 得到一个弱收敛定理. 之后, 人们试图证明交替投影算法的强收敛性, 但是在 2004 年, Hundal[71] 在 l^2 中举出一个反例, 这个反例表明, 当 M 和 N 是无限维 Hilbert 空间中的一般闭凸集时, 交替投影算法产生的序列未必总是强收敛的.

2.3.4 松弛投影

下面给出松弛投影的概念.

定义 2.17 (松弛投影) 映像 $(1-\lambda)I+\lambda P_C$ 称为松弛投影, 其中 I 为 $\mathcal{H}$ 上的恒等算子, 常数 λ 满足 $0<\lambda<2$.

此时松弛投影不再是恒等算子与 P_C 的凸组合, 但它仍然是非扩张映像.

命题 2.12 松弛投影是非扩张映像.

证明 对任意 $x,y\in\mathcal{H}$ 以及 $\lambda\in(0,2)$, 直接计算可得

$$\begin{aligned}
&\|\,((1-\lambda)x+\lambda P_Cx)-((1-\lambda)y+\lambda P_Cy)\,\|^2\\
=&\|(1-\lambda)(x-y)+\lambda(P_Cx-P_Cy)\|^2\\
=&(1-\lambda)^2\|x-y\|^2+\lambda^2\|P_Cx-P_Cy\|^2+2\lambda(1-\lambda)\langle x-y,P_Cx-P_Cy\rangle.
\end{aligned}$$

当 $\lambda\in(0,1]$ 时, 由 Cauchy-Schwarz 不等式可以得到

$$\begin{aligned}
&\|\,((1-\lambda)x+\lambda P_Cx)-((1-\lambda)y+\lambda P_Cy)\,\|^2\\
\leqslant&(1-\lambda)^2\|x-y\|^2+\lambda^2\|P_Cx-P_Cy\|^2+2\lambda(1-\lambda)\|x-y\|\|P_Cx-P_Cy\|\\
=&((1-\lambda)\|x-y\|+\lambda\|P_Cx-P_Cy\|)^2\\
\leqslant&\|x-y\|^2.
\end{aligned}$$

当 $\lambda \in (1,2)$ 时, 利用不等式 $\langle x-y, P_Cx-P_Cy\rangle \geqslant \|P_Cx-P_Cy\|^2$ 可得

$$\begin{aligned}
&\|((1-\lambda)x+\lambda P_Cx)-((1-\lambda)x+\lambda P_Cy)\|^2\\
\leqslant&(1-\lambda)^2\|x-y\|^2+\lambda^2\|P_Cx-P_Cy\|^2+2\lambda(1-\lambda)\|P_Cx-P_Cy\|^2\\
=&(1-\lambda)^2\|x-y\|^2+\lambda(2-\lambda)\|P_Cx-P_Cy\|^2\\
\leqslant&\left((1-\lambda)^2+2\lambda-\lambda^2\right)\|x-y\|^2\\
=&\|x-y\|^2.
\end{aligned}$$

□

命题 2.13　$2P_C-I$ 是非扩张映像.

证明　事实上, 对任意 $x,y\in\mathcal{H}$, 利用算子 P_C 的 firmly 非扩张性立得

$$\begin{aligned}
&\|(2P_Cx-x)-(2P_Cy-y)\|^2=\|2(P_Cx-P_Cy)-(x-y)\|^2\\
=&4\|P_Cx-P_Cy\|^2+\|x-y\|^2-4\langle P_Cx-P_Cy,x-y\rangle\\
\leqslant&4\|P_Cx-P_Cy\|^2+\|x-y\|^2-4\|P_Cx-P_Cy\|^2\\
=&\|x-y\|^2.
\end{aligned}$$

□

注 2.7　令 $T=2P_C-I$, 则由命题 2.13 可知 T 是非扩张映像, 于是我们有 $P_C=\dfrac{I+T}{2}$. 利用这个简单结果, 可以更简洁地证明松弛投影的非扩张性. 事实上,

$$(1-\lambda)I+\lambda P_C=(1-\lambda)I+\lambda\frac{I+T}{2}=\left(1-\frac{\lambda}{2}\right)I+\frac{\lambda}{2}T,$$

可见当 $0<\lambda<2$ 时, $(1-\lambda)I+\lambda P_C$ 恒为非扩张映像.

2.3.5　Opial 性质

1967 年, Opial 在研究非扩张映像时发现了 Hilbert 空间的如下性质, 在研究迭代算法收敛性时常会用到.

命题 2.14 (Opial 性质 [98])　设 $\mathcal{H}$ 是实 Hilbert 空间, 若 $x_n \rightharpoonup x\ (n\to\infty)$, 则有

$$\varliminf_{n\to\infty}\|x_n-x\|<\varliminf_{n\to\infty}\|x_n-y\|,\quad \forall y\in\mathcal{H}, y\neq x.$$

事实上, 成立如下更精细的结果:

$$\varliminf_{n\to\infty}\|x_n-y\|^2=\varliminf_{n\to\infty}\|x_n-x\|^2+\|y-x\|^2,\quad \forall y\in\mathcal{H}.$$

证明 注意到

$$\|x_n - y\|^2 = \|x_n - x\|^2 + 2\langle x_n - x, x - y\rangle + \|x - y\|^2,$$

由于 $x_n \rightharpoonup x\ (n \to \infty)$, 所以有 $\lim\limits_{n\to\infty}\langle x_n - x, x - y\rangle = 0$, 从而有

$$\underline{\lim}_{n\to\infty} \|x_n - y\|^2 = \underline{\lim}_{n\to\infty} \|x_n - x\|^2 + \|y - x\|^2, \quad \forall y \in \mathcal{H}. \qquad \square$$

注 2.8 上述结果中的下极限换成上极限, 结论仍然成立.

注 2.9 除 Hilbert 空间外, Opial 证明了 $l^p\ (1 \leqslant p < +\infty)$ 也满足 Opial 性质, 但是 $L^p[0,1]\ (1 < p < +\infty)$ 却不满足 Opial 性质 (见文献 [131], 第 125 页).

利用 Opial 性质, 可证明如下常用的一个算法收敛性分析工具.

引理 2.5 [87] 设 $\mathcal{H}$ 是实 Hilbert 空间, $D \subset \mathcal{H}$ 是非空闭凸集. 又设序列 $\{x_n\} \subset \mathcal{H}$ 满足条件:

(i) 对每个 $x \in D$, 极限 $\lim\limits_{n\to\infty}\|x_n - x\|$ 存在;

(ii) $\omega_w(x_n) \subset D$,

则 $\{x_n\}$ 弱收敛于 D 中某一点.

证明 由条件 (i) 可知 $\{x_n\}$ 是有界集, 因此 $\omega_w(x_n)$ 是非空的. 再结合条件 (ii), 显然为证结论成立, 只需证 $\omega_w(x_n)$ 是独点集即可.

任取 $\hat{x}, \bar{x} \in \omega_w(x_n)$, 则分别存在 $\{x_{n_i}\}, \{x_{n_j}\} \subset \{x_n\}$ 使得 $x_{n_i} \rightharpoonup \hat{x}$, $x_{n_j} \rightharpoonup \bar{x}$. 由已知条件以及 Opial 性质得到

$$\begin{aligned}
\lim_{n\to\infty}\|x_n - \bar{x}\|^2 &= \lim_{i\to\infty}\|x_{n_i} - \bar{x}\|^2 \\
&= \lim_{i\to\infty}\left(\|x_{n_i} - \hat{x}\|^2 + 2\langle x_{n_i} - \hat{x}, \hat{x} - \bar{x}\rangle + \|\bar{x} - \hat{x}\|^2\right) \\
&= \lim_{i\to\infty}\|x_{n_i} - \hat{x}\|^2 + \|\bar{x} - \hat{x}\|^2 \\
&= \lim_{n\to\infty}\|x_n - \hat{x}\|^2 + \|\bar{x} - \hat{x}\|^2.
\end{aligned}$$

同理可得

$$\lim_{n\to\infty}\|x_n - \hat{x}\|^2 = \lim_{n\to\infty}\|x_n - \bar{x}\|^2 + \|\bar{x} - \hat{x}\|^2.$$

于是有

$$\lim_{n\to\infty}\|x_n - \bar{x}\|^2 = \lim_{n\to\infty}\|x_n - \bar{x}\|^2 + 2\|\bar{x} - \hat{x}\|^2.$$

因而有 $\|\bar{x} - \hat{x}\|^2 = 0$, 即 $\hat{x} = \bar{x}$ 成立. $\square$

2.3.6 K-K 性质

命题 2.15 (K-K 性质) 设 $\mathcal{H}$ 是实 Hilbert 空间, 若 $x_n \rightharpoonup x$ $(n \to \infty)$, $\|x_n\| \to \|x\|$ $(n \to \infty)$, 则有 $x_n \to x$ $(n \to \infty)$.

证明 由 Hilbert 空间泛函表示定理以及已知条件, 容易证明

$$\begin{aligned}\|x_n - x\|^2 &= \langle x_n - x, x_n - x\rangle \\ &= \|x_n\|^2 - \langle x, x_n\rangle - \langle x_n - x, x\rangle \\ &\to \|x\|^2 - \|x\|^2 = 0 \quad (n \to \infty).\end{aligned}$$

□

注 2.10 K-K 性质深刻地揭示了 Hilbert 空间中强收敛与弱收敛的内在联系. 事实上, 任何一致凸的 Banach 空间都具有 K-K 性质 (详细证明见文献 [34], 第 125 页).

2.4 练 习 题

练习 2.1 证明推论 2.1.

练习 2.2 举例说明弱收敛序列未必强收敛.

练习 2.3 举例说明闭集未必是弱闭集.

练习 2.4 举例说明弱紧集未必是紧集.

练习 2.5 举例说明弱闭集未必是弱紧集.

练习 2.6 证明命题 2.7.

练习 2.7 问下列函数在 $x=0$ 是否下半连续? 是否上半连续?

$$f(x) = \begin{cases} x^2+1, & x \neq 0, \\ 0, & x = 0, \end{cases} \qquad g(x) = \begin{cases} x^2+1, & x \neq 0, \\ 2, & x = 0. \end{cases}$$

练习 2.8 证明泛函在一点连续当且仅当泛函在这一点既下半连续又上半连续.

练习 2.9 证明有界闭区间 $[a,b]$ 上的下 (上) 半连续函数 f 必能达到最小 (大) 值.

练习 2.10 假设 $\mathcal{H}$ 是实 Hilbert 空间, $x_0, \xi \in \mathcal{H}$, f 是 $\mathcal{H}$ 上的泛函, 并且满足

$$f(x_0) + \langle \xi, x - x_0\rangle + \|x - x_0\| \leqslant f(x), \quad \forall x \in \mathcal{H}.$$

问泛函 f 是否在 $x = x_0$ 点弱下半连续?

练习 2.11 设 A 是 Hilbert 空间 $\mathcal{H}$ 到 $\mathcal{H}$ 的有界线性算子, 问函数 $f(x) = \|Ax\|$, $\forall x \in \mathcal{H}$ 是否为弱下半连续函数?

练习 2.12 设 Hilbert 空间中序列 $x_n \rightharpoonup x$, $y_n \rightharpoonup y$, 可否保证 $\langle x_n, y_n\rangle \to \langle x, y\rangle$ $(n\to\infty)$? 如果已知条件改为 $x_n \to x$, $y_n \rightharpoonup y$ 呢?

练习 2.13 证明推论 2.3. 当 V 换成一个超平面 $H=\{y\in\mathcal{H}:\langle v,y\rangle=d\}$ 时, 其中 $v\in\mathcal{H}$, $v\neq 0$, $d\in\mathbb{R}$ 为常数, 设 $x\in\mathcal{H}$, $z\in H$, 证明 $z=P_H x$ 当且仅当

$$\langle x-z, y-z\rangle = 0, \quad \forall y\in\mathcal{H}.$$

练习 2.14 分别给出如下两个度量投影 P_C 的表达式, 并用钝角原理证明:
(1) $\mathcal{H}=\mathbb{R}$, $C=[a,b]$;
(2) $\mathcal{H}=\mathbb{R}^2$, $C=[a,b]\times[c,d]$.
提示: (2) 可利用 (1) 使得表达式简洁且易于证明.

练习 2.15 给出如下度量投影 P_C 的表达式, 并用钝角原理证明, 其中

$$\mathcal{H}=\mathbb{R}^m, \quad C=\{x=(\xi_1,\xi_2,\cdots,\xi_m)^{\mathrm{T}}\in\mathbb{R}^m:\xi_i\geqslant 0, i=1,2,\cdots,m\}.$$

如果取 $\mathcal{H}=l^2$, 类似结论仍然成立吗?

练习 2.16 利用钝角原理证明关于超平面的投影表达式 (2.30).

练习 2.17 证明 (2.23) 与 (2.24) 是等价的.

第 3 章　非线性算子不动点迭代算法

3.1　非扩张映像的基本性质

本节介绍非扩张映像的基本性质，主要包括不动点集的结构、次闭原理以及不动点的存在性.

3.1.1　不动点集的结构

命题 3.1　设 C 是 $\mathcal{H}$ 的非空闭凸子集，$T: C \to C$ 是非扩张映像，则 $\mathrm{Fix}(T)$ 必为闭凸集.

证明　由于非扩张映像是连续映像，所以容易验证 $\mathrm{Fix}(T)$ 是闭集，以下只需证明 $\mathrm{Fix}(T)$ 是凸集即可. $\forall x,\ y \in \mathrm{Fix}(T)$, $\forall t \in (0,1)$，来证 $z_t = (1-t)x + ty \in \mathrm{Fix}(T)$. 事实上，

$$\begin{aligned}
\|Tz_t - z_t\|^2 &= \|(1-t)(Tz_t - x) + t(Tz_t - y)\|^2 \\
&= (1-t)\|Tz_t - x\|^2 + t\|Tz_t - y\|^2 - t(1-t)\|x-y\|^2 \\
&\leqslant (1-t)\|z_t - x\|^2 + t\|z_t - y\|^2 - t(1-t)\|x-y\|^2 \\
&= t^2(1-t)\|x-y\|^2 + t(1-t)^2\|x-y\|^2 - t(1-t)\|x-y\|^2 \\
&= 0.
\end{aligned}$$
□

注 3.1　虽然上述命题证明中验证了两点连线上任何一点都属于此集合中，但事实上为验证一个集合是凸的，只需验证其中任何两点之中点仍在此集合即可.

3.1.2　次闭原理

命题 3.2 (次闭原理 [98])　设 $\mathcal{H}$ 为实 Hilbert 空间，C 是 $\mathcal{H}$ 的非空闭凸子集，$T: C \to C$ 为非扩张映像，则 $I - T$ 是次闭的，即若 $x_n \rightharpoonup x$，且 $(I-T)x_n \to y$，则必有 $(I-T)x = y$.

证明　首先指出，由于 C 是闭凸集，所以由命题 2.2 (Banach-Mazur 定理)，C 也是弱闭集，从而可断定 $x \in C$. 以下用反证法证明 $(I-T)x = y$. 倘若 $(I-T)x \neq y$，则由命题 2.14 (Opial 性质)，得到

$$\varliminf_{n\to\infty} \|x_n - x\| < \varliminf_{n\to\infty} \|x_n - (y + Tx)\|$$

$$
\begin{aligned}
&\leqslant \varliminf_{n\to\infty} \{\|(I-T)x_n - y\| + \|x_n - ((I-T)x_n + Tx)\,\|\} \\
&= \varliminf_{n\to\infty} \|x_n - ((I-T)x_n + Tx)\,\| \\
&= \varliminf_{n\to\infty} \|Tx_n - Tx\| \\
&\leqslant \varliminf_{n\to\infty} \|x_n - x\|,
\end{aligned}
$$

从而导致矛盾. □

注 3.2 在次闭原理中, 若 $y=\mathbf{0}$, 则可断定 x 是 T 的不动点. 次闭原理是证明某种迭代算法生成序列的弱极限点属于某非扩张映像的不动点集的重要工具.

注 3.3 迄今为止, 对于一致凸 Banach 空间, 非扩张映像的次闭性已被搞清楚, 但对于一致光滑、κ 光滑的 Banach 空间, 非扩张映像的次闭性仍不明确.

3.1.3 不动点的存在性

关于非扩张映像不动点的存在性问题, 有如下属于 Browder (1965 年) 的结果, 其证明方法有多种, 此处选择两种证法.

定理 3.1 [14, 45, 77] 设 $\mathcal{H}$ 为实 Hilbert 空间, $C\subset\mathcal{H}$ 是非空有界闭凸集, $T:C\to C$ 是非扩张映像, 则 $\mathrm{Fix}(T)$ 是非空的.

证明 任取一固定点 $u\in C$, 考虑如下压缩映像族 $\{f_n\}$:

$$
f_n(x)=\frac{1}{n}u+\left(1-\frac{1}{n}\right)Tx,\quad \forall\, x\in C,\ n\geqslant 1.
$$

利用 Banach 压缩映像原理可知, 对每个 n, 存在唯一 $x_n\in C$, 使得 $f_n(x_n)=x_n$, 注意到 C 的有界性, 有

$$
\|x_n-Tx_n\|=\frac{1}{n}\|u-Tx_n\|\leqslant\frac{1}{n}\mathrm{diam}(C)\to 0\quad (n\to\infty),
$$

其中 $\mathrm{diam}(C)$ 表示 C 的直径. 由于 $\{x_n\}\subset C$ 有界, 所以由推论 2.2 可断定 $\{x_n\}$ 的弱极限点集 $\omega_w(x_n)\neq\varnothing$. 任取定 $\bar{x}\in\omega_w(x_n)$, 并设子列 $\{x_{n_i}\}\subset\{x_n\}$ 满足 $x_{n_i}\rightharpoonup\bar{x}\ (i\to\infty)$, 则由次闭原理可知, $T(\bar{x})=\bar{x}$, 即 $\bar{x}\in\mathrm{Fix}(T)$, 因此 $\omega_w(x_n)\subset\mathrm{Fix}(T)$, 从而 $\mathrm{Fix}(T)\neq\varnothing$.

下面给出另一种证法. 令 u, f_n 以及 x_n 同上, 定义函数 φ 如下:

$$
\varphi(x)=\varlimsup_{n\to\infty}\frac{1}{2}\|x_n-x\|^2,\quad \forall\, x\in C.
$$

因为 φ 为二次函数, 所以有唯一极小值点. 设 ξ 是 φ 在 C 上的唯一极小值点, 即 $\varphi(\xi)=\min\limits_{x\in C}\varphi(x)$, 则我们可断言 $\xi\in \mathrm{Fix}(T)$. 事实上

$$
\begin{aligned}
\varphi(T\xi) &= \overline{\lim_{n\to\infty}}\frac{1}{2}\|x_n-T\xi\|^2 \\
&= \overline{\lim_{n\to\infty}}\frac{1}{2}\|x_n-Tx_n+Tx_n-T\xi\|^2 \\
&= \overline{\lim_{n\to\infty}}\left(\frac{1}{2}\|x_n-Tx_n\|^2+\langle x_n-Tx_n,Tx_n-T\xi\rangle+\frac{1}{2}\|Tx_n-T\xi\|^2\right) \\
&\leqslant \overline{\lim_{n\to\infty}}\left(\frac{1}{2}\|x_n-Tx_n\|^2+\|x_n-Tx_n\|\|Tx_n-T\xi\|+\frac{1}{2}\|Tx_n-T\xi\|^2\right) \\
&= \overline{\lim_{n\to\infty}}\frac{1}{2}\|Tx_n-T\xi\|^2 \\
&\leqslant \overline{\lim_{n\to\infty}}\frac{1}{2}\|x_n-\xi\|^2 \\
&= \varphi(\xi)=\min_{x\in C}\varphi(x),
\end{aligned}
$$

由极小值点的唯一性可知 $T\xi=\xi$, 从而 $\mathrm{Fix}(T)\neq\varnothing$. □

注 3.4 关于 φ 在 C 上存在极小值点的依据, 请参见定理 4.6. 另一方面, 由于 φ 显然是严格凸函数, 因此 φ 至多有一个极小值点.

3.2 Halpern 迭代

3.2.1 Browder 隐式迭代

设 $\mathcal{H}$ 为实 Hilbert 空间, $C\subset\mathcal{H}$ 是非空闭凸子集, $T:C\to C$ 为非扩张映像. Browder[15] 提出如下的隐式迭代方法, 其本质上是用压缩映像族逼近非扩张映像.

任意取定 $u\in C$, 则 $\forall t\in(0,1)$, 映射

$$T_t: x\mapsto tu+(1-t)Tx,\quad \forall x\in C,$$

显然是 C 到自身的压缩映像, 其压缩常数为 $1-t$. 由压缩映像原理, T_t 在 C 中有唯一不动点. 记 T_t 的唯一不动点为 x_t, 即 $x_t\in C$ 满足

$$x_t=tu+(1-t)Tx_t. \tag{3.1}$$

下面, 我们研究当 $t\to 0^+$ 时, x_t 的变化性态.

定理 3.2[15] 设 $\mathcal{H}$ 为实 Hilbert 空间, C 为 $\mathcal{H}$ 的非空闭凸子集, $T: C \to C$ 为非扩张映像, 则 $\mathrm{Fix}(T) \neq \varnothing$ 的充要条件是: 当 $t \to 0^+$ 时, $\{x_t\}$ 为有界集. 若 $\mathrm{Fix}(T) \neq \varnothing$, 则当 $t \to 0^+$ 时, $\{x_t\}$ 强收敛到 T 的距离 u 最近的不动点 $P_{\mathrm{Fix}(T)}u$.

证明 (必要性) 设 $\mathrm{Fix}(T) \neq \varnothing$, 任取定 $p \in \mathrm{Fix}(T)$, 则由 (3.1) 有

$$\begin{aligned}\|x_t - p\| &= \|tu + (1-t)Tx_t - p\| \\ &= \|t(u-p) + (1-t)(Tx_t - p)\| \\ &\leqslant t\|u-p\| + (1-t)\|x_t - p\|,\end{aligned}$$

从而易得 $\|x_t - p\| \leqslant \|u - p\|$, 这表明 $\{x_t\}$ 是有界的.

(充分性) 假设当 $t \to 0^+$ 时, $\{x_t\}$ 为有界集, 即存在 $\delta \in (0,1)$ 以及正常数 M, 使得

$$\|x_t\| \leqslant M, \quad \forall t \in (0, \delta).$$

于是, 一方面, 由推论 2.2 可断定 $\{x_t\}$ 的弱极限点集 $\omega_w(x_t) \neq \varnothing$. 另一方面, 由 (3.1) 又可得到

$$\begin{aligned}\|x_t - Tx_t\| &= t\|u - Tx_t\| \\ &\leqslant t(\|u\| + \|Tx_t - Tu\| + \|Tu\|) \\ &\leqslant t(\|u\| + \|x_t - u\| + \|Tu\|) \\ &\leqslant t(2\|u\| + \|Tu\| + M) \to 0 \quad (t \to 0^+).\end{aligned}$$

由次闭原理可知, $\omega_w(x_t) \subset \mathrm{Fix}(T)$, 因此 $\mathrm{Fix}(T) \neq \varnothing$.

现在假设 $\mathrm{Fix}(T) \neq \varnothing$, 则任取定 $p \in \mathrm{Fix}(T)$, 由 (3.1) 以及 T 的非扩张性得到

$$\begin{aligned}\|x_t - p\|^2 &= \langle x_t - p, x_t - p\rangle \\ &= t\langle u - p, x_t - p\rangle + (1-t)\langle Tx_t - p, x_t - p\rangle \\ &\leqslant t\langle u - p, x_t - p\rangle + (1-t)\|x_t - p\|^2.\end{aligned}$$

于是有

$$\|x_t - p\|^2 \leqslant \langle u - p, x_t - p\rangle. \tag{3.2}$$

这个不等式十分重要, 因为它表明可由弱收敛推出强收敛. 事实上, 若 $t_n \to 0^+$ 且 $x_{t_n} \rightharpoonup \bar{x}$, 则有 $\bar{x} \in \mathrm{Fix}(T)$. 在 (3.2) 中以 $\bar{x}$ 代替 p, 以 x_{t_n} 代替 x_t, 有

$$\|x_{t_n} - \bar{x}\|^2 \leqslant \langle u - \bar{x}, x_{t_n} - \bar{x}\rangle \to 0 \quad (n \to \infty),$$

从而 $x_{t_n} \to \bar{x}$.

在 (3.2) 中以 x_{t_n} 代替 x_t, 并令 $n \to \infty$, 则有

$$\|\bar{x} - p\|^2 \leqslant \langle u - p, \bar{x} - p \rangle, \quad \forall p \in \mathrm{Fix}(T). \tag{3.3}$$

另一方面,

$$\begin{aligned}\langle u - p, \bar{x} - p \rangle &= \langle u - \bar{x} + \bar{x} - p, \bar{x} - p \rangle \\ &= \langle u - \bar{x}, \bar{x} - p \rangle + \|\bar{x} - p\|^2.\end{aligned} \tag{3.4}$$

综合 (3.3) 和 (3.4) 得到

$$\langle u - \bar{x}, \bar{x} - p \rangle \geqslant 0, \quad \forall p \in \mathrm{Fix}(T),$$

亦即

$$\langle u - \bar{x}, p - \bar{x} \rangle \leqslant 0, \quad \forall p \in \mathrm{Fix}(T).$$

由钝角原理可知, $\bar{x} = P_{\mathrm{Fix}(T)}u$, 由 $\bar{x} \in \omega_w(x_t)$ 的任意性知 $\omega_w(x_t) = \{P_{\mathrm{Fix}(T)}u\}$, 从而证明了 $\{x_t\}$ 弱收敛到 $P_{\mathrm{Fix}(T)}u$, 进而由 (3.2) 可断定 $x_t \to P_{\mathrm{Fix}(T)}u$. □

3.2.2 Halpern 迭代计算格式

Browder 迭代属于隐式迭代格式, 在实际计算中不宜采用. 本节介绍的迭代方法实际上是 Browder 隐式迭代的"显式化", 于 1967 年由 Halpern[50] 提出, 现一般称之为 Halpern 迭代. 最初讨论的是 C 为以零元素为中心的闭球的情形, 后来推广到 C 为一般闭凸集的情形.

算法 3.1 (Halpern 迭代 [50]) 设 $\mathcal{H}$ 为实 Hilbert 空间, C 是 $\mathcal{H}$ 的非空闭凸子集, $T : C \to C$ 为非扩张映像, $u \in C$ 为取定向量. Halpern 迭代格式为

$$x_{n+1} = t_n u + (1 - t_n) T x_n, \quad n \geqslant 0, \tag{3.5}$$

其中 $x_0 \in C$ 任意取定, 参数序列 $\{t_n\} \subset [0, 1]$.

关于 Halpern 迭代的收敛性, 历经 Halpern[50]、Lions[85]、Reich[103]、Wittmann[113]、Shioji 和 Takahashi[109] 以及 Xu[115] 对控制参数条件的不断改进, 有如下基本结果.

定理 3.3[115] 设 $\mathcal{H}$ 为实 Hilbert 空间, $C \subset \mathcal{H}$ 是非空闭凸集, $T : C \to C$ 是非扩张映像, 并且满足 $\mathrm{Fix}(T) \neq \varnothing$. 若参数序列 $\{t_n\} \subset (0, 1)$ 满足条件:

(i) $t_n \to 0 \ (n \to \infty)$;

(ii) $\sum_{n=0}^{\infty} t_n = +\infty$;

(iii) $\sum_{n=0}^{\infty}|t_{n+1}-t_n|<+\infty$, 或 $\lim_{n\to\infty}\frac{t_n}{t_{n+1}}=1$,

则由算法 3.1 产生的迭代序列 $\{x_n\}$ 强收敛到 T 的距离 u 最近的不动点 $P_{\mathrm{Fix}(T)}u$.

证明 分以下四步证明:

(1) 证明 $\{x_n\}$ 是有界集. 由于 $\mathrm{Fix}(T)\neq\varnothing$, 所以可任意取定 $p\in\mathrm{Fix}(T)$, 由迭代格式 (3.5) 可得

$$\begin{aligned}\|x_{n+1}-p\|&\leqslant t_n\|u-p\|+(1-t_n)\|Tx_n-p\|\\&\leqslant t_n\|u-p\|+(1-t_n)\|x_n-p\|\\&\leqslant \max\{\|u-p\|,\|x_n-p\|\}.\end{aligned}$$

由数学归纳法可得

$$\|x_n-p\|\leqslant\max\{\|u-p\|,\|x_0-p\|\},\quad \forall n\geqslant 0.$$

这表明 $\{x_n\}$ 是有界集, 显然 $\{Tx_n\}$ 也是有界集.

(2) 证明 $\|x_{n+1}-x_n\|\to 0\ (n\to\infty)$ 以及 $\|x_n-Tx_n\|\to 0\ (n\to\infty)$. 由迭代格式 (3.5) 以及 T 的非扩张性得到

$$\begin{aligned}&\|x_{n+1}-x_n\|\\=&\|(t_nu+(1-t_n)Tx_n)-(t_{n-1}u+(1-t_{n-1})Tx_{n-1})\|\\=&\|(t_n-t_{n-1})(u-Tx_{n-1})+(1-t_n)(Tx_n-Tx_{n-1})\|\\\leqslant&(1-t_n)\|x_n-x_{n-1}\|+|t_n-t_{n-1}|M,\end{aligned}$$

其中常数 $M\geqslant\|u\|+\sup_n\|Tx_n\|$. 于是由参数序列 $\{t_n\}$ 的假设条件, 利用重要引理 2 (引理 2.2) 可知 $\|x_{n+1}-x_n\|\to 0\ (n\to\infty)$. 另一方面,

$$\begin{aligned}\|x_n-Tx_n\|&\leqslant\|x_n-x_{n+1}\|+\|x_{n+1}-Tx_n\|\\&=\|x_n-x_{n+1}\|+t_n\|u-Tx_n\|\\&\leqslant\|x_n-x_{n+1}\|+t_nM\to 0\ (n\to\infty).\end{aligned}$$

(3) 证明 $\overline{\lim_{n\to\infty}}\langle u-q,x_n-q\rangle\leqslant 0$, 其中 $q=P_{\mathrm{Fix}(T)}u$. 事实上, 取定一子列 $\{x_{n_j}\}\subset\{x_n\}$, 使得 $\overline{\lim_{n\to\infty}}\langle u-q,x_n-q\rangle=\lim_{j\to\infty}\langle u-q,x_{n_j}-q\rangle$, 并且 $x_{n_j}\rightharpoonup p$. 由

于已证 $\|x_n - Tx_n\| \to 0\ (n \to \infty)$, 因而由次闭原理可断定 $p \in \mathrm{Fix}(T)$. 从而由钝角原理可得

$$\varlimsup_{n\to\infty} \langle u-q, x_n - q\rangle = \lim_{j\to\infty} \langle u-q, x_{n_j} - q\rangle = \langle u-q, p-q\rangle \leqslant 0.$$

(4) 证明 $x_n \to q\ (n \to \infty)$. 由迭代格式 (3.5) 可得

$$\begin{aligned}
&\|x_{n+1} - q\|^2 \\
=&\|(1-t_n)(Tx_n - q) + t_n(u-q)\|^2 \\
=&(1-t_n)^2\|Tx_n - q\|^2 + 2(1-t_n)t_n\langle Tx_n - q, u-q\rangle + t_n^2\|u-q\|^2 \\
\leqslant&(1-t_n)\|x_n - q\|^2 + t_n\big(2(1-t_n)\langle Tx_n - x_n, u-q\rangle \\
&+ 2(1-t_n)\langle x_n - q, u-q\rangle + t_n\|u-q\|^2\big) \\
\leqslant&(1-t_n)\|x_n - q\|^2 + t_n\big(2\|u-q\|\|Tx_n - x_n\| \\
&+ 2(1-t_n)\langle x_n - q, u-q\rangle + t_n\|u-q\|^2\big) \\
=&(1-t_n)\|x_n - q\|^2 + t_n\delta_n,
\end{aligned}$$

其中 $\delta_n = 2\|u-q\|\|Tx_n - x_n\| + 2(1-t_n)\langle x_n - q, u-q\rangle + t_n\|u-q\|^2$. 由前面论证可知 $\varlimsup_{n\to\infty} \delta_n \leqslant 0$. 应用重要引理 2 (引理 2.2) 可得 $\|x_n - q\| \to 0\ (n \to \infty)$. □

定义 3.1 设 $\mathcal{H}$ 为实 Hilbert 空间, C 是 $\mathcal{H}$ 的非空闭凸子集. 称 $T: C \to C$ 为平均映像, 如果存在某常数 $\beta \in (0,1)$ 以及某非扩张映像 $S: C \to C$, 使得

$$T = (1-\beta)I + \beta S,$$

称 β 为平均映像 T 的常数. 我们也称 T 为 β-平均映像.

最典型常用的平均映像是 $\dfrac{1}{2}$-平均映像, 投影算子 P_C 是一个 $\dfrac{1}{2}$-平均映像 (见命题 2.13 及注 2.7).

当 m 阶实对称矩阵作为 $\mathbb{R}^m$ 到 $\mathbb{R}^m$ 的有界线性算子看待时, 我们可以通过考察其特征值来判定其类型. 我们有如下结论.

定理 3.4[18] 设 B 是 m 阶实对称矩阵, $\{\lambda_i\}_{i=1}^m$ 是其全部特征值. 则

(i) B 是压缩映像, 当且仅当 $\{\lambda_i\}_{i=1}^m \subset (-1,1)$;

(ii) B 是非扩张映像, 当且仅当 $\{\lambda_i\}_{i=1}^m \subset [-1,1]$;

(iii) B 是 firmly 非扩张映像, 当且仅当 $\{\lambda_i\}_{i=1}^m \subset [0,1]$;

(iv) B 是平均映像, 当且仅当 $\{\lambda_i\}_{i=1}^m \subset (-1,1]$.

证明 把 B 对角化, 则容易证明结论成立. □

下面结果表明, 当非扩张映像 T 是平均映像时, 上述定理 3.3 中的条件 (iii) 可以去掉. 这也显示出平均映像比一般非扩张映像具有更好的性质. 事实上, 我们可以考虑如下更一般的算法.

算法 3.2 设 $\mathcal{H}$ 是实 Hilbert 空间, C 是 $\mathcal{H}$ 的非空闭凸子集, $S: C \to C$ 是非扩张映像, $u \in C$ 是取定向量. 任取 $x_0 \in C$, 迭代序列 $\{x_n\}$ 由格式

$$x_{n+1} = t_n u + (1 - t_n) T_n x_n, \quad n \geqslant 0 \tag{3.6}$$

产生, 其中 $T_n = (1 - \beta_n) I + \beta_n S \ (n \geqslant 0), \{t_n\}, \{\beta_n\} \subset [0, 1]$.

定理 3.5 设 $\mathcal{H}$ 是实 Hilbert 空间, C 是 $\mathcal{H}$ 的非空闭凸子集, $S: C \to C$ 是非扩张映像, 并且满足 $\mathrm{Fix}(S) \neq \varnothing$. 设迭代序列 $\{x_n\}$ 是由算法 3.2 产生的. 若参数序列 $\{t_n\}$, $\{\beta_n\} \subset (0, 1)$ 满足条件:

(i) $t_n \to 0 \ (n \to \infty)$;

(ii) $\sum_{n=0}^{\infty} t_n = +\infty$;

(iii) $0 < \varliminf_{n \to \infty} \beta_n \leqslant \varlimsup_{n \to \infty} \beta_n < 1$,

则 $\{x_n\}$ 强收敛到 $P_{\mathrm{Fix}(S)} u$.

证明 显然 $\{T_n\}$ 是非扩张映像序列, 并且 $\mathrm{Fix}(T_n) = \mathrm{Fix}(S)$, $n \geqslant 0$. 记 $q = P_{\mathrm{Fix}(S)}(u)$, 利用格式 (3.6) 并注意到 T_n 的非扩张性, 有

$$\begin{aligned} \|x_{n+1} - q\| &= \|t_n(u - q) + (1 - t_n)(T_n x_n - q)\| \\ &\leqslant t_n \|u - q\| + (1 - t_n)\|x_n - q\| \\ &\leqslant \max\{\|u - q\|, \|x_n - q\|\}. \end{aligned}$$

于是, 由数学归纳法可得

$$\|x_n - q\| \leqslant \max\{\|u - q\|, \|x_0 - q\|\}, \quad n \geqslant 0.$$

这表明序列 $\{x_n\}$ 是有界的, 从而 $\{x_n\}$ 的弱极限点集 $\omega_w(x_n) \neq \varnothing$. 此外, 由于 $\{T_n\}$ 是非扩张映像列, 显然序列 $\{T_n x_n\}$ 也是有界的.

利用迭代格式 (3.6), 直接计算可得

$$\begin{aligned} &\|x_{n+1} - q\|^2 \\ =& \|t_n(u - q) + (1 - t_n)(T_n x_n - q)\|^2 \\ =& t_n^2 \|u - q\|^2 + 2t_n(1 - t_n)\langle u - q, T_n x_n - q\rangle + (1 - t_n)^2 \|T_n x_n - q\|^2 \end{aligned}$$

$$\leqslant (1-t_n)\|x_n-q\|^2+t_n\left(2(1-t_n)\langle u-q,T_nx_n-q\rangle+t_n\|u-q\|^2\right). \quad (3.7)$$

另一方面, 又有

$$\begin{aligned}\|x_{n+1}-q\|^2&=\|(T_nx_n-q)+t_n(u-T_nx_n)\|^2\\&\leqslant\|T_nx_n-q\|^2+t_n\left(2\|u-T_nx_n\|\,\|T_nx_n-q\|+t_n\|u-T_nx_n\|^2\right),\end{aligned}$$

以及

$$\begin{aligned}\|T_nx_n-q\|^2&=\|(1-\beta_n)(x_n-q)+\beta_n(Sx_n-q)\|^2\\&=(1-\beta_n)\|x_n-q\|^2+\beta_n\|Sx_n-q\|^2-\beta_n(1-\beta_n)\|x_n-Sx_n\|^2\\&\leqslant\|x_n-q\|^2-\beta_n(1-\beta_n)\|x_n-Sx_n\|^2.\end{aligned}$$

综合以上两式可得

$$\begin{aligned}\|x_{n+1}-q\|^2\leqslant{}&\|x_n-q\|^2-\beta_n(1-\beta_n)\|x_n-Sx_n\|^2\\&+t_n\left(2\|u-T_nx_n\|\,\|T_nx_n-q\|+t_n\|u-T_nx_n\|^2\right).\end{aligned} \quad (3.8)$$

令

$$\begin{aligned}&s_n=\|x_n-q\|^2,\quad \delta_n=2(1-t_n)\langle u-q,\,T_nx_n-q\rangle+t_n\|u-q\|^2,\\&\eta_n=\beta_n(1-\beta_n)\|x_n-Sx_n\|^2,\\&\alpha_n=t_n\left(2\|T_nx_n-q\|\,\|u-T_nx_n\|+t_n\|u-T_nx_n\|^2\right).\end{aligned}$$

则 (3.7) 和 (3.8) 可分别重写为如下形式:

$$s_{n+1}\leqslant(1-t_n)s_n+t_n\delta_n;$$

$$s_{n+1}\leqslant s_n-\eta_n+\alpha_n.$$

由 $t_n\to0\ (n\to\infty)$ 以及 $\{T_nx_n\}$ 的有界性容易断定 $\alpha_n\to0\ (n\to\infty)$, 再注意到条件 (ii), 为了利用引理 2.3 证明 $\|x_n-q\|\to0\ (n\to\infty)$, 只需验证: 对于 $\{n\}$ 的任何一个子列 $\{n_k\}$, 如果 $\lim\limits_{k\to\infty}\eta_{n_k}=0$, 就有 $\overline{\lim\limits_{k\to\infty}}\,\delta_{n_k}\leqslant0$.

事实上, 假设 $\lim\limits_{k\to\infty}\eta_{n_k}=0$, 即 $\lim\limits_{k\to\infty}\beta_{n_k}(1-\beta_{n_k})\|x_{n_k}-Sx_{n_k}\|^2=0$. 根据条件 (iii) 可断定 $\lim\limits_{k\to\infty}\|x_{n_k}-Sx_{n_k}\|=0$, 由此进一步得到

$$\|T_{n_k}x_{n_k}-x_{n_k}\|=\beta_{n_k}\|x_{n_k}-Sx_{n_k}\|\to0\quad(k\to\infty).$$

此结论结合条件 (i) 可知, 为了证明 $\overline{\lim\limits_{k\to\infty}}\,\delta_{n_k}\leqslant 0$, 只需证明

$$\overline{\lim_{k\to\infty}}\,\langle u-q,\,x_{n_k}-q\rangle\leqslant 0.$$

取定子列 $\{x_{n_{k_j}}\}\subset\{x_{n_k}\}$ 满足

$$\overline{\lim_{k\to\infty}}\,\langle u-q,\,x_{n_k}-q\rangle=\lim_{j\to\infty}\left\langle u-q,\,x_{n_{k_j}}-q\right\rangle,$$

并且不妨假设 $x_{n_{k_j}}\rightharpoonup p\in\omega_w(x_n)$ $(j\to\infty)$ (若不然, 至多再抽取 $\{x_{n_{k_j}}\}$ 的一个收敛子列), 由次闭原理可知 $p\in\mathrm{Fix}(S)$. 于是有

$$\overline{\lim_{k\to\infty}}\,\langle u-q,\,x_{n_k}-q\rangle=\lim_{j\to\infty}\left\langle u-q,\,x_{n_{k_j}}-q\right\rangle=\langle u-q,\,p-q\rangle\leqslant 0,$$

其中最后一个不等式用到投影算子的特征不等式 (钝角原理). □

3.2.3 Halpern 迭代的收敛速度估计

设 $\mathcal{H}$ 是实 Hilbert 空间, $T:\mathcal{H}\to\mathcal{H}$ 为非扩张映像, 并且其不动点集非空, 即 $\mathrm{Fix}(T)=\{x\in\mathcal{H}\,:\,x=Tx\}\neq\varnothing$. 任意取定向量 $x_0\in\mathcal{H}$, 考虑 Halpern 迭代:

$$x_{n+1}=t_nx_0+(1-t_n)Tx_n,\ \ n\geqslant 0,\tag{3.9}$$

其中 $t_n=\dfrac{1}{n+2}$.

2021 年, Lieder[83] 研究了算法 (3.9) 的收敛速度估计问题, 得到了如下结果.

定理 3.6 设任意取定 $x_0\in\mathcal{H}$, 若非扩张映像 $T:\mathcal{H}\to\mathcal{H}$ 满足 $\mathrm{Fix}(T)\neq\varnothing$, 则由算法 (3.9) 产生的迭代序列 $\{x_n\}$ 满足

$$\frac{1}{2}\|x_n-Tx_n\|\leqslant\frac{\|x_0-x^*\|}{n+1},\quad\forall n\geqslant 1,\ \forall x^*\in\mathrm{Fix}(T),\tag{3.10}$$

并且估计式 (3.10) 是最优的.

证明 对于任意取定的正整数 n, 由迭代格式 (3.9) 可知, 对任意 $j=1,\cdots,n$,

$$x_j=\frac{1}{j+1}x_0+\frac{j}{j+1}Tx_{j-1}\ \text{ 或 }\ Tx_{j-1}=\frac{j+1}{j}x_j-\frac{1}{j}x_0.\tag{3.11}$$

利用 T 的非扩张性可得

$$\|Tx_n-x^*\|^2\leqslant\|x_n-x^*\|^2,\quad\forall\,x^*\in\mathrm{Fix}(T),\tag{3.12}$$

以及

$$\|Tx_j - Tx_{j-1}\|^2 \leqslant \|x_j - x_{j-1}\|^2, \quad \forall\, j = 1, \cdots, n. \tag{3.13}$$

由 (3.13) 可知显然成立

$$0 \geqslant \sum_{j=1}^{n} j(j+1)\left(\|Tx_j - Tx_{j-1}\|^2 - \|x_j - x_{j-1}\|^2\right). \tag{3.14}$$

利用 (3.11) 中后一式子, 可把 (3.14) 右端和式中第一项改写为

$$\begin{aligned} & j(j+1)\|Tx_j - Tx_{j-1}\|^2 \\ =& j(j+1)\left\|x_j - Tx_j + \frac{1}{j}(x_j - x_0)\right\|^2 \\ =& j(j+1)\|x_j - Tx_j\|^2 + 2(j+1)\langle x_j - Tx_j, x_j - x_0\rangle + \frac{j+1}{j}\|x_j - x_0\|^2. \end{aligned} \tag{3.15}$$

利用 (3.11) 中前一式子, 可把 (3.14) 右端和式中第二项改写为

$$\begin{aligned} & -j(j+1)\|x_j - x_{j-1}\|^2 \\ =& -j(j+1)\left\|\frac{1}{j+1}(x_0 - Tx_{j-1}) + Tx_{j-1} - x_{j-1}\right\|^2 \\ =& -\frac{j}{j+1}\|x_0 - Tx_{j-1}\|^2 - 2j\langle x_0 - Tx_{j-1}, Tx_{j-1} - x_{j-1}\rangle \\ & -j(j+1)\|Tx_{j-1} - x_{j-1}\|^2. \end{aligned} \tag{3.16}$$

注意到 (3.16) 右端第一项与 (3.15) 右端第三项之和为零. 事实上, 再一次利用 (3.11) 中后一式子可得

$$\begin{aligned} -\frac{j}{j+1}\|x_0 - Tx_{j-1}\|^2 &= -\frac{j}{j+1}\left\|\frac{j+1}{j}x_0 - \frac{j+1}{j}x_j\right\|^2 \\ &= -\frac{j+1}{j}\|x_0 - x_j\|^2. \end{aligned} \tag{3.17}$$

对 (3.16) 右端第二项关于 $j = 1, \cdots, n$ 求和得到

$$-\sum_{j=1}^{n} 2j\langle x_0 - Tx_{j-1}, Tx_{j-1} - x_{j-1}\rangle = \sum_{j=0}^{n-1} 2(j+1)\langle x_j - Tx_j, x_0 - Tx_j\rangle.$$

利用此式容易看出, (3.15) 和 (3.16) 右端第二项关于 $j=1,\cdots,n$ 之和为

$$\begin{aligned}&2(n+1)\langle x_n-Tx_n,x_n-x_0\rangle\\&+2\sum_{j=1}^{n-1}(j+1)\langle x_j-Tx_j,x_j-Tx_j\rangle+2\|x_0-Tx_0\|^2.\end{aligned}\tag{3.18}$$

另一方面, 对 (3.16) 右端第三项关于 $j=1,\cdots,n$ 求和得到

$$-\sum_{j=1}^{n}j(j+1)\|x_{j-1}-Tx_{j-1}\|^2=-\sum_{j=0}^{n-1}(j+1)(j+2)\|x_j-Tx_j\|^2.$$

利用此式, (3.15) 右端第一项和 (3.16) 右端第三项关于 $j=1,\cdots,n$ 之和为

$$n(n+1)\|x_n-Tx_n\|^2-2\sum_{j=1}^{n-1}(j+1)\|x_j-Tx_j\|^2-2\|x_0-Tx_0\|^2.\tag{3.19}$$

于是, 把 (3.17)—(3.19) 代入 (3.14) 得到

$$0\geqslant n(n+1)\|x_n-Tx_n\|^2+2(n+1)\langle x_n-Tx_n,x_n-x_0\rangle.\tag{3.20}$$

对 (3.20) 右端第二项应用 Cauchy-Schwarz 不等式可得

$$\frac{1}{2}\|x_n-Tx_n\|\leqslant\frac{1}{n}\|x_n-x_0\|.$$

此式已经表明 $\|x_n-Tx_n\|=O(1/n)$, 因为序列 $\{x_n\}$ 是有界的. 为完成定理证明, (3.20) 式两端除以 $n+1$, 然后与 (3.12) 相加得到

$$0\geqslant n\|x_n-Tx_n\|^2+2\langle x_n-Tx_n,x_n-x_0\rangle+\|Tx_n-x^*\|^2-\|x_n-x^*\|^2.\tag{3.21}$$

对于任意向量 $a,b,c\in\mathcal{H}$, 容易验证如下恒等式成立:

$$\begin{aligned}&n\|a\|^2+2\langle a,b\rangle+\|c\|^2-\|a+c\|^2\\&=\frac{n+1}{2}\|a\|^2-\frac{2}{n+1}\|a+c-b\|^2+\frac{2}{n+1}\|a+c-b-\frac{n+1}{2}a\|^2.\end{aligned}\tag{3.22}$$

令 $a:=x_n-Tx_n$, $b:=x_n-x_0$, $c:=Tx_n-x^*$, 则

$$a+c=x_n-x^*,\quad a+c-b=x_0-x^*,$$

进而由 (3.22) 得到

$$
\begin{aligned}
& n\|x_n - Tx_n\|^2 + 2\langle x_n - Tx_n, x_n - x_0\rangle + \|Tx_n - x^*\|^2 - \|x_n - x^*\|^2 \\
= & \frac{n+1}{2}\|x_n - Tx_n\|^2 - \frac{2}{n+1}\|x_0 - x^*\|^2 \\
& + \frac{2}{n+1}\left\|x_0 - x^* - \frac{n+1}{2}(x_n - Tx_n)\right\|^2. \qquad (3.23)
\end{aligned}
$$

综合 (3.21) 和 (3.23) 可得

$$
\|x_n - Tx_n\|^2 \leqslant \left(\frac{2}{n+1}\right)^2 \|x_0 - x^*\|^2. \qquad (3.24)
$$

(3.24) 两端开方可知 (3.10) 成立.

以下例子说明, 估计式 (3.10) 是最优的, 也就是说不能再改进. □

例 3.1　定义函数 $T:\mathbb{R}\to\mathbb{R}$ 如下:

$$
Tx = \begin{cases} x + \dfrac{2R}{n+1}, & x \leqslant -\dfrac{R}{n+1}, \\ -x, & -\dfrac{R}{n+1} < x < \dfrac{R}{n+1}, \\ x - \dfrac{2R}{n+1}, & x \geqslant \dfrac{R}{n+1}, \end{cases} \qquad (3.25)
$$

其中 n 为任意取定的自然数, $R := |x_0 - x^*|$, $x_0 \in \mathbb{R}$ 为任意取定的一点, $x^* = 0$. 明显 T 有唯一不动点 $x^* = 0$. 注意到 T 是分段线性连续函数, 并且当 $|x| \neq \dfrac{R}{n+1}$ 时, 函数可导且恒有 $|T'(x)| = 1$, 因而容易看出 T 是非扩张映像. 我们来验证按照 Halpern 迭代格式 (3.9) 产生的第 n 个迭代 x_n 使得不等式 (3.10) 成为等式, 即

$$
\frac{1}{2}|x_n - Tx_n| = \frac{|x_0 - x^*|}{n+1}.
$$

这表明如果没有进一步的假设条件, (3.10) 中收敛速度估计的上界是不能再改进的.

可以证明, 由迭代格式 (3.9) 产生的前 n 步迭代满足

$$
x_j = x_0\left(1 - \frac{j}{n+1}\right) \geqslant \frac{1}{n+1}x_0, \quad \forall\, j = 0, 1, \cdots, n. \qquad (3.26)
$$

当 $x_0=0$ 时, (3.26) 显然成立. 当 $x_0>0$ 时, (3.26) 可由数学归纳法证明. 事实上, 对于 $j=0$, (3.26) 显然成立. 假设 (3.26) 对于 $j\,(0\leqslant j\leqslant n-1)$ 成立, 则

$$
\begin{aligned}
x_{j+1} &= \frac{x_0}{j+2}+\left(1-\frac{1}{j+2}\right)Tx_j \\
&= \frac{x_0}{j+2}+\left(1-\frac{1}{j+2}\right)\left(x_j-\frac{2R}{n+1}\right) \\
&= \frac{x_0}{j+2}+\left(1-\frac{1}{j+2}\right)\left(x_0\left(1-\frac{j}{n+1}\right)-\frac{2x_0}{n+1}\right) \\
&= x_0\left(\frac{1}{j+2}+\left(1-\frac{1}{j+2}\right)\left(1-\frac{j}{n+1}-\frac{2}{n+1}\right)\right) \\
&= x_0\left(\frac{1}{j+2}+1-\frac{j+2}{n+1}-\frac{1}{j+2}+\frac{1}{n+1}\right) \\
&= x_0\left(1-\frac{j+1}{n+1}\right) \\
&\geqslant \frac{1}{n+1}x_0.
\end{aligned}
$$

于是 (3.26) 成立, 从而有

$$
\begin{aligned}
\frac{1}{2}|x_n-Tx_n| &= \frac{1}{2}\left|x_0\left(1-\frac{n}{n+1}\right)-\left(x_0\left(1-\frac{n}{n+1}\right)-\frac{2R}{n+1}\right)\right| \\
&= \frac{R}{n+1}=\frac{|x_0-x^*|}{n+1}.
\end{aligned}
\tag{3.27}
$$

当 $x_0<0$ 时, 利用函数 T 的对称性, 即 $T(-x)=-Tx$, 可知 (3.27) 也成立.

3.2.4 粘滞迭代

设 $\mathcal{H}$ 为实 Hilbert 空间, C 是 $\mathcal{H}$ 的非空闭凸子集, $F:C\to\mathcal{H}$ 为一非线性算子, 所谓的变分不等式问题是: 寻求 $x^*\in C$, 使得

$$
\langle Fx^*, x-x^*\rangle\geqslant 0,\quad \forall x\in C.
$$

今后, 我们也用符号 VI(C,F) 来表示变分不等式问题. 其共轭变分不等式问题是: 寻求 $x^*\in C$, 使得

$$
\langle Fx, x-x^*\rangle\geqslant 0,\quad \forall x\in C.
$$

变分不等式问题和其共轭变分不等式问题二者密切相关.

设 $f: C \to \mathcal{H}$ 为压缩映像, 令 $F = I - f$, 则变分不等式问题 $\mathrm{VI}(C, F)$ 有唯一解, 且变分不等式问题 $\mathrm{VI}(C, F)$ 与其共轭变分不等式问题等价.

Moudafi[92] 于 2000 年提出粘滞迭代用于求非扩张映像的不动点.

算法 3.3 (粘滞迭代)　设 $\mathcal{H}$ 为实 Hilbert 空间, C 是 $\mathcal{H}$ 的非空闭凸子集, $T: C \to C$ 为非扩张映像, $f: C \to C$ 是压缩映像. 任取 $x_0 \in C$, 迭代序列 $\{x_n\}$ 由迭代格式

$$x_{n+1} = t_n f(x_n) + (1 - t_n)Tx_n, \quad n \geqslant 0 \tag{3.28}$$

产生, 其中参数序列 $\{t_n\} \subset [0, 1]$.

粘滞迭代显然是 Halpern 迭代的推广或者说一般化. 事实上, 对于任意取定的 $u \in C$, 令 $f(x) \equiv u$, $\forall x \in C$, 则粘滞迭代算法 3.3 退化为 Halpern 迭代算法 3.1.

粘滞迭代用途很广, 我们从后续内容将会看到, 许多非线性问题的迭代算法均可纳入粘滞迭代的框架之下.

粘滞迭代有如下收敛性结果.

定理 3.7[92]　设 $\mathcal{H}$ 为实 Hilbert 空间, C 是 $\mathcal{H}$ 的非空闭凸子集, $T: C \to C$ 为非扩张映像, 并且满足 $\mathrm{Fix}(T) \neq \varnothing$, $f: C \to C$ 是压缩映像. 若参数序列 $\{t_n\} \subset (0, 1)$ 满足条件:

(i) $t_n \to 0\ (n \to \infty)$;

(ii) $\sum_{n=0}^{\infty} t_n = +\infty$;

(iii) $\sum_{n=0}^{\infty} |t_{n+1} - t_n| < +\infty$, 或 $\lim_{n\to\infty} \frac{t_n}{t_{n+1}} = 1$,

则由算法 3.3 产生的迭代序列 $\{x_n\}$ 强收敛到 T 的某个不动点 x^*, 并且 x^* 是变分不等式问题: 寻求 $x^* \in \mathrm{Fix}(T)$, 使得

$$\langle (I - f)(x^*), x - x^* \rangle \geqslant 0, \quad \forall x \in \mathrm{Fix}(T) \tag{3.29}$$

的唯一解.

证明　本定理之证明与 Halpern 迭代收敛性定理证明极为类似, 此处略去. □

注 3.5　关于变分不等式的概念请参阅 5.1 节, 变分不等式 (3.29) 解的存在性和唯一性的依据, 请参见定理 5.2.

3.2.5 最小范数不动点

目标函数连续的 (或者下半连续的) 凸优化问题的解集一定是闭凸的, 在实际问题中, 我们往往对解集中的某些特殊解更感兴趣, 譬如最小范数解. 正是由于这一原因, 讨论非扩张映像的最小范数不动点就变得很有意义.

设 $\mathcal{H}$ 为实 Hilbert 空间, $C \subset \mathcal{H}$ 为非空闭凸集, $T: C \to C$ 为非扩张映像, 假设 T 的不动点集 $\mathrm{Fix}(T) \neq \varnothing$, 则由于 $\mathrm{Fix}(T)$ 是闭凸集, 所以一定存在唯一 $x^\dagger \in \mathrm{Fix}(T)$, 满足条件

$$\|x^\dagger\| = \min_{x\in \mathrm{Fix}(T)} \|x\|.$$

回顾前面讨论过的 Halpern 迭代:

$$x_{n+1} = t_n u + (1-t_n)Tx_n, \quad n \geqslant 0.$$

当 $\{t_n\}$ 满足定理 3.3 中的三个条件时, $x_n \to P_{\mathrm{Fix}(T)}u$. 事实上, 上述 $x^\dagger = P_{\mathrm{Fix}(T)}\mathbf{0}$, 因此当 $\mathbf{0} \in C$ 时, 取 $u = \mathbf{0}$, 则用 Halpern 迭代可计算 $x^\dagger$, 从而这一问题得到解决. 但是, 若 $\mathbf{0} \notin C$, 则 Halpern 迭代方法失效, 这是因为, 虽然 $Tx_n \in C$, 但 $(1-t_n)Tx_n \in C$ 却未必成立, 这是问题之困难所在. 为克服这一困难, 可采用投影算子修正 Halpern 迭代的格式 [120]:

$$x_{n+1} = P_C((1-t_n)Tx_n), \quad n \geqslant 0$$

解决这一问题. 事实上我们可以考虑更一般的格式.

命题 3.3 设常数 $\rho \in (0,1)$, $f: C \to \mathcal{H}$ 是 ρ-压缩映像. 任取定 $t \in (0,1)$, 定义映像 $T_t: C \to C$ 如下:

$$x \mapsto P_C(tf(x) + (1-t)Tx), \quad \forall x \in C,$$

则 T_t 是压缩映像, 其压缩常数为 $1 - t(1-\rho)$.

证明 由投影算子的非扩张性立得

$$\begin{aligned}
&\|P_C\left(tf(x) + (1-t)Tx\right) - P_C(tf(y) + (1-t)Ty)\| \\
\leqslant &\|t(f(x) - f(y)) + (1-t)(Tx - Ty)\| \\
\leqslant &t\rho\|x-y\| + (1-t)\|x-y\| \\
= &(1-t(1-\rho))\|x-y\|, \quad \forall x, y \in C.
\end{aligned}$$

□

由压缩映像原理可断定, 对每个 $t \in (0,1)$, 压缩映像 T_t 在 C 中有唯一不动点 x_t, 即有唯一 $x_t \in C$, 使得

$$x_t = P_C(tf(x_t) + (1-t)Tx_t). \tag{3.30}$$

定理 3.8 设 $\{x_t\}$ 是不动点方程 (3.30) 的唯一解. 则当 $t \to 0^+$ 时, $\{x_t\}$ 强收敛于某 $\hat{x} \in \mathrm{Fix}(T)$, 并且 $\hat{x}$ 是如下变分不等式问题的唯一解: 寻求 $\hat{x} \in \mathrm{Fix}(T)$, 满足

$$\langle (I-f)(\hat{x}),\ x-\hat{x}\rangle \geqslant 0, \quad \forall x \in \mathrm{Fix}(T).$$

证明 分以下三步来证明.

(1) 证明 $\{x_t\}$ 是有界集. 由于 $\mathrm{Fix}(T)$ 非空, 可任取定一点 $x^* \in \mathrm{Fix}(T)$, 有

$$\begin{aligned}
\|x_t - x^*\| &= \|P_C(tf(x_t) + (1-t)Tx_t) - P_C x^*\| \\
&\leqslant \|tf(x_t) + (1-t)Tx_t - x^*\| \\
&\leqslant t\|f(x_t) - x^*\| + (1-t)\|Tx_t - x^*\| \\
&\leqslant t\rho\|x_t - x^*\| + t\|f(x^*) - x^*\| + (1-t)\|x_t - x^*\|.
\end{aligned}$$

于是有

$$t(1-\rho)\|x_t - x^*\| \leqslant t\|f(x^*) - x^*\|.$$

从而有

$$\|x_t - x^*\| \leqslant \frac{1}{1-\rho}\|f(x^*) - x^*\|.$$

因此 $\{x_t\}$ 是有界集, 从而 $\{f(x_t)\}$, $\{Tx_t\}$ 也都是有界集.

(2) 证明 $\|x_t - Tx_t\| \to 0\,(t \to 0^+)$. 注意到 $x_t \in C$, 利用 P_C 之非扩张性, 有

$$\begin{aligned}
\|x_t - Tx_t\| &= \|P_C(tf(x_t) + (1-t)Tx_t) - Tx_t\| \\
&\leqslant \|tf(x_t) + (1-t)Tx_t - Tx_t\| \\
&= t\|f(x_t) - Tx_t\| \\
&\leqslant tM \to 0 \quad (t \to 0^+),
\end{aligned}$$

其中常数 $M \geqslant \sup\limits_{t>0}\|f(x_t) - Tx_t\|$. 由次闭原理, $\omega_w(x_t) \subset \mathrm{Fix}(T)$ 成立.

(3) 证明 $x_t \to \hat{x}\ (t \to 0^+)$. 注意到 $I - f : C \to \mathcal{H}$ 是强单调的 Lipschitz 连续映像, 所以上述变分不等式有唯一解, 记为 $\hat{x}$. 任取 $\tilde{x} \in \omega_w(x_t)$, 则一定存在 $\{t_n\}$ 满足 $t_n \to 0^+ (n \to \infty)$, 且 $x_{t_n} \rightharpoonup \tilde{x}$. 下面来证 $x_{t_n} \to \tilde{x}$, 并且 $\tilde{x} = \hat{x}$. 令

$$y_t = tf(x_t) + (1-t)Tx_t,$$

则有 $x_t = P_C y_t$. 任取定 $x^* \in \mathrm{Fix}(T)$, 有

$$x_t - x^* = P_C y_t - x^*$$

$$= P_C y_t - y_t + y_t - x^*$$

$$= P_C y_t - y_t + t(f(x_t) - x^*) + (1-t)(Tx_t - x^*).$$

于是

$$\|x_t - x^*\|^2 = \langle P_C y_t - y_t,\ x_t - x^*\rangle + t\langle f(x_t) - x^*,\ x_t - x^*\rangle + (1-t)\langle Tx_t - x^*,\ x_t - x^*\rangle.$$

由钝角原理可得

$$\langle P_C y_t - y_t,\ x_t - x^*\rangle \leqslant 0.$$

再注意到

$$(1-t)\langle Tx_t - x^*,\ x_t - x^*\rangle \leqslant (1-t)\|x_t - x^*\|^2,$$

以及

$$t\langle f(x_t) - x^*,\ x_t - x^*\rangle = t\langle f(x_t) - f(x^*),\ x_t - x^*\rangle + t\langle f(x^*) - x^*,\ x_t - x^*\rangle \leqslant t\rho\|x_t - x^*\|^2 + t\langle f(x^*) - x^*,\ x_t - x^*\rangle,$$

有

$$\|x_t - x^*\|^2 \leqslant [1 - t(1-\rho)]\,\|x_t - x^*\|^2 + t\langle f(x^*) - x^*,\ x_t - x^*\rangle,$$

从而有

$$\|x_t - x^*\|^2 \leqslant \frac{1}{1-\rho}\left\langle (I-f)x^*,\ x^* - x_t\right\rangle. \tag{3.31}$$

注意这一不等式使得我们可以把弱收敛转化为强收敛. 因为 (3.31) 中 $x^* \in \mathrm{Fix}(T)$ 是任意取定的, 所以特别地, 也成立

$$\|x_{t_n} - \tilde{x}\|^2 \leqslant \frac{1}{1-\rho}\langle (I-f)\tilde{x},\ \tilde{x} - x_{t_n}\rangle. \tag{3.32}$$

注意到 $x_{t_n} \rightharpoonup \tilde{x}\ (n\to\infty)$, 利用 (3.32) 得到 $x_{t_n} \to \tilde{x}\ (n\to\infty)$.

另一方面, 由 (3.31) 可得

$$\langle (I-f)x^*,\ x^* - x_{t_n}\rangle \geqslant 0,$$

令 $n\to\infty$, 又可得

$$\langle (I-f)x^*,\ x^* - \tilde{x}\rangle \geqslant 0, \quad \forall\, x^* \in \mathrm{Fix}(T).$$

由变分不等式与其共轭变分不等式的等价性, 得

$$\langle (I-f)\tilde{x},\ x^*-\tilde{x}\rangle \geqslant 0, \quad \forall\, x^* \in \mathrm{Fix}(T).$$

最后, 由变分不等式解的唯一性, 断定 $\tilde{x}=\hat{x}$. 由 $\tilde{x}$ 的任意性可知, $\omega_w(x_t)$ 是单点集. 因此, 必然有 $x_t \to \hat{x}\,(t\to 0^+)$. □

注 3.6 若取 $f\equiv \mathbf{0}$, 则由方程 $x_t=P_C((1-t)Tx_t)$, $t\in(0,1)$ 确定的唯一解 x_t 强收敛于变分不等式:

$$\langle x^\dagger,\ x-x^\dagger\rangle \geqslant 0, \quad \forall x\in \mathrm{Fix}(T)$$

的唯一解 $x^\dagger=P_{\mathrm{Fix}(T)}\mathbf{0}$, 即 T 的最小范数不动点.

注 3.7 关于共轭变分不等式概念以及变分不等式与其共轭变分不等式的等价性, 请参见 5.1.3 节.

上面讨论的是隐式格式, 把隐式格式显式化才能有效地用于实际计算.

算法 3.4 设 $\mathcal{H}$ 为实 Hilbert 空间, $C\subset\mathcal{H}$ 为非空闭凸集, $T:C\to C$ 为非扩张映像, $f:C\to\mathcal{H}$ 是压缩映像. 任取迭代初始点 $x_0\in C$, 序列 $\{x_n\}$ 由格式:

$$x_{n+1}=P_C(\alpha_n f(x_n)+(1-\alpha_n)Tx_n), \quad n\geqslant 0 \tag{3.33}$$

产生, 其中参数序列 $\{\alpha_n\}\subset[0,1]$.

定理 3.9 设 $\mathcal{H}$ 为实 Hilbert 空间, $C\subset\mathcal{H}$ 为非空闭凸集, $f:C\to\mathcal{H}$ 是压缩映像, $T:C\to C$ 为非扩张映像, 并且 $\mathrm{Fix}(T)\neq\varnothing$. 设迭代序列 $\{x_n\}$ 由算法 3.4 产生. 若参数序列 $\{\alpha_n\}\subset(0,1)$ 满足条件:

(i) $\alpha_n\to 0\,(n\to\infty)$;

(ii) $\displaystyle\sum_{n=0}^{\infty}\alpha_n=+\infty$;

(iii) $\displaystyle\sum_{n=0}^{\infty}|\alpha_{n+1}-\alpha_n|<+\infty$ 或 $\displaystyle\lim_{n\to\infty}\frac{\alpha_n}{\alpha_{n+1}}=1$,

则 $x_n\to\hat{x}\in\mathrm{Fix}(T)$, 并且 $\hat{x}$ 是下面变分不等式的唯一解:

$$\langle (I-f)\hat{x},\ x-\hat{x}\rangle\geqslant 0, \quad \forall\, x\in\mathrm{Fix}(T).$$

特别地, 若迭代序列 $\{x_n\}$ 由格式:

$$x_{n+1}=P_C((1-\alpha_n)Tx_n), \quad n\geqslant 0$$

产生, 则 $x_n\to x^\dagger$, 这里 $x^\dagger=P_{\mathrm{Fix}(T)}\mathbf{0}$.

证明 证明方法与 Halpern 迭代证明极为相似, 此处略去. □

3.2.6 一般 Halpern 迭代的最优参数选取

Halpern 迭代 (算法 3.1) 的优点是其强收敛性, 其缺点是收敛速度较慢. 而收敛速度的快慢显然与参数序列 $\{t_n\} \subset [0,1]$ 的选取密切相关. 于是, 一个自然的问题是, 我们可否在某种意义下, 找到 Halpern 迭代的最优参数, 使得其获得最快的收敛速度呢? 2019 年, He 等 [63] 针对一类一般 Halpern 迭代讨论了这一问题. 本节内容均取自文献 [63].

定义 3.2 设 $\mathcal{H}$ 为实 Hilbert 空间, K 是 $\mathcal{H}$ 的非空子集, 称 K 是 $\mathcal{H}$ 的一个仿射子集, 如果对任何 $x, y \in K$ 以及 $\alpha \in \mathbb{R}$ 恒有

$$(1-\alpha)x + \alpha y \in K.$$

显然, 任何一个仿射集都是凸集, 但反之未必成立.

定义 3.3 设 $\mathcal{H}$ 为实 Hilbert 空间, K 是 $\mathcal{H}$ 的非空子集, 称 K 是 $\mathcal{H}$ 中的一个线性流形, 如果存在 $\mathcal{H}$ 的线性子空间 V 以及向量 $z \in \mathcal{H}$, 使得 $K = V + \{z\}$.

注 3.8 两集合 A 与 B 之加法 $A + B = \{a + b : a \in A, b \in B\}$.

命题 3.4 设 $\mathcal{H}$ 为实 Hilbert 空间, K 是 $\mathcal{H}$ 的非空子集, 则 K 是仿射集的充要条件是 K 是线性流形.

一般地, 标准的 Halpern 迭代 (算法 3.1) 要求参数序列 $\{t_n\} \subset [0,1]$, 以便保证迭代序列满足要求 $\{x_n\} \subset C$. 然而, 在某些情况下, 限制条件 $\{t_n\} \subset [0,1]$ 可以被放宽, 例如, 如果 C 是一个闭仿射集, 那么限制条件 $\{t_n\} \subset [0,1]$ 可以被放宽到 $\{t_n\} \subset \mathbb{R}$.

本节, 我们考虑如下一般的 Halpern 迭代.

算法 3.5[63] 设 $\mathcal{H}$ 是实 Hilbert 空间, C 是 $\mathcal{H}$ 的闭仿射子集, $T : C \to C$ 是非扩张映像. 任取迭代初始点 $x_0 \in C$, 序列 $\{x_n\}$ 由迭代格式

$$x_{n+1} = t_n u + (1 - t_n)Tx_n, \quad n \geqslant 0 \tag{3.34}$$

产生, 其中参数序列 $\{t_n\} \subset \mathbb{R}$, $u \in C$ 为给定向量.

设不动点集 $\mathrm{Fix}(T) \neq \varnothing$. 我们的问题是如何选取算法 3.5 中最优参数序列 $\{t_n\} \subset \mathbb{R}$, 以便使得算法 3.5 产生的序列 $\{x_n\}$ 以最快的速度收敛到 T 的距离 u 最近的不动点 $q := P_{\mathrm{Fix}(T)}u$.

He 等解决这一问题的基本思想是分两步走. 第一步, 以自适应方式推导出一定理论意义下算法 3.5 的最优参数序列 $\{\widehat{t_n}\}$. 由于 $\{\widehat{t_n}\}$ 中包含待求不动点 q, 所以 $\{\widehat{t_n}\}$ 无法在实际计算中采用. 第二步, 分别给出理论意义下最优参数序列 $\{\widehat{t_n}\}$ 的两种较好的逼近 $\{\tilde{t}_n\}$ 和 $\{\bar{t}_n\}$, 在逼近参数序列中不包含 q, 可以在实际计算中使用.

我们首先推导理论意义下的最优参数序列 $\{\widehat{t_n}\}$. 假设第 n 步迭代 x_n 已经获得, 我们考虑选取第 n 个最优参数 t_n 使得 x_{n+1} 尽可能地靠近不动点 $q = P_{\mathrm{Fix}(T)}u$. 显然, 第 n 个最优参数 t_n 应当使得 $\|x_{n+1}-q\|^2$ 达到最小, 或者等价地, 使得 $\|x_n-q\|^2-\|x_{n+1}-q\|^2$ 达到最大 (此时我们应当把 $\|x_n-q\|^2$ 视为一个常数). 由算法 3.5 的格式易得

$$\begin{aligned}
&\|x_{n+1}-q\|^2\\
&=\|t_n(u-q)+(1-t_n)(Tx_n-q)\|^2\\
&=t_n\|u-q\|^2+(1-t_n)\|Tx_n-q\|^2-t_n(1-t_n)\|u-Tx_n\|^2\\
&=\|x_n-q\|^2-\|x_n-q\|^2+\|Tx_n-q\|^2\\
&\quad+t_n(\|u-q\|^2-\|Tx_n-q\|^2)-t_n(1-t_n)\|u-Tx_n\|^2. \qquad (3.35)
\end{aligned}$$

基于 (3.35), 我们定义第 n 个效益函数 φ 如下:

$$\begin{aligned}
\varphi(t):=&\|x_n-q\|^2-\|Tx_n-q\|^2-t(\|u-q\|^2-\|Tx_n-q\|^2)\\
&+t(1-t)\|u-Tx_n\|^2, \quad \forall t\in\mathbb{R}.
\end{aligned}$$

于是, 按照上述基本思想, 第 n 个最优参数 $\widehat{t_n}$ 应当满足条件

$$\varphi\left(\widehat{t_n}\right)=\max_{t\in\mathbb{R}}\varphi(t).$$

容易看出, 若 $\|u-Tx_n\|^2\neq 0$, 则第 n 个最优参数为

$$\widehat{t_n}=\frac{\|Tx_n-q\|^2-\|u-q\|^2}{2\|u-Tx_n\|^2}+\frac{1}{2}.$$

注意到若 $\|u-Tx_n\|^2=0$, 则由算法 3.5 中的迭代格式可断定对一切 $t_n\in\mathbb{R}$, 恒有 $x_{n+1}=u$. 此时为简单起见, 令 $\widehat{t_n}=0$. 综上所述, 第 n 个最优参数的完整表达式为

$$\widehat{t_n}=\begin{cases}0, & \|u-Tx_n\|=0,\\ \dfrac{\|Tx_n-q\|^2-\|u-q\|^2}{2\|u-Tx_n\|^2}+\dfrac{1}{2}, & \|u-Tx_n\|\neq 0.\end{cases} \qquad (3.36)$$

另一方面, 直接计算可得

$$\|u-Tx_n\|^2-\|u-q\|^2+\|Tx_n-q\|^2$$

$$
\begin{aligned}
&= \|(u-q)+(q-Tx_n)\|^2 - \|u-q\|^2 + \|Tx_n - q\|^2 \\
&= 2\langle u-q, q-Tx_n\rangle + 2\|q-Tx_n\|^2 \\
&= 2\langle u-Tx_n, q-Tx_n\rangle.
\end{aligned}
$$

于是第 n 个最优参数 $\widehat{t_n}$ 可以重写成下面的形式:

$$
\widehat{t_n} = \begin{cases} 0, & \|u-Tx_n\| = 0, \\ \dfrac{\langle u-Tx_n,\ q-Tx_n\rangle}{\|u-Tx_n\|^2}, & \|u-Tx_n\| \neq 0. \end{cases} \tag{3.37}
$$

值得注意的是, $\widehat{t_n} \leqslant 0$ 是有可能的. 这就意味着带有最优参数的迭代算法 3.5 并未被涵盖于标准的 Halpern 迭代格式中, 下面的简单例子可以说明这一点.

例 3.2[63] 设 $\mathcal{H}$ 是二维欧氏空间 $\mathbb{R}^2$, $C = \mathbb{R}^2$. 定义映射 $T: C \to C$ 如下:

$$
Tx = \left(\sin\frac{x^{(1)}+x^{(2)}}{\sqrt{2}}, \cos\frac{x^{(1)}+x^{(2)}}{\sqrt{2}}\right)^{\mathrm{T}}, \quad \forall x = (x^{(1)}, x^{(2)})^{\mathrm{T}} \in C,
$$

则 T 是非扩张映像. 由 Brouwer 不动点定理, 可断言 T 在 $B(\mathbf{0},1) = \{x \in C : \|x\| \leqslant 1\}$ 中至少有一个不动点. 注意到对于所有的 $x \in C$, 有 $\|Tx\| = 1$, 且 $\mathrm{Fix}(T)$ 是闭凸的, 又可断定 T 只有一个不动点 $\hat{x}$ 满足 $\hat{x} \in \mathrm{bd}\,(B(\mathbf{0},1))$ ($B(\mathbf{0},1)$ 的边界). 分别取 $u = u_1 = 0$, $u = u_2 = -\hat{x}$ 以及 $u = u_3 = -2\hat{x}$, 由于对所有 $n \geqslant 0$ 恒有 $Tx_n \in \mathrm{bd}\,(B(\mathbf{0},1))$, 容易看出分别有

$$
\langle u_1 - Tx_n, \hat{x} - Tx_n\rangle \geqslant 0, \quad \langle u_2 - Tx_n, \hat{x} - Tx_n\rangle = 0
$$

和

$$
\langle u_3 - Tx_n, \hat{x} - Tx_n\rangle \leqslant 0
$$

成立. 因此, 由 (3.37), 分别有 $\widehat{t_n} \geqslant 0$, $\widehat{t_n} = 0$ 以及 $\widehat{t_n} \leqslant 0$.

现在我们考虑带有最优参数序列 $\{\widehat{t_n}\}$ 的算法 3.5 的收敛性, 为此先推广 firmly 非扩张映像的概念.

定义 3.4 映射 $T: C \to C$ 称为 η-firmly 非扩张映像, 如果存在常数 $\eta > 0$, 使得

$$
\|Tx - Ty\|^2 \leqslant \|x-y\|^2 - \eta\|(x-Tx)-(y-Ty)\|^2, \quad \forall x, y \in C. \tag{3.38}
$$

引理 3.1[63] 设 η 是一个正常数, 设 $T: C \to C$ 是一个映像. 则下列命题是等价的:

(1) T 是 η-firmly 非扩张映像;

(2) $\langle x-y, Tx-Ty\rangle \geqslant \frac{1+\eta}{2\eta}\|Tx-Ty\|^2 - \frac{1-\eta}{2\eta}\|x-y\|^2, \forall x, y \in C$;

(3) T 是 $\frac{1}{1+\eta}$-平均映像.

证明 (1)⇒(2): 对于任意 $x, y \in C$, 由 (3.38) 得

$$
\begin{aligned}
\|Tx-Ty\|^2 &\leqslant \|x-y\|^2 - \eta\|(x-y)-(Tx-Ty)\|^2 \\
&= \|x-y\|^2 - \eta\left(\|x-y\|^2 + \|Tx-Ty\|^2 - 2\langle x-y, Tx-Ty\rangle\right).
\end{aligned}
$$

因此, 我们有

$$
\langle x-y, Tx-Ty\rangle \geqslant \frac{1+\eta}{2\eta}\|Tx-Ty\|^2 - \frac{1-\eta}{2\eta}\|x-y\|^2. \tag{3.39}
$$

(2)⇒(3): 显然, 只需证明 $V=(1+\eta)T-\eta I$ 是非扩张映像即可. 事实上, 对于任意的 $x, y \in C$, 由 (3.39) 可得

$$
\begin{aligned}
\|Vx-Vy\|^2 &= \|(1+\eta)(Tx-Ty)-\eta(x-y)\|^2 \\
&= (1+\eta)^2\|Tx-Ty\|^2 + \eta^2\|x-y\|^2 - 2\eta(1+\eta)\langle x-y, Tx-Ty\rangle \\
&\leqslant (1+\eta)^2\|Tx-Ty\|^2 + \eta^2\|x-y\|^2 - (1+\eta)^2\|Tx-Ty\|^2 \\
&\quad + (1-\eta)(1+\eta)\|x-y\|^2 \\
&= \|x-y\|^2.
\end{aligned}
$$

(3)⇒(1): 由于 T 是 $\frac{1}{1+\eta}$-平均映像, 所以存在一非扩张映像 $V: C \to C$ 使得

$$
T = \frac{\eta}{1+\eta}I + \frac{1}{1+\eta}V.
$$

现在我们证明 T 是 η-firmly 非扩张映像. 事实上, 注意到 $I-T=\frac{1}{1+\eta}(I-V)$, 由命题 2.7(i), 有

$$
\begin{aligned}
\|Tx-Ty\|^2 &= \left\|\frac{\eta}{1+\eta}(x-y) + \frac{1}{1+\eta}(Vx-Vy)\right\|^2 \\
&= \frac{\eta}{1+\eta}\|x-y\|^2 + \frac{1}{1+\eta}\|Vx-Vy\|^2 \\
&\quad - \frac{\eta}{(1+\eta)^2}\|(x-Vx)-(y-Vy)\|^2 \\
&\leqslant \|x-y\|^2 - \eta\|(x-Tx)-(y-Ty)\|^2.
\end{aligned}
$$

这表明 T 是 η-firmly 非扩张映像. □

定理 3.10[63] 设 C 是 Hilbert 空间 $\mathcal{H}$ 的一个闭仿射子集, 设 $T:C\to C$ 是 η-firmly 非扩张映像, 其中 $\eta>0$. 若格式 (3.34) 中参数 t_n 由 (3.36) (或 (3.37)) 确定, 则由算法 3.5 产生的迭代序列 $\{x_n\}$ 强收敛于 $P_{\mathrm{Fix}(T)}u$.

证明 记 $q:=P_{\mathrm{Fix}(T)}u$, 则由 (3.35) 可得

$$\begin{aligned}&\|x_n-q\|^2-\|Tx_n-q\|^2-\widehat{t}_n(\|u-q\|^2-\|Tx_n-q\|^2)\\&\quad+\widehat{t}_n(1-\widehat{t}_n)\|u-Tx_n\|^2\\&=\|x_n-q\|^2-\|x_{n+1}-q\|^2.\end{aligned}\tag{3.40}$$

由 (3.36), 有

$$\|u-q\|^2-\|Tx_n-q\|^2=(1-2\widehat{t}_n)\|u-Tx_n\|^2.\tag{3.41}$$

结合 (3.40) 和 (3.41), 有

$$\|x_n-q\|^2-\|Tx_n-q\|^2+\widehat{t}_n^2\|u-Tx_n\|^2=\|x_n-q\|^2-\|x_{n+1}-q\|^2.\tag{3.42}$$

注意到 $\|x_n-q\|\geqslant\|Tx_n-q\|$, 由 (3.42) 可知序列 $\{\|x_n-q\|^2\}$ 是单调不增的, 从而 $\{x_n\}$ 有界且 $\omega_w(x_n)$ 是非空的, 进而 $\{\|u-Tx_n\|\}$ 也是有界的.

另一方面, 由于 T 是 η-firmly 非扩张映像, 所以有

$$\eta\|x_n-Tx_n\|^2\leqslant\|x_n-q\|^2-\|Tx_n-q\|^2.\tag{3.43}$$

于是, 由 (3.42) 和 (3.43), 有

$$\eta\|x_n-Tx_n\|^2+\widehat{t}_n^2\|u-Tx_n\|^2\leqslant\|x_n-q\|^2-\|x_{n+1}-q\|^2.$$

从而有

$$\eta\sum_{n=0}^{\infty}\|x_n-Tx_n\|^2+\sum_{n=0}^{\infty}\widehat{t}_n^2\|u-Tx_n\|^2<\infty.\tag{3.44}$$

于是, 由 (3.44) 可知

$$\lim_{n\to\infty}\|x_n-Tx_n\|=0,\tag{3.45}$$

再由 (3.45) 和次闭原理 (命题 3.2) 可得 $\omega_w(x_n)\subset\mathrm{Fix}(T)$. 由 (3.44) 得到

$$\widehat{t}_n^2\|u-Tx_n\|^2\to 0\quad(n\to\infty).$$

注意到 $\{\|u - Tx_n\|\}$ 的有界性, 由这一结论以及 (3.37) 可断言

$$\langle u - Tx_n, q - Tx_n \rangle \to 0 \quad (n \to \infty). \tag{3.46}$$

接下来, 我们证明 $\lim\limits_{n\to\infty} x_n = q$. 通过计算可得

$$\begin{aligned}\|x_n - q\|^2 &= \langle x_n - Tx_n, x_n - q\rangle + \langle Tx_n - u, x_n - q\rangle + \langle u - q, x_n - q\rangle \\ &= \langle x_n - Tx_n, x_n - q\rangle + \langle Tx_n - u, (x_n - Tx_n) + (Tx_n - q)\rangle \\ &\quad + \langle u - q, x_n - q\rangle \\ &\leqslant \|x_n - Tx_n\|[\|x_n - q\| + \|u - Tx_n\|] + \langle u - Tx_n, q - Tx_n\rangle \\ &\quad + \langle u - q, x_n - q\rangle.\end{aligned} \tag{3.47}$$

综合 (3.45)—(3.47) 可知, 要证 $\lim\limits_{n\to\infty} x_n = q$, 只需证

$$\varlimsup_{n\to\infty} \langle u - q, x_n - q\rangle \leqslant 0. \tag{3.48}$$

事实上, 取定子列 $\{x_{n_k}\} \subset \{x_n\}$ 满足

$$\varlimsup_{n\to\infty} \langle u - q, x_n - q\rangle = \lim_{k\to\infty} \langle u - q, x_{n_k} - q\rangle,$$

并且不妨假设

$$x_{n_k} \rightharpoonup \tilde{x} \quad (k \to \infty).$$

于是, 由 $\tilde{x} \in \omega_w(x_n) \subset \mathrm{Fix}(T)$ 和钝角原理 (命题 2.9), 可得

$$\varlimsup_{n\to\infty} \langle u - q, x_n - q\rangle = \lim_{k\to\infty} \langle u - q, x_{n_k} - q\rangle = \langle u - q, \tilde{x} - q\rangle \leqslant 0. \qquad \square$$

注 3.9 定理 3.10 的证明过程中需要 T 是 η-firmly 非扩张映像这个条件, 但是这个条件并不是本质性的. 事实上, 对于任何非扩张映像 T 和任何正常数 $\eta > 0$, 根据引理 3.1, 映射 $T^\eta := \left(1 - \dfrac{1}{1+\eta}\right) I + \dfrac{1}{1+\eta} T$ 是 η-firmly 非扩张映像并且 T^η 的不动点集和 T 的不动点集是相同的.

于是, 我们可以直接得到如下结果:

定理 3.11 设 C 是实 Hilbert 空间 $\mathcal{H}$ 的闭仿射子集, 设 $T : C \to C$ 是非扩张映像. 对于任何正常数 η, 记 $T^\eta = \left(1 - \dfrac{1}{1+\eta}\right) I + \dfrac{1}{1+\eta} T$. 任取 $u \in C$, 迭代

序列 $\{x_n\}$ 由迭代格式

$$\begin{cases} x_0 \in C, \\ x_{n+1} = \widehat{t}_{n,\eta} u + \left(1 - \widehat{t}_{n,\eta}\right) T^\eta x_n, \quad \forall n \geqslant 0 \end{cases}$$

产生, 其中

$$\widehat{t}_{n,\eta} = \begin{cases} 0, & \|u - T^\eta x_n\| = 0, \\ \dfrac{\|T^\eta x_n - q\|^2 - \|u - q\|^2}{2\|u - T^\eta x_n\|^2} + \dfrac{1}{2}, & \|u - T^\eta x_n\| \neq 0. \end{cases}$$

则迭代序列 $\{x_n\}$ 强收敛于 $q = P_{\mathrm{Fix}(T)} u$.

显然, 理论意义下的最优参数序列 $\{\widehat{t}_n\}$ 并不能事先得到, 因为其中涉及不动点 $q = P_{\mathrm{Fix}(T)} u$, 因此也无法在实际计算中采用. 但是, $\{\widehat{t}_n\}$ 为我们在实际计算中选取最优参数指明了方向. 下面我们通过自适应选取方式给出 $\{\widehat{t}_n\}$ 的两种逼近, 分别表示为 $\{\tilde{t}_n\}$ 和 $\{\bar{t}_n\}$.

首先, 我们给出实际计算意义下最优参数序列 $\{\widehat{t}_n\}$ 的第一种逼近. 对每个非负整数 $n \geqslant 0$, 定义半空间:

$$H_n := \{x \in \mathcal{H} : \langle x - u_n, x_n - u_n \rangle \leqslant 0\},$$

其中 $u_n = \dfrac{x_n + Tx_n}{2}$. 注意到 $u_n \in H_n$ 以及 $\|Tx_n - \hat{x}\| \leqslant \|x_n - \hat{x}\|$ 对一切 $\hat{x} \in \mathrm{Fix}(T)$ 成立, 容易验证 $\mathrm{Fix}(T) \subset H_n$. 基于这一事实, 我们考虑把 u_n 作为 q 的逼近, 在 (3.37) 中以 u_n 代替 q 得到

$$\tilde{t}_n = \begin{cases} 0, & \|u - Tx_n\| = 0, \\ \dfrac{\langle u - Tx_n, x_n - Tx_n \rangle}{2\|u - Tx_n\|^2}, & \|u - Tx_n\| \neq 0. \end{cases} \tag{3.49}$$

显然, 序列 $\{\tilde{t}_n\}$ 与 q 无关. 于是, 我们得到第一种自适应计算方法如下:

算法 3.6 对任意取定的 $u \in C$, 考虑迭代格式

$$\begin{cases} \text{任意取定 } x_0 \in C, \\ x_{n+1} = \tilde{t}_n u + (1 - \tilde{t}_n) T x_n, \quad \forall n \geqslant 0, \end{cases} \tag{3.50}$$

其中 $\{\tilde{t}_n\}$ 由 (3.49) 给出.

其次, 我们考虑实际计算意义下最优参数序列 $\{\widehat{t_n}\}$ 的第二种逼近. 为此, 我们先把 $\widehat{t_n}$ 的表达式 (3.36) 改写为如下对称形式:

$$\widehat{t_n} = \begin{cases} 0, & \|u - Tx_n\| = 0, \\ \dfrac{\|Tx_n - Tq\|^2 - \|u - q\|^2}{2\|(u - Tx_n) - (q - Tq)\|^2} + \dfrac{1}{2}, & \|u - Tx_n\| \neq 0. \end{cases} \tag{3.51}$$

在 (3.51) 中以 Tx_n 代替 q, 我们得到 $\widehat{t_n}$ 的另一种逼近 $\bar{t}_n$ 如下:

$$\bar{t}_n = \begin{cases} 0, & \|u - Tx_n - (Tx_n - T^2x_n)\| = 0, \\ \dfrac{\|Tx_n - T^2x_n\|^2 - \|u - Tx_n\|^2}{2\|(u - Tx_n) - (Tx_n - T^2x_n)\|^2} + \dfrac{1}{2}, & \|u - Tx_n - (Tx_n - T^2x_n)\| \neq 0. \end{cases} \tag{3.52}$$

于是, 我们得到第二种自适应算法如下.

算法 3.7　对任意取定的 $u \in C$, 考虑迭代格式

$$\begin{cases} \text{任意取定 } x_0 \in C, \\ x_{n+1} = \bar{t}_n u + (1 - \bar{t}_n)Tx_n, \quad \forall n \geqslant 0, \end{cases} \tag{3.53}$$

其中 $\{\bar{t}_n\}$ 由 (3.52) 给出.

数值结果充分地显示出算法 3.6 和算法 3.7 的有效性, 其收敛速度比通常 Halpern 迭代参数选取 $t_n = \dfrac{1}{n+1}$ 时快好多倍 [63].

令人遗憾的是, 算法 3.6 和算法 3.7 的收敛性至今未得到证明, 仍然是一个公开问题.

此外, He 等也研究了一般粘滞迭代的最优参数选取问题, 由于其讨论方法和结果与一般 Halpern 迭代最优参数选取问题类似, 此处略去.

3.3　Mann 迭代

在本节, 我们介绍非扩张映像不动点的另外一种常用算法——Mann 迭代方法. Mann 迭代是由 Mann[89] 和 Krasnosel'skiĭ[79] 提出的. 我们仍设 $\mathcal{H}$ 为实 Hilbert 空间, $C \subset \mathcal{H}$ 为非空闭凸集, $T: C \to C$ 是非扩张映像, 并假设 $\mathrm{Fix}(T) \neq \varnothing$.

3.3.1　Mann 迭代计算格式

算法 3.8 (Mann 迭代 [79, 89])　Mann 迭代计算格式为

$$x_{n+1} = (1 - \alpha_n)x_n + \alpha_n Tx_n, \quad n \geqslant 0, \tag{3.54}$$

其中参数序列 $\{\alpha_n\} \subset [0,1]$, 迭代初始点 $x_0 \in C$ 任意取定.

命题 3.5 (Mann 迭代序列基本性质) (i) $\|x_{n+1}-p\| \leqslant \|x_n-p\|, \forall p \in \mathrm{Fix}(T)$; (ii) $\|x_{n+1}-Tx_{n+1}\| \leqslant \|x_n-Tx_n\|,\ n \geqslant 0$.

证明 (i) 由格式 (3.54) 以及 T 的非扩张性立得

$$\begin{aligned}
\|x_{n+1}-p\| &= \|(1-\alpha_n)x_n+\alpha_n Tx_n-p\| \\
&= \|(1-\alpha_n)(x_n-p)+\alpha_n(Tx_n-p)\| \\
&\leqslant (1-\alpha_n)\|x_n-p\|+\alpha_n\|Tx_n-p\| \\
&\leqslant (1-\alpha_n)\|x_n-p\|+\alpha_n\|x_n-p\| \\
&= \|x_n-p\|.
\end{aligned}$$

这一性质也称为 $\{x_n\}$ 关于 $\mathrm{Fix}(T)$ 是 Fejér 单调的.

(ii) 事实上, 由格式 (3.54) 可得

$$\begin{aligned}
& x_{n+1}-Tx_{n+1} \\
=& (1-\alpha_n)x_n+\alpha_n Tx_n-T[(1-\alpha_n)x_n+\alpha_n Tx_n] \\
=& (1-\alpha_n)(x_n-Tx_n)+Tx_n-T((1-\alpha_n)x_n+\alpha_n Tx_n).
\end{aligned}$$

于是有

$$\|x_{n+1}-Tx_{n+1}\| \leqslant (1-\alpha_n)\|x_n-Tx_n\|+\alpha_n\|x_n-Tx_n\| = \|x_n-Tx_n\|. \quad \square$$

关于 Mann 迭代格式的收敛性, 有如下基本结果.

定理 3.12 [102] 设 $\mathcal{H}$ 为实 Hilbert 空间, $C \subset \mathcal{H}$ 是非空闭凸集, $T: C \to C$ 是非扩张映像. 若 $\{\alpha_n\} \subset (0,1)$, 且 $\sum\limits_{n=0}^{\infty}\alpha_n(1-\alpha_n)=+\infty$, 则 Mann 迭代算法 3.8 产生的序列 $\{x_n\}$ 弱收敛于 T 的某个不动点.

证明 对任意取定的 $p \in \mathrm{Fix}(T)$, 利用命题 2.7 (i) 可得

$$\begin{aligned}
& \|x_{n+1}-p\|^2 \\
=& \|(1-\alpha_n)(x_n-p)+\alpha_n(Tx_n-p)\|^2 \\
=& (1-\alpha_n)\|x_n-p\|^2+\alpha_n\|Tx_n-p\|^2-\alpha_n(1-\alpha_n)\|x_n-Tx_n\|^2 \\
\leqslant& \|x_n-p\|^2-\alpha_n(1-\alpha_n)\|x_n-Tx_n\|^2,
\end{aligned}$$

则

$$\alpha_n (1-\alpha_n) \|x_n - Tx_n\|^2 \leqslant \|x_n - p\|^2 - \|x_{n+1} - p\|^2.$$

于是有

$$\sum_{n=0}^{\infty} \alpha_n (1-\alpha_n) \|x_n - Tx_n\|^2 < +\infty.$$

因为 $\sum\limits_{n=0}^{\infty} \alpha_n (1-\alpha_n) = +\infty$, 所以必然有 $\varliminf\limits_{n\to\infty} \|x_n - Tx_n\|^2 = 0$. 另一方面, 由 Mann 迭代序列基本性质 (ii) 知 $\lim\limits_{n\to\infty} \|x_n - Tx_n\|$ 存在, 所以可断言

$$\lim_{n\to\infty} \|x_n - Tx_n\| = 0.$$

注意到 Mann 迭代序列基本性质 (i) 蕴含 $\{x_n\}$ 是有界的, 因此 $\omega_w(x_n) \neq \varnothing$, 由次闭原理可断定 $\omega_w(x_n) \subset \mathrm{Fix}(T)$.

为证 $\{x_n\}$ 弱收敛于 T 的某一不动点, 只需再证 $\omega_w(x_n)$ 为独点集即可. 假设 $x_{n_i} \rightharpoonup \bar{x} \in \mathrm{Fix}(T)$, $x_{m_j} \rightharpoonup x' \in \mathrm{Fix}(T)$, 若 $\bar{x} \neq x'$, 则由 Opial 性质, 可得

$$\begin{aligned}\lim_{n\to\infty} \|x_n - x'\| &= \lim_{j\to\infty} \|x_{m_j} - x'\| < \lim_{j\to\infty} \|x_{m_j} - \bar{x}\| \\ &= \lim_{i\to\infty} \|x_{n_i} - \bar{x}\| < \lim_{i\to\infty} \|x_{n_i} - x'\| = \lim_{n\to\infty} \|x_n - x'\|,\end{aligned}$$

导致矛盾. □

推论 3.1 设 T 为 α-平均映像, 并且 $\{\alpha_n\} \subset \left(0, \dfrac{1}{\alpha}\right)$ 满足 $\sum\limits_{n=0}^{\infty} \alpha_n \left(\dfrac{1}{\alpha} - \alpha_n\right) = +\infty$, 则由迭代格式 (3.54) 产生的序列 $\{x_n\}$ 弱收敛于 T 的某个不动点.

证明 设 $T = (1-\alpha)I + \alpha V$, 其中 $V: C \to C$ 是非扩张映像, 注意到

$$\begin{aligned}x_{n+1} &= (1-\alpha_n)x_n + \alpha_n Tx_n \\ &= (1-\alpha_n)x_n + \alpha_n ((1-\alpha)x_n + \alpha Vx_n) \\ &= (1-\alpha\alpha_n)x_n + \alpha\alpha_n Vx_n \\ &= (1-\alpha'_n)x_n + \alpha'_n Vx_n,\end{aligned}$$

其中 $\alpha'_n = \alpha\alpha_n \in (0,1)$. 因为

$$\sum_{n=0}^{\infty} {\alpha'}_n (1-{\alpha'}_n) = \sum_{n=0}^{\infty} \alpha\alpha_n (1-\alpha\alpha_n)$$

$$= \sum_{n=0}^{\infty} \alpha^2 \alpha_n \left(\frac{1}{\alpha} - \alpha_n \right)$$
$$= + \infty,$$

所以由定理 3.12 可知, 存在 $x^* \in \mathrm{Fix}(V) = \mathrm{Fix}(T)$, 使得 $x_n \rightharpoonup x^*$. □

注 3.10 是否有比定理 3.12 更弱的条件或者与上述条件不等价的其他条件? 这是一个值得探讨的问题.

3.3.2 修正的 Mann 迭代

Mann 迭代出现之后, 人们一直关注 Mann 迭代的强收敛性. 1975 年, Genel 和 Lindenstrauss[42] 在 l^2 中找到一个反例, Mann 迭代序列具有弱收敛性而不具有强收敛性. 之后, 一些学者研究如何对 Mann 迭代进行适当修正以便得到迭代序列的强收敛性. 2003 年, Nakajo 和 Takahashi[94] 采用投影算子技巧修正 Mann 迭代方法, 提出 CQ 修正方法, 证明了算法的强收敛性.

算法 3.9[94] Mann 迭代 CQ 修正方法的计算格式如下:

$$\begin{cases} \text{任意取定} x_0 \in C, \\ y_n = (1-\alpha_n)x_n + \alpha_n T x_n, \\ C_n = \{z \in C : \|y_n - z\| \leqslant \|x_n - z\|\}, \\ Q_n = \{z \in C : \langle x_0 - x_n, \ z - x_n \rangle \leqslant 0\}, \\ x_{n+1} = P_{C_n \cap Q_n}(x_0). \end{cases}$$

Nakajo 和 Takahashi 证明了如下强收敛定理.

定理 3.13[94] 设迭代序列 $\{x_n\}$ 由算法 3.9 产生. 若 $0 < \alpha \leqslant \alpha_n \leqslant 1$, 则 $x_n \to P_{\mathrm{Fix}(T)}(x_0)$, 其中 $\alpha \in (0,1]$ 为常数.

2006 年, Martinez-Yanes 和 Xu[90] 进一步研究了 CQ 方法修正 Ishikawa 迭代算法, 证明了算法的强收敛定理. 他们还研究了 CQ 方法修正 Halpern 迭代算法, 仅需要定理 3.3 中参数条件 (i) 即可证明算法的强收敛性. 更为重要的是他们证明了如下一个常用的引理.

引理 3.2[90] 假设 K 是实 Hilbert 空间 $\mathcal{H}$ 的非空闭凸子集. 又设 $u \in \mathcal{H}$, $\{x_n\} \subset \mathcal{H}$. 令 $q := P_K u$. 若序列 $\{x_n\}$ 满足条件:

(i) $\omega_w(x_n) \subset K$;

(ii) $\|x_n - u\| \leqslant \|u - q\|, \ \forall \, n \geqslant 0,$ (3.55)

则 $x_n \to q$.

证明　由条件 (ii) 可知 $\{x_n\}$ 是有界的, 从而 $\omega_w(x_n)$ 是非空的. 对不等式 (3.55) 利用范数的弱下半连续性可得, 对任一 $v \in \omega_w(x_n)$, 都成立 $\|v-u\| \leqslant \|u-q\|$. 再结合条件 (i) $\omega_w(x_n) \subset K$, 并注意到 $q = P_K u$, 我们可以断定对任一 $v \in \omega_w(x_n)$ 都有 $v = q$, 因此必然有 $\omega_w(x_n) = \{q\}$, 进而可得 $x_n \rightharpoonup q$. 利用 (3.55) 以及 $x_n \rightharpoonup q$, 容易得到

$$\begin{aligned}\|x_n - q\|^2 &= \|(x_n - u) + (u - q)\|^2 \\ &= \|x_n - u\|^2 + 2\langle x_n - u, u - q\rangle + \|u - q\|^2 \\ &\leqslant 2(\|u - q\|^2 + \langle x_n - u, u - q\rangle) \\ &\to 2(\|u - q\|^2 + \langle q - u, u - q\rangle) = 0 \quad (n \to \infty).\end{aligned}$$

于是我们证明了 $x_n \to q$. □

注 3.11　算法 3.9 的不足之处在于可实现性较差. 这是因为即使闭凸集 C 足够简单使得 P_C 有显式表达式, $C_n \cap Q_n$ 也会比较复杂以至于 $P_{C_n \cap Q_n}$ 没有显式表达式.

He 和 Yang[68] 提出了算法 3.9 的如下改进算法, 在一定程度上克服了算法 3.9 可实现性较差的缺陷.

算法 3.10(算法 3.9 的改进算法 [68])

$$\begin{cases}\text{任意取定 } x_0 = u_0 \in C, \\ y_n = (1 - \alpha_n)x_n + \alpha_n T x_n, \\ W_n = \{z \in \mathcal{H} : \|y_n - z\| \leqslant \|u_n - z\|\}, \\ V_n = \{z \in \mathcal{H} : \langle x_0 - u_n,\ z - u_n\rangle \leqslant 0\}, \\ u_{n+1} = P_{W_n \cap V_n}(x_0), \\ x_{n+1} = P_C(u_{n+1}).\end{cases} \tag{3.56}$$

注 3.12　在算法 3.10 中, 由于 W_n 和 V_n 均为半空间, 所以 $W_n \cap V_n$ 是两个半空间的交集, 投影算子 $P_{W_n \cap V_n}$ 有显式表达式. 因而只要 P_C 有显式表达式, 算法 3.10 就容易实现, 这表明算法 3.10 确实是算法 3.9 的一种改进算法.

引理 3.3 [67]　设 x_0, x 和 v 是 $\mathcal{H}$ 中取定的三个向量. 设 $W = \{z \in \mathcal{H} : \langle x - v, z - v\rangle \leqslant 0\}$ 和 $V = \{z \in \mathcal{H} : \langle x_0 - x, z - x\rangle \leqslant 0\}$ 是实 Hilbert 空间 $\mathcal{H}$ 中的两个半空间, 且满足 $W \cap V \neq \varnothing$. 则

$$P_{W\cap V}x_0=\begin{cases}x, & x=v,\\ q, & x\neq v \text{ 且 } q\in V,\\ w, & x\neq v \text{ 且 } q\notin V,\end{cases}$$

其中

$$q=P_{\mathrm{bd}(W)}x_0=x_0-\frac{\langle x-v,x_0-v\rangle}{\|x-v\|^2}(x-v),$$

$$w=\left(1-\frac{\langle x_0-x,x-v\rangle}{\langle x_0-x,q-v\rangle}\right)v+\frac{\langle x_0-x,x-v\rangle}{\langle x_0-x,q-v\rangle}q.$$

注 3.13 事实上, 对任意取定的 $x_0\in\mathcal{H}$ 以及两个半空间 X 和 Y 满足条件 $X\cap Y\neq\varnothing$, 只要计算出 $x=P_Yx_0$ 和 $v=P_Xx$, 按照引理 3.3 就可以写出 $P_{X\cap Y}x_0$ 的表达式. 关于两个半空间交集投影的另外一种表达式, 参看文献 [9].

关于算法 3.10 的强收敛性, He 和 Yang 证明了如下结果.

定理 3.14[68] 设迭代序列 $\{x_n\}$ 由算法 3.10 产生. 若 $0<\alpha\leqslant\alpha_n\leqslant 1$, 则 $x_n\to P_{\mathrm{Fix}(T)}(x_0)$, 其中 $\alpha\in(0,1]$ 为常数.

证明 分四步完成证明.

(1) 证明对于任意 $n\geqslant 0$, W_n 和 V_n 都是半空间. 事实上, V_n 中不等式 $\langle x_0-u_n,z-u_n\rangle\leqslant 0$ 的左端是 $\mathcal{H}$ 上关于 z 的仿射函数, 所以 V_n 是一个半空间. 另一方面, 不难证明 W_n 中不等式 $\|y_n-z\|\leqslant\|u_n-z\|$ 等价于不等式

$$\left\langle u_n-\frac{1}{2}(u_n+y_n),z-\frac{1}{2}(u_n+y_n)\right\rangle\leqslant 0. \tag{3.57}$$

由于这个不等式的左端也是 $\mathcal{H}$ 上关于 z 的仿射函数, 故 W_n 也是半空间, 并且 W_n 可以用另一种形式表示:

$$W_n=\left\{z\in\mathcal{H}:\left\langle u_n-\frac{1}{2}(u_n+y_n),z-\frac{1}{2}(u_n+y_n)\right\rangle\leqslant 0\right\}. \tag{3.58}$$

注意到 $\frac{1}{2}(u_n+y_n)\in W_n$, 由 (3.57) 和钝角原理 (命题 2.9) 得 $P_{W_n}u_n=\frac{1}{2}(u_n+y_n)$. 显然, 对于任意 $n\geqslant 0$, W_n 和 V_n 是闭凸集.

(2) 证明对于任意 $n\geqslant 0$, $\mathrm{Fix}(T)\subset W_n\cap V_n$. 事实上, 由于投影算子是非扩张映像, 所以对于任一 $p\in\mathrm{Fix}(T)$,

$$\begin{aligned}\|y_n-p\|&=\|(1-\alpha_n)x_n+\alpha_nTx_n-p\|\\&\leqslant(1-\alpha_n)\|x_n-p\|+\alpha_n\|Tx_n-p\|\end{aligned}$$

$$\begin{aligned}&\leqslant \|x_n - p\|\\&= \|P_C u_n - P_C p\|\\&\leqslant \|u_n - p\|.\end{aligned}$$

从而 $p \in W_n$, 进而有 $\mathrm{Fix}(T) \subset W_n$. 下面我们用数学归纳法来证明

$$\mathrm{Fix}(T) \subset V_n, \quad \forall n \geqslant 0. \tag{3.59}$$

事实上, 当 $n = 0$ 时, $x_0 = u_0$, $\mathrm{Fix}(T) \subset \mathcal{H} = V_0$ 显然成立. 假设 $\mathrm{Fix}(T) \subset V_n$, 从而有 $\mathrm{Fix}(T) \subset W_n \cap V_n$. 因此 $W_n \cap V_n$ 为 $\mathcal{H}$ 的非空闭凸子集, 因而

$$u_{n+1} = P_{W_n \cap V_n} x_0$$

有定义. 由钝角原理 (命题 2.9), 可得

$$\langle x_0 - u_{n+1}, z - u_{n+1} \rangle \leqslant 0, \quad \forall z \in W_n \cap V_n.$$

由归纳假设 $\mathrm{Fix}(T) \subset W_n \cap V_n$, 以及 V_{n+1} 的定义可得 $\mathrm{Fix}(T) \subset V_{n+1}$. 因此对于任意 $n \geqslant 0$, (3.59) 成立. 因此, 对于任意的 $n \geqslant 0$, $\mathrm{Fix}(T) \subset W_n \cap V_n$.

(3) 证明 $\|u_{n+1} - u_n\| \to 0\,(n \to \infty)$. 由 V_n 的定义和钝角原理 (命题 2.9), 我们有 $u_n = P_{V_n} x_0$. 结合 $\mathrm{Fix}(T) \subset V_n$, 可断定对于任意取定的 $p \in \mathrm{Fix}(T)$, 有 $\|x_0 - u_n\| \leqslant \|x_0 - p\|$. 这表明 $\{u_n\}$ 是有界的, 并且有

$$\|x_0 - u_n\| \leqslant \|x_0 - q\|, \tag{3.60}$$

其中 $q := P_{\mathrm{Fix}(T)} x_0$. 注意到 $u_{n+1} \in V_n$ 以及 $u_n = P_{V_n} x_0$, 有

$$\|x_0 - u_n\| \leqslant \|x_0 - u_{n+1}\|.$$

因此, 序列 $\{\|x_0 - u_n\|\}$ 是有界且单调不减的, 因而 $\{\|x_0 - u_n\|\}$ 的极限存在. 另一方面, 由 $u_{n+1} \in V_n$ 和钝角原理 (命题 2.9) 可知 $\langle x_0 - u_n, u_{n+1} - u_n \rangle \leqslant 0$, 于是有

$$\begin{aligned}\|u_{n+1} - u_n\|^2 &= \|u_{n+1} - x_0 + x_0 - u_n\|^2\\&= \|u_{n+1} - x_0\|^2 + \|x_0 - u_n\|^2 + 2\langle u_{n+1} - x_0, x_0 - u_n \rangle\\&= \|u_{n+1} - x_0\|^2 + \|x_0 - u_n\|^2\\&\quad + 2\langle u_{n+1} - u_n + u_n - x_0, x_0 - u_n \rangle\\&= \|u_{n+1} - x_0\|^2 - \|u_n - x_0\|^2 + 2\langle u_{n+1} - u_n, x_0 - u_n \rangle\end{aligned}$$

$$\leqslant \|u_{n+1}-x_0\|^2-\|u_n-x_0\|^2. \tag{3.61}$$

注意到 $\lim\limits_{n\to\infty}\|u_n-x_0\|$ 存在, 由 (3.61) 可得

$$\|u_{n+1}-u_n\|\to 0 \quad (n\to\infty). \tag{3.62}$$

(4) 证明当 $n\to\infty$ 时, $\|x_n-Tx_n\|\to 0$ 和 $x_n\to P_{\mathrm{Fix}(T)}x_0$ 成立. 由 P_C 的非扩张性以及算法 3.10 的迭代格式 (3.56) 可得

$$\|x_{n+1}-x_n\|=\|P_Cu_{n+1}-P_Cu_n\|\leqslant\|u_{n+1}-u_n\|\to 0 \quad (n\to\infty). \tag{3.63}$$

由 (3.60) 可得

$$\|x_0-x_n\|=\|P_Cx_0-P_Cu_n\|\leqslant\|x_0-u_n\|\leqslant\|x_0-q\|. \tag{3.64}$$

注意到 $u_{n+1}\in W_n$, 则有

$$\begin{aligned}\|x_n-Tx_n\|&=\frac{1}{\alpha_n}\|y_n-x_n\|\\&\leqslant\frac{1}{\alpha}\|P_C(y_n)-P_C(u_n)\|\\&\leqslant\frac{1}{\alpha}\|y_n-u_n\|\\&\leqslant\frac{1}{\alpha}(\|y_n-u_{n+1}\|+\|u_{n+1}-u_n\|)\\&\leqslant\frac{2}{\alpha}\|u_{n+1}-u_n\|\to 0 \quad (n\to\infty).\end{aligned} \tag{3.65}$$

再由 (3.64) 断定 $\{x_n\}$ 有界, 进而有 $\omega_w(x_n)\neq\varnothing$. 由 (3.65) 和次闭原理 (命题 3.2), 可得 $\omega_w(x_n)\subset\mathrm{Fix}(T)$. 最后利用 (3.64) 和引理 3.2 断言 $\{x_n\}$ 强收敛于 $P_{\mathrm{Fix}(T)}x_0$. □

注 3.14 应用 (3.58) 和引理 3.3, 算法 3.10 的迭代格式 (3.56) 可改写成更为简洁的格式:

$$\begin{cases}\text{任意取定 } x_0=u_0\in C,\\ y_n=(1-\alpha_n)x_n+\alpha_nTx_n,\\ v_n=\dfrac{1}{2}(y_n+u_n),\\ u_{n+1}=u_n, \quad u_n=v_n,\\ u_{n+1}=q_n, \quad u_n\neq v_n \text{ 和 } q_n\in V_n,\\ u_{n+1}=w_n, \quad u_n\neq v_n \text{ 和 } q_n\notin V_n,\\ x_{n+1}=P_Cu_{n+1},\end{cases} \tag{3.66}$$

其中

$$q_n = P_{\mathrm{bd}(W_n)}x_0 = x_0 - \frac{\langle u_n - v_n, x_0 - v_n\rangle}{\|u_n - v_n\|^2}(u_n - v_n),$$

$$w_n = \left(1 - \frac{\langle x_0 - u_n, u_n - v_n\rangle}{\langle x_0 - u_n, q_n - v_n\rangle}\right)v_n + \frac{\langle x_0 - u_n, u_n - v_n\rangle}{\langle x_0 - u_n, q_n - v_n\rangle}q_n.$$

很显然, 只要 P_C 有解析表达式, 那么利用 (3.66), 算法 3.10 就可以很容易实现. 事实上, 借助于 (3.66), 我们在实现算法 3.10 时并不需要关心 W_n 和 V_n 的具体结构. 然而, 即便 P_C 有解析表达式, 由于不能有效地计算投影算子 $P_{C_n\cap Q_n}$, 算法 3.9 的实现也是困难的.

注 3.15 He 等在 [67] 中研究了在 $C = \mathcal{H}$ 的特殊情形下算法 3.9 的实现问题, 他们给出的计算格式是格式 (3.66) 在 $C = \mathcal{H}$ 时的特例.

Kim 和 Xu[75] 于 2005 年采用压缩技巧, 提出了避免使用投影算子的 Mann 迭代修正方法, 也得到了算法的强收敛性.

算法 3.11 (Mann 迭代压缩型修正算法 [75])

$$\begin{cases} u \in C, \quad \text{任意取定 } x_0 \in C, \\ y_n = \alpha_n x_n + (1 - \alpha_n)Tx_n, \\ x_{n+1} = \beta_n u + (1 - \beta_n)y_n, \\ \text{或者} \\ x_{n+1} = \beta_n u + (1 - \beta_n)(\alpha_n x_n + (1 - \alpha_n)Tx_n), \end{cases}$$

其中 $\{\alpha_n\}$, $\{\beta_n\} \subset [0,1]$.

注 3.16 算法 3.11 的优点是不用投影算子, 计算格式容易实现.

定理 3.15[75] 设 $\mathcal{H}$ 为实 Hilbert 空间, $C \subset \mathcal{H}$ 为非空闭凸集, $T: C \to C$ 为非扩张映像, 并且 $\mathrm{Fix}(T) \neq \varnothing$. 任意取定 $u \in C$, 迭代序列 $\{x_n\}$ 按照算法 3.11 产生. 若迭代参数序列 $\{\alpha_n\}$, $\{\beta_n\}$ 满足条件:

(i) $\alpha_n \to 0$, $\beta_n \to 0$ $(n \to \infty)$;

(ii) $\sum_{n=0}^{\infty} \alpha_n = +\infty, \sum_{n=0}^{\infty} \beta_n = +\infty$;

(iii) $\sum_{n=0}^{\infty} |\alpha_{n+1} - \alpha_n| < +\infty, \sum_{n=0}^{\infty} |\beta_{n+1} - \beta_n| < +\infty$,

则 $x_n \to P_{\mathrm{Fix}(T)}(u)$.

证明 证明技巧的核心是把 Mann 迭代及 Halpern 迭代收敛性分析技巧有机地结合起来, 此处从略. □

注 3.17 容易看出, 此处算法 3.11 实际上与算法 3.2 一致. 但是对比定理 3.15 和定理 3.5 不难发现, 为保证算法的强收敛性, 两个定理中对参数序列需要满足的条件却不尽相同, 请读者比较其强弱关系.

3.3.3 带有误差项的 Mann 迭代

下面以 Mann 迭代为例, 讨论一下迭代算法的扰动问题 (或称之为带有误差项的迭代算法). 这类迭代格式产生的背景有两个方面:

(i) 计算过程中有机器舍入误差, 例如标准的 Mann 迭代格式为

$$x_{n+1} = (1-\alpha_n)x_n + \alpha_n T x_n,$$

但由于舍入误差, $x_{n+1} \neq (1-\alpha_n)x_n + \alpha_n T x_n$, 两者之间有差别, 记作 u_n, 于是有

$$x_{n+1} = (1-\alpha_n)x_n + \alpha_n T x_n + u_n.$$

(ii) 算法本身产生的误差, 比如, 计算机做数值计算时, 若 $T : \mathcal{H} \to \mathcal{H}$, 而 $\mathcal{H}$ 为无限维空间, 则往往需要用某有限维子空间 H_m 逼近 $\mathcal{H}$, 也会产生 $x_{n+1} \neq (1-\alpha_n)x_n + \alpha_n T x_n$ 的情形.

注意到, 若 $T : \mathcal{H} \to \mathcal{H}$, 则上述格式总是有意义的, 但若 $C \subset \mathcal{H}$ 是非空闭凸集, 而 $T : C \to C$, 则上述格式无法保证 $x_{n+1} \in C$. 为了解决这一问题, 有人在 $\{u_n\} \subset C$ 的假设下提出了如下格式

$$x_{n+1} = \alpha_n x_n + \beta_n T x_n + \gamma_n u_n,$$

其中 $\{\alpha_n\}, \{\beta_n\}, \{\gamma_n\} \subset [0,1]$, 且 $\alpha_n + \beta_n + \gamma_n = 1$.

这类算法的收敛性分析前些年有不少讨论, 近年来此类文章已经明显减少. 此处仅介绍 Kim 和 Xu[76] 的一个结果.

定理 3.16[76] 设 $\mathcal{H}$ 为实 Hilbert 空间, $C \subset \mathcal{H}$ 为非空闭凸集, $T : C \to C$ 为非扩张映像, 且 $\mathrm{Fix}(T) \neq \varnothing$. 若 $\{\alpha_n\} \subset (0,1)$ 和 $\{e_n\} \subset \mathcal{H}$ 满足条件

(i) $\sum_{n=0}^{\infty} \alpha_n(1-\alpha_n) = +\infty$;

(ii) $\sum_{n=0}^{\infty} \alpha_n \|e_n\| < +\infty$,

任意取定 $x_0 \in C$, 迭代序列 $\{x_n\}$ 由格式

$$x_{n+1} = (1-\alpha_n)x_n + \alpha_n P_C(Tx_n + e_n) \tag{3.67}$$

或

$$x_{n+1} = P_C\left((1-\alpha_n)x_n + \alpha_n(Tx_n + e_n)\right) \tag{3.68}$$

产生, 则 $\{x_n\}$ 弱收敛于 T 的某个不动点.

证明　以格式 (3.67) 为例, 分四步完成证明.

(1) 证明 $\forall p \in \mathrm{Fix}(T)$, $\lim\limits_{n\to\infty} \|x_n - p\|$ 存在. 事实上, 由计算格式 (3.67) 可得

$$\begin{aligned}
\|x_{n+1} - p\| &= \|(1-\alpha_n)(x_n - p) + \alpha_n(P_C(Tx_n + e_n) - p)\| \\
&\leqslant (1-\alpha_n)\|x_n - p\| + \alpha_n \|Tx_n + e_n - p\| \\
&\leqslant (1-\alpha_n)\|x_n - p\| + \alpha_n \|x_n - p\| + \alpha_n \|e_n\| \\
&= \|x_n - p\| + \alpha_n \|e_n\|.
\end{aligned}$$

由引理 2.1, $\lim\limits_{n\to\infty} \|x_n - p\|$ 存在.

(2) 证明 $\sum\limits_{n=0}^{\infty} \alpha_n(1-\alpha_n)\|x_n - Tx_n\|^2 < +\infty$ 以及 $\underline{\lim}\limits_{n\to\infty} \|x_n - Tx_n\| = 0$. 由投影算子性质得

$$\begin{aligned}
\|x_{n+1} - p\|^2 &= \|(1-\alpha_n)x_n + \alpha_n Tx_n - p + \alpha_n(P_C(Tx_n + e_n) - Tx_n)\|^2 \\
&\leqslant \|(1-\alpha_n)(x_n - p) + \alpha_n(Tx_n - p)\|^2 + {\alpha_n}^2\|e_n\|^2 \\
&\quad + 2\alpha_n \langle (1-\alpha_n)(x_n - p) + \alpha_n(Tx_n - p), P_C(Tx_n + e_n) - Tx_n \rangle \\
&\leqslant \|(1-\alpha_n)(x_n - p) + \alpha_n(Tx_n - p)\|^2 + \alpha_n \|e_n\| M \\
&\leqslant \|x_n - p\|^2 - \alpha_n(1-\alpha_n)\|x_n - Tx_n\|^2 + \alpha_n \|e_n\| M,
\end{aligned}$$

其中 M 为某一常数. 于是有

$$\alpha_n(1-\alpha_n)\|x_n - Tx_n\|^2 \leqslant \|x_n - p\|^2 - \|x_{n+1} - p\|^2 + \alpha_n \|e_n\| M.$$

由条件 (ii) 以及 $\lim\limits_{n\to\infty} \|x_n - p\|$ 存在, 可以断言 $\sum\limits_{n=0}^{\infty} \alpha_n(1-\alpha_n)\|x_n - Tx_n\|^2 < +\infty$. 再根据条件 (i) 可断言 $\underline{\lim}\limits_{n\to\infty} \|x_n - Tx_n\| = 0$.

(3) 证明 $\|x_{n+1} - Tx_{n+1}\| \leqslant \|x_n - Tx_n\| + 2\alpha_n \|e_n\|$, 进而 $\lim\limits_{n\to\infty} \|x_n - Tx_n\| = 0$. 由计算格式 (3.67) 以及投影算子的基本性质, 易得

$$\|x_{n+1} - x_n\| = \alpha_n \|P_C(Tx_n + e_n) - x_n\| \leqslant \alpha_n(\|x_n - Tx_n\| + \|e_n\|).$$

另一方面, 由

$$x_{n+1} - Tx_n = (1-\alpha_n)(x_n - Tx_n) + \alpha_n (P_C(Tx_n + e_n) - Tx_n)$$

以及投影算子性质, 得到

$$\|x_{n+1} - Tx_n\| \leqslant (1-\alpha_n)\|x_n - Tx_n\| + \alpha_n \|e_n\|.$$

综合以上各式, 有

$$\begin{aligned}\|x_{n+1} - Tx_{n+1}\| &= \|x_{n+1} - Tx_n + Tx_n - Tx_{n+1}\| \\ &\leqslant (1-\alpha_n)\|x_n - Tx_n\| + \alpha_n\|e_n\| + \|x_n - x_{n+1}\| \\ &\leqslant (1-\alpha_n)\|x_n - Tx_n\| + \alpha_n\|e_n\| + \alpha_n\|x_n - Tx_n\| + \alpha_n\|e_n\| \\ &= \|x_n - Tx_n\| + 2\alpha_n\|e_n\|.\end{aligned}$$

再一次用引理 2.1, 得到 $\lim\limits_{n\to\infty}\|x_n - Tx_n\|$ 存在, 但已证 $\underline{\lim}\limits_{n\to\infty}\|x_n - Tx_n\| = 0$, 所以必成立 $\lim\limits_{n\to\infty}\|x_n - Tx_n\| = 0$.

(4) 证明 $\{x_n\}$ 弱收敛于 T 的某个不动点. 由于对任一 $p \in \mathrm{Fix}(T)$, $\lim\limits_{n\to\infty}\|x_n - p\|$ 存在, 所以 $\{x_n\}$ 必有界, 再结合 (3) 的结论 $\lim\limits_{n\to\infty}\|x_n - Tx_n\| = 0$, 利用次闭原理可得 $\omega_w(x_n) \subset \mathrm{Fix}(T)$. 为证 $\{x_n\}$ 是弱收敛的, 只需证 $\omega_w(x_n)$ 为独点集. 现用反证法证明.

设 $\bar{x}$, $x' \in \omega_w(x_n)$, 并且 $\bar{x} \neq x'$. 又设 $x_{m_i} \rightharpoonup \bar{x}\ (i\to\infty)$, $x_{n_j} \rightharpoonup x'\ (j\to\infty)$, 则利用 Opial 性质以及 (1) 的结论, 有

$$\lim_{n\to\infty}\|x_n - \bar{x}\| = \lim_{i\to\infty}\|x_{m_i} - \bar{x}\| < \lim_{i\to\infty}\|x_{m_i} - x'\| = \lim_{n\to\infty}\|x_n - x'\|.$$

同理

$$\lim_{n\to\infty}\|x_n - x'\| < \lim_{n\to\infty}\|x_n - \bar{x}\|.$$

于是

$$\lim_{n\to\infty}\|x_n - \bar{x}\| < \lim_{n\to\infty}\|x_n - \bar{x}\|,$$

导致矛盾. □

3.3.4 一般 Mann 迭代的最优参数选取

设 $\mathcal{H}$ 是实 Hilbert 空间, C 是 $\mathcal{H}$ 的非空闭凸子集, $T: C \to C$ 是非扩张映像. 我们已经知道, Mann 迭代方法:

$$\begin{cases}\text{任意取定 } x_0 \in C, \\ x_{n+1} = (1-\alpha_n)x_n + \alpha_n T x_n, \quad n \geqslant 0,\end{cases} \tag{3.69}$$

其中参数序列 $\{\alpha_n\} \subset [0,1]$, 可用于求解 T 的一个不动点. 容易理解, Mann 迭代的收敛速度严重地依赖于参数序列 $\{\alpha_n\}$ 的选择. 因此, 如何选取好的参数序列 $\{\alpha_n\}$, 使得 Mann 迭代产生的迭代序列能够快速收敛于 T 的一个不动点是非常有意义的课题.

这个问题的研究最早是由 Combettes[31] 针对一类特殊非扩张映像 P_DP_C 开始的, 这里 D 和 C 分别为 $\mathcal{H}$ 的一个闭子空间和闭凸子集. Combettes 采用所谓 Armijo 松弛技巧选取系数 α_n, 即针对当前迭代 x_n, 选取 α_n 满足不等式

$$\Phi(x_n) - \Phi(x_{n+1}) \geqslant \mu\alpha_n\|\nabla\Phi(x_n)\|^2, \tag{3.70}$$

其中 $\mu \in (0,1)$ 为任意取定的常数, 函数 $\Phi : D \to [0,+\infty)$ 由 $\Phi(x) = \dfrac{1}{2}\|x - P_Cx\|^2$ 定义. 注意到由 (3.70) 得以确定 α_n 的前提是函数 $\Phi(x) = \dfrac{1}{2}\|x - P_Cx\|^2$ 是可微的, 但是, 对于一般非扩张映像 T, 相应函数 $\Phi(x) = \dfrac{1}{2}\|x - Tx\|^2$ 并不总是可微的.

Xu[118] 也研究了这一问题, 他的核心思想是把 Mann 迭代方法看作一种线搜索方法. 确切地讲, 就是把 Mann 迭代 (3.69) 改写为

$$x_{n+1} = x_n - \alpha_n v_n, \quad n \geqslant 0, \tag{3.71}$$

其中 α_n 为步长, $v_n = x_n - Tx_n$ 为搜索方向. Xu 通过求解最优化问题:

$$\min_{0\leqslant\alpha\leqslant c}\{\|x_n(\alpha) - Tx_n(\alpha)\|^2 - \beta\alpha^2\|x_n - Tx_n\|\} \tag{3.72}$$

或

$$\min_{0\leqslant\alpha\leqslant 1}\{\|x_n(\alpha) - Tx_n(\alpha)\|^2 - \beta\alpha(1-\alpha)\|x_n - Tx_n\|\}, \tag{3.73}$$

给出了两种步长 $\{\alpha_n\}$ 的选择方式, 这里 $x(\alpha) := x - \alpha(x - Tx), c \in (0,1), \beta > 0$ 是参数. 当 T 是一个非线性算子时, 精确地求解最优化问题 (3.72) 或 (3.73) 是比较困难的, 需要花费的计算量也是比较大的.

2019 年, Iutzeler 和 Hendrickx[73] 针对平均映像研究了 Mann 迭代最优参数的选取问题. 假设 T 是 σ-平均映像, Iutzeler 和 Hendrickx 给出参数序列 $\{\alpha_n\}$ 的自适应选取公式为

$$\alpha_{n+1} = \frac{(2-\varepsilon)\alpha_n}{2\sigma\alpha_n + 1 - \dfrac{\alpha_{n-1}\|x_n - x_{n-1}\|}{\alpha_n\|x_{n-1} - x_{n-2}\|}} + \frac{\varepsilon}{4\sigma}, \quad n \geqslant 2, \tag{3.74}$$

其中 $\varepsilon \in (0, 2\min(\sigma, 1-\sigma)]$, $\alpha_1 = \alpha_2 = 1$, $x_0 \in C$ 任意取定, $x_1 = Tx_0$, $x_2 = Tx_1$. 但是, 公式 (3.74) 无法推广到一般非扩张映像, 因为 (3.74) 涉及平均常数 σ.

2020 年, He 等 [58] 研究了 Mann 迭代最优参数的选取问题. 他们的基本思想是: 首先定义了在理论意义下 Mann 迭代最优参数序列, 然后给出理论意义下 Mann 迭代最优参数序列的逼近序列用于 Mann 迭代算法的实施. 数值结果显示出该方法的优越性. 以下主要介绍 He 等的结果.

当 C 是非空闭凸集时, 为了使 Mann 迭代有意义, 一般要求参数序列 $\{\alpha_n\} \subset [0,1]$. 但是在某些情况下, 例如 C 是闭仿射集时, 限制 $\{\alpha_n\} \subset [0,1]$ 可以去掉. 为了使参数序列 $\{\alpha_n\}$ 有更大的选择自由度, 本节以下恒设 C 是 $\mathcal{H}$ 的闭仿射子集. $T: C \to C$ 为一非扩张映像并且 $\mathrm{Fix}(T) \neq \varnothing$. 我们考虑如下一般的 Mann 迭代格式:

$$\begin{cases} \text{任意取定 } x_0 \in C, \\ x_{n+1} = (1-\alpha_n)x_n + \alpha_n T x_n, \quad n \geqslant 0, \end{cases} \tag{3.75}$$

其中 $\{\alpha_n\} \subset \mathbb{R}$. 所谓一般的 Mann 迭代是相对于标准 Mann 迭代限制 $\{\alpha_n\} \subset [0,1]$ 而言的.

我们先来定义在理论意义下, 格式 (3.75) 的最优参数序列 $\{\widehat{\alpha}_n\}$. 不失一般性, 我们总是假设 $x_n \neq Tx_n$ 对一切 $n \geqslant 0$ 成立 (若对某个 n_0 成立 $x_{n_0} = Tx_{n_0}$, 则已找到 T 的某一个不动点 x_{n_0}, 算法可以终止).

假设第 n 步迭代 x_n 已经得到, 我们考虑选取参数 α_n 的最优值, 使得 x_{n+1} 尽可能靠近任取定的 $p \in \mathrm{Fix}(T)$. 明显地, 参数 α_n 的最优值应当使得 $\|x_{n+1}-p\|^2$ 达到最小值. 直接计算得到

$$\begin{aligned} \|x_{n+1}-p\|^2 &= \|(1-\alpha_n)(x_n-p)+\alpha_n(Tx_n-p)\|^2 \\ &= (1-\alpha_n)\|x_n-p\|^2 + \alpha_n\|Tx_n-p\|^2 \\ &\quad - \alpha_n(1-\alpha_n)\|x_n-Tx_n\|^2 \\ &= \alpha_n^2\|x_n-Tx_n\|^2 - \alpha_n(\|x_n-p\|^2 - \|Tx_n-p\|^2 \\ &\quad + \|x_n-Tx_n\|^2) + \|x_n-p\|^2. \end{aligned} \tag{3.76}$$

从 (3.76) 可知, $\|x_{n+1}-p\|^2$ 是关于 α_n 的二次多项式函数, 因此其极小值点为

$$\widehat{\alpha}_{p,n} = \frac{1}{2} + \frac{\|x_n-p\|^2 - \|Tx_n-p\|^2}{2\|x_n-Tx_n\|^2}. \tag{3.77}$$

由于 $\widehat{\alpha}_{p,n}$ 依赖于 $p \in \mathrm{Fix}(T)$, 所以我们称 $\widehat{\alpha}_{p,n}$ 为迭代格式 (3.75) 相应于不动点 p 的第 n 个最优参数. 基于上述分析, 我们给出如下最优参数的概念.

定义 3.5 设 $C \subset \mathcal{H}$ 是闭仿射集. 对于 $n \geqslant 0$, 设第 n 步迭代 x_n 已得到, 则称

$$\widehat{\alpha}_n = \inf_{p \in \mathrm{Fix}(T)} \widehat{\alpha}_{p,n} \tag{3.78}$$

为算法 (3.75) 的第 n 个最优参数, 这里 $\widehat{\alpha}_{p,n}$ 由 (3.77) 给出.

最优参数序列 $\{\widehat{\alpha}_n\}$ 具有下列基本性质.

引理 3.4 设 $C \subset \mathcal{H}$ 是闭仿射集, $T: C \to C$ 为非扩张映像, 又设 $\{\widehat{\alpha}_n\}$ 是由 (3.78) 给出的迭代格式 (3.75) 的最优参数序列, 则我们有

(i) 对一切 $n \geqslant 0$, 恒成立 $\widehat{\alpha}_n \geqslant \dfrac{1}{2}$;

(ii) 若 T 是拟等距算子, 即 $\|Tx - p\| = \|x - p\|$, 对一切 $x \in C$ 和 $p \in \mathrm{Fix}(T)$ 都成立, 则 $\widehat{\alpha}_n \equiv \dfrac{1}{2}$;

(iii) 若 T 是 σ-平均映像, 其中 $\sigma \in (0,1)$, 则对一切 $n \geqslant 0$, 恒成立 $\widehat{\alpha}_n \geqslant \dfrac{1}{2\sigma}$.

证明 注意到 T 是非扩张的, 所以对一切 $p \in \mathrm{Fix}(T)$, 总成立

$$\|x_n - p\|^2 - \|Tx_n - p\|^2 \geqslant 0.$$

于是, 由 (3.77) 可知 $\widehat{\alpha}_{p,n} \geqslant \dfrac{1}{2}$ 对一切 $p \in \mathrm{Fix}(T)$ 成立. 特别地, 若 T 还是拟等距算子, 则

$$\widehat{\alpha}_{p,n} \equiv \frac{1}{2}, \quad \forall\, p \in \mathrm{Fix}(T).$$

再结合 (3.78) 可断定 (i) 与 (ii) 成立.

若对于某 $\sigma \in (0,1)$, T 是 σ-平均映像, 则由引理 3.1 可知, 对任意 $p \in \mathrm{Fix}(T)$ 都有

$$\|x_n - p\|^2 - \|Tx_n - p\|^2 \geqslant \frac{1-\sigma}{\sigma}\|x_n - Tx_n\|^2. \tag{3.79}$$

综合 (3.77) 与 (3.79) 可知, 对一切 $p \in \mathrm{Fix}(T)$, 恒有 $\widehat{\alpha}_{p,n} \geqslant \dfrac{1}{2\sigma}$, 因此结论 (iii) 成立. □

注 3.18 由于 $\widehat{\alpha}_n$ 中包含 T 的不动点, 所以在实际计算中 $\widehat{\alpha}_n$ 无法事先算出. 虽然如此, 但引理 3.4 的结果仍然告诉我们迭代格式 (3.75) 参数选取的策略. 例如, 为了使得 Mann 迭代具有较快的收敛速度, $\widehat{\alpha}_n \geqslant \dfrac{1}{2}$, $\forall n \geqslant 0$, 应当作为参数选取的一条基本准则. 再比如, 若 T 是 firmly 非扩张映像, 则 T 是 $\dfrac{1}{2}$-平均映像, 从而 $\widehat{\alpha}_n \geqslant 1$, $\forall n \geqslant 0$.

例 3.3 设 $\mathcal{H}=\mathbb{R}^2$, $\theta\in(0,\pi)$. 设 $T:\mathbb{R}^2\to\mathbb{R}^2$ 是旋转算子, 即

$$T\begin{pmatrix} u \\ v \end{pmatrix}=\begin{pmatrix} \cos\theta & -\sin\theta \\ \sin\theta & \cos\theta \end{pmatrix}\begin{pmatrix} u \\ v \end{pmatrix},\quad \forall\begin{pmatrix} u \\ v \end{pmatrix}\in\mathbb{R}^2. \tag{3.80}$$

显然 T 是拟等距算子, 按照引理 3.4, 对 T 而言, 迭代格式 (3.75) 的最优参数 $\widehat{\alpha}_n\equiv\dfrac{1}{2}$. 以下我们验证选取最优参数序列的确使得迭代格式 (3.75) 的收敛速度达到最快. 事实上, 对此算子 T, 迭代格式 (3.75) 变为

$$\begin{aligned} x_{n+1}&=(1-\alpha_n)x_n+\alpha_n Tx_n \\ &=\begin{pmatrix} 1-\alpha_n+\alpha_n\cos\theta & -\alpha_n\sin\theta \\ \alpha_n\sin\theta & 1-\alpha_n+\alpha_n\cos\theta \end{pmatrix}x_n. \end{aligned} \tag{3.81}$$

记

$$B(\alpha_n):=\begin{pmatrix} 1-\alpha_n+\alpha_n\cos\theta & -\alpha_n\sin\theta \\ \alpha_n\sin\theta & 1-\alpha_n+\alpha_n\cos\theta \end{pmatrix},$$

经过简单计算可知矩阵 $B(\alpha_n)^{\mathrm{T}}B(\alpha_n)$ 的谱半径

$$\rho(B(\alpha_n)^{\mathrm{T}}B(\alpha_n))=2(1-\cos\theta)\left(\alpha_n-\frac{1}{2}\right)^2+\frac{1+\cos\theta}{2}.$$

由于矩阵 $B(\alpha_n)$ 的 2-范数 $\|B(\alpha_n)\|_2$ 等于 $\sqrt{\rho(B(\alpha_n)^{\mathrm{T}}B(\alpha_n))}$. 容易验证 $\|B(\alpha_n)\|_2<1$, $\forall\alpha_n\in(0,1)$. 因此, $B(\alpha_n)$ 实际上是压缩映像, 压缩常数为 $\|B(\alpha_n)\|_2$. 由于当 $\alpha_n=\dfrac{1}{2}$ 时, $\|B(\alpha_n)\|_2$ 达到其最小值, 所以此时序列 $\{x_n\}$ 以最快的速度收敛到 T 的唯一不动点 $(0,0)^{\mathrm{T}}$.

当参数序列 $\{\alpha_n\}$ 取最优参数序列 $\{\widehat{\alpha}_n\}$ 时, 迭代格式 (3.75) 成立如下收敛性结论.

定理 3.17 设迭代格式 (3.75) 中参数序列取值最优参数序列 $\{\widehat{\alpha}_n\}$, 则它产生的序列 $\{x_n\}$ 弱收敛于 T 的某个不动点.

证明 类似于 (3.76), 由迭代格式 (3.75) 可知, 对于任意取定的 $p\in\mathrm{Fix}(T)$,

$$\begin{aligned} &\widehat{\alpha}_n(\|x_n-p\|^2-\|Tx_n-p\|^2)+\widehat{\alpha}_n(1-\widehat{\alpha}_n)\|x_n-Tx_n\|^2 \\ &=\|x_n-p\|^2-\|x_{n+1}-p\|^2. \end{aligned} \tag{3.82}$$

由 (3.77) 可知

$$(2\widehat{\alpha}_{p,n}-1)\|x_n-Tx_n\|^2=\|x_n-p\|^2-\|Tx_n-p\|^2. \tag{3.83}$$

将 (3.83) 代入 (3.82) 中, 可得

$$\widehat{\alpha}_n(2\widehat{\alpha}_{p,n}-\widehat{\alpha}_n)\|x_n-Tx_n\|^2=\|x_n-p\|^2-\|x_{n+1}-p\|^2. \tag{3.84}$$

注意到 $\widehat{\alpha}_{p,n}\geqslant\widehat{\alpha}_n$, 利用 (3.84) 可得

$$\widehat{\alpha}_n^2\|x_n-Tx_n\|^2\leqslant\|x_n-p\|^2-\|x_{n+1}-p\|^2. \tag{3.85}$$

因此

$$\sum_{n=0}^{\infty}\widehat{\alpha}_n^2\|x_n-Tx_n\|^2<+\infty.$$

于是, 由引理 3.4 可知, 对于任一 $n\geqslant 0$, $\widehat{\alpha}_n\geqslant\dfrac{1}{2}$ 都成立, 从而有

$$\sum_{n=0}^{\infty}\|x_n-Tx_n\|^2<+\infty,$$

因此 $\|x_n-Tx_n\|\to 0\ (n\to\infty)$.

另一方面, 由 (3.85) 可知序列 $\{\|x_n-p\|^2\}$ 是单调不增的, 进而有 $\{x_n\}$ 是有界的且 $\lim\limits_{n\to\infty}\|x_n-p\|^2$ 存在. 因此根据次闭原理, 可以断言 $\omega_w(x_n)\subset\mathrm{Fix}(T)$. 利用引理 2.5, 可知 $\{x_n\}$ 弱收敛于 T 的某个不动点. □

尽管引理 3.4 给出了迭代格式 (3.75) 参数选取的一般准则, 但引理 3.4 给出的参数选择范围太大了. 下面我们采用自适应方式给出最优参数 $\{\widehat{\alpha}_n\}$ 的一种较好的逼近, 以便能够应用于实际计算. 为此, 我们把 $\widehat{\alpha}_{p,n}$ 改写为如下更加对称的形式:

$$\widehat{\alpha}_{p,n}=\frac{1}{2}+\frac{\|x_n-p\|^2-\|Tx_n-Tp\|^2}{2\|(x_n-Tx_n)-(p-Tp)\|^2}. \tag{3.86}$$

在 (3.86) 中, 以 Tx_n 代替 p, 则当 $\|(x_n-Tx_n)-(Tx_n-T^2x_n)\|\neq 0$ 时, 得到 $\widehat{\alpha}_n$ 的近似值为

$$\bar{\alpha}_n=\frac{1}{2}+\frac{\|x_n-Tx_n\|^2-\|Tx_n-T^2x_n\|^2}{2\|(x_n-Tx_n)-(Tx_n-T^2x_n)\|^2},\quad \forall n\geqslant 0. \tag{3.87}$$

注 3.19 当 $\|(x_n-Tx_n)-(Tx_n-T^2x_n)\|=0$ 时, (3.87) 无意义, 此时按照引理 3.4, 若 T 为一般非扩张映像, 则可取 $\bar{\alpha}_n=\dfrac{1}{2}$, 若 T 为 σ-平均映像, 则可取 $\bar{\alpha}_n=\dfrac{1}{2\sigma}$. 我们称 $\{\bar{\alpha}_n\}$ 为最优参数序列 $\{\widehat{\alpha}_n\}$ 的逼近序列.

类似于引理 3.4 很容易验证如下结论.

引理 3.5 设 $C \subset \mathcal{H}$ 是闭仿射集, $T: C \to C$ 为非扩张映像, 则由 (3.87) 给出的最优参数序列的逼近序列 $\{\bar{\alpha}_n\}$ 具有以下性质:

(i) 对一切 $n \geqslant 0$, 恒成立 $\bar{\alpha}_n \geqslant \dfrac{1}{2}$;

(ii) 若 T 是等距算子, 即 $\|Tx - Ty\| = \|x - y\|$ 对一切 $x, y \in C$ 成立, 则 $\bar{\alpha}_n \equiv \dfrac{1}{2}$;

(iii) 若 T 是 σ-平均映像, 则对一切 $n \geqslant 0$, $\bar{\alpha}_n \geqslant \dfrac{1}{2\sigma}$.

注 3.20 由引理 3.5 可以看出, $\bar{\alpha}_n$ 保持了 $\widehat{\alpha}_n$ 的基本性质, 这得益于把 $\widehat{\alpha}_{p,n}$ 改写为更加对称的形式 (3.86).

下面结果从另一个角度说明逼近参数 (3.87) 的合理性.

命题 3.6 若 T 是一个仿射算子, 即存在一个有界线性算子 $B: \mathcal{H} \to \mathcal{H}$ 以及一固定向量 $d \in \mathcal{H}$, 使得 $Tx = Bx + d, \forall x \in \mathcal{H}$, 则 (3.87) 给出的逼近参数 $\bar{\alpha}_n$ 满足

$$\|x_n(\bar{\alpha}_n) - Tx_n(\bar{\alpha}_n)\|^2 = \min_{\alpha \in \mathbb{R}} \|x_n(\alpha) - Tx_n(\alpha)\|^2, \quad n \geqslant 0, \tag{3.88}$$

其中 $x_n(\alpha) = (1-\alpha)x_n + \alpha T x_n$.

证明 令

$$\varphi(\alpha) = \|x_n(\alpha) - Tx_n(\alpha)\|^2, \quad \alpha \in \mathbb{R}.$$

注意到 T 是一个仿射算子, 从而有

$$\begin{aligned}
\varphi(\alpha) &= \|(1-\alpha)x_n + \alpha T x_n - (1-\alpha)Tx_n - \alpha T^2 x_n\|^2 \\
&= \|(1-\alpha)(x_n - Tx_n) + \alpha(Tx_n - T^2 x_n)\|^2 \\
&= (1-\alpha)\|x_n - Tx_n\|^2 + \alpha\|Tx_n - T^2 x_n\|^2 \\
&\quad - \alpha(1-\alpha)\|(x_n - Tx_n) - (Tx_n - T^2 x_n)\|^2.
\end{aligned}$$

令 $\varphi'(\alpha) = 0$, 很容易发现式 (3.87) 中给定的 $\bar{\alpha}_n$ 是优化问题 (3.88) 的解. □

当 $\{\alpha_n\}$ 取由 (3.87) 给出的逼近参数序列 $\{\bar{\alpha}_n\}$ 时, 迭代格式 (3.75) 是否收敛于 T 的某个不动点仍然是没有解决的问题. 但是, 我们有如下结果.

定理 3.18 设 C 是 $\mathcal{H}$ 中的非空闭仿射集, $T: C \to C$ 是非扩张映像. 如果存在某一 $\varepsilon \in (0,1)$, 使得由 (3.78) 给出的最优参数 $\widehat{\alpha}_n$ 以及由 (3.87) 给出的近似最优参数 $\bar{\alpha}_n$ 对于所有 $n \geqslant 0$ 有 $\bar{\alpha}_n \leqslant (2-\varepsilon)\widehat{\alpha}_n$ 成立, 则含由 (3.87) 给出的近似最优参数序列 $\{\bar{\alpha}_n\}$ 的迭代格式(3.75) 生成的序列 $\{x_n\}$ 弱收敛于 T 的某个不动点.

证明 类似于公式 (3.76) 的推导, 我们由迭代格式 (3.75) 和近似最优参数序列 (3.87) 可得, 对于任意 $p \in \mathrm{Fix}(T)$, 有

$$\begin{aligned}&\bar{\alpha}_n(\|x_n - p\|^2 - \|Tx_n - p\|^2) + \bar{\alpha}_n(1-\bar{\alpha}_n)\|x_n - Tx_n\|^2\\ =& \|x_n - p\|^2 - \|x_{n+1} - p\|^2.\end{aligned} \tag{3.89}$$

将 (3.83) 代入 (3.89), 再由 $\widehat{\alpha}_n \leqslant \widehat{\alpha}_{p,n}$ 和 $\bar{\alpha}_n \leqslant (2-\varepsilon)\widehat{\alpha}_n$ 可得

$$\frac{\varepsilon}{2-\varepsilon}\bar{\alpha}_n^2\|x_n - Tx_n\|^2 \leqslant \|x_n - p\|^2 - \|x_{n+1} - p\|^2. \tag{3.90}$$

因此

$$\sum_{n=0}^{\infty}\|x_n - Tx_n\|^2 < \infty. \tag{3.91}$$

根据 (3.91), 通过与定理 3.17 证明最后部分相同的论证可知结论成立. □

作为定理 3.18 的一个应用成果, 我们证明了如下结果.

定理 3.19 设 $T : \mathbb{R}^m \to \mathbb{R}^m$ 是仿射算子:

$$Tx = Bx + d, \quad \forall x \in \mathbb{R}^m,$$

其中 B 是 m 阶实对称矩阵, 且其特征值 $\{\lambda_i\}_{i=1}^m \subset (-1,1]$, $d \in \mathbb{R}^m$ 是给定的向量. 设迭代格式 (3.75) 中的参数序列取 (3.87) 给出的近似最优参数序列 $\{\bar{\alpha}_n\}$, $\{x_n\}$ 是由迭代格式 (3.75) 产生的序列. 则

(i) $\{x_n\}$ 收敛于 T 的一个不动点;

(ii) 成立如下的收敛率估计:

$$\|x_n - Tx_n\| \leqslant \rho^n\|x_0 - Tx_0\|, \quad \forall n \geqslant 0, \tag{3.92}$$

其中 $\rho = \sqrt{1 - \left(\dfrac{1-\bar{\lambda}}{1-\underline{\lambda}}\right)^2}$, $\bar{\lambda} = \max\limits_{i \in J}\lambda_i$, $\underline{\lambda} = \min\limits_{i \in J}\lambda_i$, 以及 $J = \{i : \lambda_i \neq 1, i \in \{1, \cdots, m\}\}$.

证明 (i) 因为 B 是实对称矩阵, 所以存在一个正交矩阵 Q, 使得 $QBQ^{\mathrm{T}} = \Lambda$, 其中 Λ 是对角阵, 且 B 的所有特征值 $\{\lambda_i\}_{i=1}^m$ 在 Λ 的主对角线上. 任取 $p \in \mathrm{Fix}(T)$, 有

$$(I - B)p = d. \tag{3.93}$$

令 $e = Qd = (e_1, \cdots, e_m)^{\mathrm{T}}$ 和 $p' = Qp$, 则 (3.93) 可以重写成如下形式:

$$(I - \Lambda)p' = e.$$

由此我们可以看到, 如果 $\lambda_i = 1\ (i = 1, \cdots, m)$, 则 $e_i = 0$. 令 $y^n = Qx_n$ 和 $z^n = Q(x_n - Tx_n) = (z_1, \cdots, z_m)^{\mathrm{T}}$, 从而有

$$z^n = Q(I - B)x_n - Qd = (I - \Lambda)y^n - e.$$

从而, 我们断定

$$z_i = 0, \quad 若\ \lambda_i = 1 \quad (i = 1, \cdots, m). \tag{3.94}$$

我们再来计算由 (3.87) 给出的近似最优参数 $\bar{\alpha}_n$. 注意到

$$(x_n - Tx_n) - (Tx_n - T^2x_n) = (I - B)(x_n - Tx_n) = Q^{\mathrm{T}}(I - \Lambda)z^n,$$

于是有

$$\|(x_n - Tx_n) - (Tx_n - T^2x_n)\|^2 = \|Q^{\mathrm{T}}(I - \Lambda)z^n\|^2 = \|(I - \Lambda)z^n\|^2 = \sum_{i \in J}(1 - \lambda_i)^2 z_i^2.$$

类似可得

$$\langle (x_n - Tx_n) - (Tx_n - T^2x_n), x_n - Tx_n \rangle = \langle Q^{\mathrm{T}}(I - \Lambda)z^n, Q^{\mathrm{T}}z^n \rangle = \sum_{i \in J}(1 - \lambda_i)z_i^2.$$

进而有

$$\bar{\alpha}_n = \frac{\sum\limits_{i \in J}(1 - \lambda_i)z_i^2}{\sum\limits_{i \in J}(1 - \lambda_i)^2 z_i^2}. \tag{3.95}$$

现在我们计算由 (3.78) 所确定的最优参数 $\widehat{\alpha}_n$. 首先, 由 (3.94) 可得

$$\|x_n - Tx_n\|^2 = \|Q(x_n - Tx_n)\|^2 = \|z^n\|^2 = \sum_{i=1}^{m} z_i^2 = \sum_{i \in J} z_i^2. \tag{3.96}$$

其次, 根据 $\lambda_i \in (-1, 1]\,(i = 1, \cdots, m)$, 由定理 3.4 可知 T 是平均映像. 由定理 3.12, 当 $k \to +\infty$ 时, 序列 $\{T^k(x_n)\}$ 收敛于 T 的一个不动点, 记为 q. 再结合 (3.94) 可得

$$\begin{aligned}
&\langle x_n - Tx_n, x_n - q \rangle \\
&= \left\langle x_n - Tx_n, \sum_{k=0}^{\infty}(T^k(x_n) - T^{k+1}(x_n)) \right\rangle \\
&= \left\langle x_n - Tx_n, \sum_{k=0}^{\infty} B^k(x_n - Tx_n) \right\rangle
\end{aligned}$$

$$
\begin{aligned}
&= \left\langle Q^{\mathrm{T}} z^n, \sum_{k=0}^{\infty} Q^{\mathrm{T}} \Lambda^k z^n \right\rangle = \sum_{k=0}^{\infty} \langle z^n, \Lambda^k z^n \rangle \\
&= \sum_{i \in J} \sum_{k=0}^{\infty} \lambda_i^k z_i^2 = \sum_{i \in J} \frac{1}{1-\lambda_i} z_i^2.
\end{aligned} \tag{3.97}
$$

由 (3.96) 和 (3.97) 可得

$$
\widehat{\alpha}_{q,n} = \frac{\sum\limits_{i \in J} \dfrac{1}{1-\lambda_i} z_i^2}{\sum\limits_{i \in J} z_i^2}.
$$

接下来我们来证对于任一 $p \in \operatorname{Fix}(T)$, $\widehat{\alpha}_{q,n} \leqslant \widehat{\alpha}_{p,n}$ 都是成立的. 为此, 只需证明对于所有 $p \in \operatorname{Fix}(T)$, 有 $\langle x_n - Tx_n, q-p \rangle \geqslant 0$ 成立. 事实上, 对于任何正整数 k, 有

$$
\begin{aligned}
&\langle x_n - Tx_n, T^{2k} x_n - p \rangle \\
&= \langle x_n - p, T^{2k} x_n - p \rangle - \langle Tx_n - p, T^{2k} x_n - p \rangle \\
&= \langle x_n - p, B^{2k}(x_n - p) \rangle - \langle B(x_n - p), B^{2k}(x_n - p) \rangle \\
&= \langle B^k(x_n - p), B^k(x_n - p) \rangle - \langle B^k(x_n - p), B^{k+1}(x_n - p) \rangle \\
&\geqslant \|B^k(x_n - p)\|^2 - \|B^k(x_n - p)\| \|B^{k+1}(x_n - p)\| \geqslant 0.
\end{aligned} \tag{3.98}
$$

在 (3.98) 中令 $k \to \infty$, 则对于所有 $p \in \operatorname{Fix}(T)$, 有 $\langle x_n - Tx_n, q-p \rangle \geqslant 0$ 成立. 这就意味着 $\widehat{\alpha}_n = \inf\limits_{p \in \operatorname{Fix}(T)} \widehat{\alpha}_{p,n} = \widehat{\alpha}_{q,n}$, 即

$$
\widehat{\alpha}_n = \frac{\sum\limits_{i \in J} \dfrac{1}{1-\lambda_i} z_i^2}{\sum\limits_{i \in J} z_i^2}. \tag{3.99}
$$

最后, 为了利用定理 3.18, 我们接下来证明对于所有 $n \geqslant 0$, $\bar{\alpha}_n \leqslant \widehat{\alpha}_n$. 很显然, 我们只需要证明

$$
\sum_{i \in J} (1-\lambda_i) z_i^2 \sum_{i \in J} z_i^2 \leqslant \sum_{i \in J} \frac{1}{(1-\lambda_i)} z_i^2 \sum_{i \in J} (1-\lambda_i)^2 z_i^2,
$$

也就是证明

$$
\sum_{i<j;\ i,j \in J} (2 - \lambda_i - \lambda_j) z_i^2 z_j^2 \leqslant \sum_{i<j;\ i,j \in J} \left[\frac{(1-\lambda_j)^2}{1-\lambda_i} + \frac{(1-\lambda_i)^2}{1-\lambda_j} \right] z_i^2 z_j^2. \tag{3.100}
$$

事实上, (3.100) 可以由下面基本的事实得到.

$$\begin{aligned}
&\frac{(1-\lambda_j)^2}{1-\lambda_i}+\frac{(1-\lambda_i)^2}{1-\lambda_j}\\
=&\frac{(1-\lambda_i)^3+(1-\lambda_j)^3}{(1-\lambda_i)(1-\lambda_j)}\\
=&\frac{(2-\lambda_i-\lambda_j)[(1-\lambda_i)^2-(1-\lambda_i)(1-\lambda_j)+(1-\lambda_j)^2]}{(1-\lambda_i)(1-\lambda_j)}\\
=&(2-\lambda_i-\lambda_j)\left(\frac{1-\lambda_i}{1-\lambda_j}-1+\frac{1-\lambda_j}{1-\lambda_i}\right)\\
\geqslant&2-\lambda_i-\lambda_j.
\end{aligned}$$

因此 (i) 成立.

(ii) 由 (3.87) 和 (3.95), 可得

$$\begin{aligned}
&\|x_{n+1}-Tx_{n+1}\|^2\\
=&\|(1-\bar{\alpha}_n)(x_n-Tx_n)+\bar{\alpha}_n(Tx_n-T^2x_n)\|^2\\
=&\|(x_n-Tx_n)-\bar{\alpha}_n[(x_n-Tx_n)-(Tx_n-T^2x_n)]\|^2\\
=&\|x_n-Tx_n\|^2-2\bar{\alpha}_n\langle(x_n-Tx_n)-(Tx_n-T^2x_n),x_n-Tx_n\rangle\\
&+\bar{\alpha}_n^2\|(x_n-Tx_n)-(Tx_n-T^2x_n)\|^2\\
=&\|x_n-Tx_n\|^2-\bar{\alpha}_n^2\|(x_n-Tx_n)-(Tx_n-T^2x_n)\|^2\\
=&\|x_n-Tx_n\|^2-\frac{\left(\sum\limits_{i\in J}(1-\lambda_i)z_i^2\right)^2}{\sum\limits_{i\in J}(1-\lambda_i)^2z_i^2}.
\end{aligned}\tag{3.101}$$

再由 (3.96) 和 (3.101) 可得

$$\|x_{n+1}-Tx_{n+1}\|^2\leqslant\|x_n-Tx_n\|^2-\left(\frac{1-\bar{\lambda}}{1-\underline{\lambda}}\right)^2\|x_n-Tx_n\|^2.\tag{3.102}$$

因此, 由 (3.102) 即可得到 (3.92) 成立. □

3.4 伪压缩映像不动点迭代算法

3.4.1 伪压缩映像

设 $\mathcal{H}$ 是实 Hilbert 空间, $C \subset \mathcal{H}$ 是一个非空闭凸集. 我们先来回顾伪压缩映像的概念. 如果

$$\|Tx - Ty\|^2 \leqslant \|x - y\|^2 + \|(I - T)x - (I - T)y\|^2, \quad \forall\, x, y \in C.$$

称 $T : C \to C$ 是一个伪压缩映像.

定义 3.6 设算子 $F : C \to \mathcal{H}$, 则

(i) 称 F 是 L-Lipschitz 连续映像, 如果存在常数 $L > 0$, 使得

$$\|Fx - Fy\| \leqslant L\|x - y\|, \quad \forall x, y \in C;$$

(i) 称 F 是单调的, 如果总成立

$$\langle Fx - Fy, x - y\rangle \geqslant 0, \quad \forall x, y \in C;$$

(iii) 称 F 是严格单调的, 如果恒成立

$$\langle Fx - Fy, x - y\rangle > 0, \quad \forall x, y \in C,\ x \neq y.$$

下面的结果很容易直接验证.

引理 3.6 设 $T : C \to C$ 是一个映像, 则下列命题等价:

(i) T 是伪压缩映像;

(ii) $\langle x - y, Tx - Ty\rangle \leqslant \|x - y\|^2, \forall\, x, y \in C$;

(iii) $I - T$ 是单调算子.

注 3.21 伪压缩映像未必是连续映像, 事实上, 由引理 3.6 (ii) 容易看出, 对于 $T : \mathcal{H} \to \mathcal{H}$, 若 $-T$ 是单调算子, 则 T 是伪压缩映像.

显然, 每一个非扩张映像都是一个伪压缩映像, 反之却未必成立. 也就是说非扩张映像类是伪压缩映像类的一个真子类.

例 3.4 令 $\mathcal{H} = \mathbb{R}^2$. 定义有界线性算子 $T : \mathbb{R}^2 \to \mathbb{R}^2$ 如下:

$$T\begin{pmatrix} \xi \\ \eta \end{pmatrix} = \begin{pmatrix} 1 & -1 \\ 1 & 1 \end{pmatrix}\begin{pmatrix} \xi \\ \eta \end{pmatrix}, \quad \forall \begin{pmatrix} \xi \\ \eta \end{pmatrix} \in \mathbb{R}^2. \tag{3.103}$$

容易验证

$$\langle x, Tx\rangle = \|x\|^2, \quad \forall\, x \in \mathbb{R}^2.$$

由引理 3.6 可知 T 是一个伪压缩映像, 但 T 不是非扩张映像, 这是因为 $\|Tx\| = \sqrt{2}\|x\|, \forall x \in \mathbb{R}^2$, 由此可知 $\|T\| = \sqrt{2}$.

因为凸函数的梯度是单调算子, 所以凸优化问题可以归结为单调算子的零点问题, 因此单调算子的零点的迭代算法研究受到广泛的关注 [9, 18]. 由引理 3.6 又可知, T 是一个伪压缩映像当且仅当 T 的补算子 $I-T$ 是一个单调算子, 于是单调算子的零点问题又可等价地转化为伪压缩映像的不动点问题. 正因为这一原因, 在过去十几年里, 许多学者致力于伪压缩映像不动点的迭代算法研究, 例如见 [1, 29, 72, 125].

对于一类性质较好的伪压缩映像——严格伪压缩映像, 其不动点的计算问题可以归结为非扩张映像不动点的计算问题.

定义 3.7 称 $T: C \to C$ 是一个严格伪压缩映像, 如果存在常数 $\kappa \in (0,1)$, 使得

$$\|Tx-Ty\|^2 \leqslant \|x-y\|^2 + \kappa\|(I-T)x-(I-T)y\|^2, \quad \forall x, y \in C. \tag{3.104}$$

称 κ 为严格伪压缩映像 T 的常数.

命题 3.7 设 $T: C \to C$ 为严格伪压缩映像, 其常数为 $\kappa \in (0,1)$, 则当 $\beta \in [\kappa, 1)$ 时, $S = \beta I + (1-\beta)T$ 是非扩张映像, 并且 $\mathrm{Fix}(S) = \mathrm{Fix}(T)$ 显然成立.

证明 任取 $x, y \in C$, 则由 (3.104) 可得

$$\begin{aligned}\|Sx-Sy\|^2 &= \|\beta(x-y)+(1-\beta)(Tx-Ty)\|^2 \\ &= \beta\|x-y\|^2 + (1-\beta)\|Tx-Ty\|^2 - \beta(1-\beta)\|(I-T)x-(I-T)y\|^2 \\ &\leqslant \|x-y\|^2 + (1-\beta)(\kappa-\beta)\|(I-T)x-(I-T)y\|^2.\end{aligned}$$

明显当 $\beta \in [\kappa, 1)$ 时, $S = \beta I + (1-\beta)T$ 是非扩张映像, 并且 $\mathrm{Fix}(S) = \mathrm{Fix}(T)$ 显然成立. □

基于命题 3.7 结论, 我们可以采用 Halpern 迭代、粘滞迭代或者 Mann 迭代等算法, 通过计算非扩张映像 S 的不动点去计算严格伪压缩映像 T 的不动点. 而对于一般伪压缩映像, 一般不能归结为非扩张映像去处理.

3.4.2 Ishikawa 迭代

设 $\mathcal{H}$ 是实 Hilbert 空间, C 是 $\mathcal{H}$ 的非空闭凸子集, $T: C \to C$ 为伪压缩映像. 1974 年, Ishikawa[72] 为了找到 T 的一个不动点, 提出了如下计算格式.

算法 3.12 (Ishikawa 迭代) 任意选定 $x_0 \in C$, 迭代序列 $\{x_n\}$ 由格式

$$\begin{cases} y_n = (1-\alpha_n)x_n + \alpha_n T x_n, & n \geqslant 0, \\ x_{n+1} = (1-\beta_n)x_n + \beta_n T y_n, & n \geqslant 0 \end{cases} \tag{3.105}$$

产生, 其中 $\{\alpha_n\}, \{\beta_n\} \subset [0,1]$ 为两个参数序列.

Ishikawa 迭代可以看作 Mann 迭代的一般化. 事实上, 若在 (3.105) 中令 $\alpha_n \equiv 0$, 则 Ishikawa 迭代退化为 Mann 迭代. Ishikawa 证明了如下强收敛结果.

定理 3.20 [72] 设 C 是实 Hilbert 空间 $\mathcal{H}$ 中的紧凸子集, $T : C \to C$ 是 Lipschitz 连续的伪压缩映像并且 $\text{Fix}(T) \neq \varnothing$. 若参数序列 $\{\alpha_n\}, \{\beta_n\}$ 满足条件:

(i) $0 \leqslant \beta_n \leqslant \alpha_n \leqslant 1$;

(ii) $\lim\limits_{n\to\infty} \alpha_n = 0$;

(iii) $\sum\limits_{n=0}^{\infty} \alpha_n \beta_n = +\infty$,

则由算法 3.12 产生的序列 $\{x_n\}$ 强收敛于 T 的某个不动点.

Ishikawa 迭代已经被许多学者研究过, 例如见 [30, 125, 132]. 但是, 相关结果大多对集合 C 或算子 T 提出某种紧性假设.

3.4.3 逐次压缩算法

2019 年, Yang 和 He[121] 提出一种新的一般的迭代算法用于计算 Lipschitz 连续的伪压缩映像 $T: C \to C$ 的一个不动点. 由于这种算法的每一步迭代归结为计算一个压缩映像的唯一不动点, 所以我们把这种算法称为逐次压缩算法. 这种算法的优越性在于其收敛性并不需要对 C 或 T 作任何紧性假设, 这是与已有相关算法, 譬如 Ishikawa 迭代明显不同的.

设 C 是实 Hilbert 空间 $\mathcal{H}$ 的非空闭凸子集, $T : C \to C$ 是 L-Lipschitz 连续的伪压缩映像, 并且 $\text{Fix}(T) \neq \varnothing$. 下面给出逐次压缩算法用于求 T 的一个不动点.

算法 3.13 (逐次压缩算法 [121]) 第 1 步: 任取定 $x_0 \in C$, 并令 $n = 0$.

第 2 步: 对当前 x_n, 令 $x_{n+1}^0 = x_n$, 任取定 α_n 满足条件

$$0 < \alpha_n < \min\left\{1, \frac{1}{L}\right\},$$

并计算

$$x_{n+1}^m = T_n(x_{n+1}^{m-1}), \quad m = 1, 2, \cdots, m_n, \tag{3.106}$$

其中 $T_n : C \to C$ 由下式定义

$$T_n(x) = (1 - \alpha_n)x_n + \alpha_n T(x), \quad \forall x \in C, \tag{3.107}$$

m_n 是使

$$\alpha_n \gamma_n^{m_n} \|x_n - Tx_n\| \leqslant \varepsilon_n \tag{3.108}$$

成立的最小正整数, 这里 $\gamma_n = \alpha_n L$, $\{\varepsilon_n\}$ 是趋于零的正实数列.

第 3 步: 令 $x_{n+1} = x_{n+1}^{m_n}$, $n \leftarrow n+1$ 并转向第 2 步.

注 3.22 由于 $0 < \gamma_n < 1$, 所以易证 (3.107) 定义的 $T_n : C \to C$ 是一个压缩映像, 压缩常数为 γ_n, T_n 在 C 上有唯一不动点 $\bar{x}_{n+1}$. 由此可见, 算法 3.13 每步迭代归结为利用内迭代 (3.106) 寻求 T_n 的唯一不动点 $\bar{x}_{n+1}$, 算法名称由此得到. 另一方面, 由于内迭代 (3.106) 不可能无限进行下去, 求得 T_n 的精确不动点 $\bar{x}_{n+1}$, 所以算法 3.13 实际上是用 $\bar{x}_{n+1}$ 的一个近似 $x_{n+1}^{m_n}$ 来代替 $\bar{x}_{n+1}$, 而 (3.108) 是内迭代的终止规则.

Yang 和 He 证明了算法 3.13 的收敛性定理.

定理 3.21[121] 设 C 是实 Hilbert 空间 $\mathcal{H}$ 的非空闭凸子集, $T : C \to C$ 是 L-Lipschitz 连续的伪压缩映像. 设 $\|\cdot - T(\cdot)\| : C \to \mathbb{R}$ 是一个弱下半连续函数. 如果 $\{\alpha_n\} \subset \left(0, \min\left\{1, \dfrac{1}{L}\right\}\right)$ 满足条件 $0 < \varliminf\limits_{n\to\infty} \alpha_n \leqslant \varlimsup\limits_{n\to\infty} \alpha_n < 1$, 正数列 $\{\varepsilon_n\}$ 满足条件 $\sum\limits_{n=0}^{\infty} \varepsilon_n < +\infty$, 则由算法 3.13 产生的序列 $\{x_n\}$ 弱收敛于 T 的某个不动点.

证明 由 (3.106) 和 (3.107), 可得

$$x_{n+1}^{m_n} = (1-\alpha_n)x_n + \alpha_n T x_{n+1}^{m_n-1}, \tag{3.109}$$

进而有

$$x_{n+1}^{m_n} = x_n - \frac{\alpha_n}{1-\alpha_n}(x_{n+1}^{m_n} - T x_{n+1}^{m_n-1}). \tag{3.110}$$

任取 $x^* \in \mathrm{Fix}(T)$, 由 (3.110) 可得

$$\begin{aligned}
\|x_{n+1}^{m_n} - x^*\|^2 &= \|x_n - x^* - \frac{\alpha_n}{1-\alpha_n}(x_{n+1}^{m_n} - T x_{n+1}^{m_n-1})\|^2 \\
&= \|x_n - x^*\|^2 + \frac{\alpha_n^2}{(1-\alpha_n)^2}\|x_{n+1}^{m_n} - T x_{n+1}^{m_n-1}\|^2 \\
&\quad + \frac{2\alpha_n}{1-\alpha_n}\langle x^* - x_n, x_{n+1}^{m_n} - T x_{n+1}^{m_n-1}\rangle.
\end{aligned} \tag{3.111}$$

显然有

$$\begin{aligned}
&\langle x^* - x_n, x_{n+1}^{m_n} - T x_{n+1}^{m_n-1}\rangle \\
=&\langle x^* - x_{n+1}^{m_n}, x_{n+1}^{m_n} - T x_{n+1}^{m_n}\rangle + \langle x^* - x_{n+1}^{m_n}, T x_{n+1}^{m_n} - T x_{n+1}^{m_n-1}\rangle \\
&+ \langle x_{n+1}^{m_n} - x_n, x_{n+1}^{m_n} - T x_{n+1}^{m_n-1}\rangle.
\end{aligned} \tag{3.112}$$

由 $I-T$ 的单调性可得

$$\langle x^*-x_{n+1}^{m_n}, x_{n+1}^{m_n}-Tx_{n+1}^{m_n}\rangle \leqslant \langle x^*-x_{n+1}^{m_n}, x^*-Tx^*\rangle = 0. \tag{3.113}$$

由 (3.110), 有

$$\langle x_{n+1}^{m_n}-x_n, x_{n+1}^{m_n}-Tx_{n+1}^{m_n-1}\rangle = -\frac{\alpha_n}{1-\alpha_n}\|x_{n+1}^{m_n}-Tx_{n+1}^{m_n-1}\|^2. \tag{3.114}$$

注意到 T 是 L-Lipschitz 连续映像, T_n 是压缩常数为 $\gamma_n=\alpha_n L$ 的压缩映像, $x_{n+1}^0=x_n$, 于是有

$$\begin{aligned}
&\langle x^*-x_{n+1}^{m_n}, Tx_{n+1}^{m_n}-Tx_{n+1}^{m_n-1}\rangle\\
\leqslant&\|x^*-x_{n+1}^{m_n}\|\|Tx_{n+1}^{m_n}-Tx_{n+1}^{m_n-1}\|\\
\leqslant&L\|x^*-x_{n+1}^{m_n}\|\|x_{n+1}^{m_n}-x_{n+1}^{m_n-1}\|\\
\leqslant&L\gamma_n^{m_n-1}\|x^*-x_{n+1}^{m_n}\|\|x_{n+1}^1-x_{n+1}^0\|\\
=&\gamma_n^{m_n}\|x^*-x_{n+1}^{m_n}\|\|x_n-Tx_n\|.
\end{aligned} \tag{3.115}$$

结合 (3.111)—(3.115), 可得

$$\begin{aligned}
\|x_{n+1}^{m_n}-x^*\|^2 \leqslant& \|x_n-x^*\|^2-\frac{\alpha_n^2}{(1-\alpha_n)^2}\|x_{n+1}^{m_n}-Tx_{n+1}^{m_n-1}\|^2\\
&+\frac{2\alpha_n\gamma_n^{m_n}}{1-\alpha_n}\|x^*-x_{n+1}^{m_n}\|\|x_n-Tx_n\|.
\end{aligned} \tag{3.116}$$

另一方面, 直接计算可得

$$\begin{aligned}
-\|x_{n+1}^{m_n}-Tx_{n+1}^{m_n-1}\|^2 \leqslant& -\|x_{n+1}^{m_n}-Tx_{n+1}^{m_n}\|^2-\|Tx_{n+1}^{m_n}-Tx_{n+1}^{m_n-1}\|^2\\
&+2\|x_{n+1}^{m_n}-Tx_{n+1}^{m_n}\|\|Tx_{n+1}^{m_n}-Tx_{n+1}^{m_n-1}\|\\
\leqslant& -\|x_{n+1}^{m_n}-Tx_{n+1}^{m_n}\|^2-\|Tx_{n+1}^{m_n}-Tx_{n+1}^{m_n-1}\|^2\\
&+\frac{1}{4}\|x_{n+1}^{m_n}-Tx_{n+1}^{m_n}\|^2+4\|Tx_{n+1}^{m_n}-Tx_{n+1}^{m_n-1}\|^2\\
=& -\frac{3}{4}\|x_{n+1}^{m_n}-Tx_{n+1}^{m_n}\|^2+3\|Tx_{n+1}^{m_n}-Tx_{n+1}^{m_n-1}\|^2.
\end{aligned} \tag{3.117}$$

从而由 (3.116) 和 (3.117) 得到

$$\|x_{n+1}^{m_n}-x^*\|^2$$

$$
\begin{aligned}
&\leqslant \|x_n - x^*\|^2 - \frac{3\alpha_n^2}{4(1-\alpha_n)^2}\|x_{n+1}^{m_n} - Tx_{n+1}^{m_n}\|^2 + \frac{3\alpha_n^2}{(1-\alpha_n)^2}\|Tx_{n+1}^{m_n} - Tx_{n+1}^{m_n-1}\|^2 \\
&\quad + \frac{2\alpha_n\gamma_n^{m_n}}{1-\alpha_n}\|x^* - x_{n+1}^{m_n}\|\|x_n - Tx_n\| \\
&\leqslant \|x_n - x^*\|^2 - \frac{3\alpha_n^2}{4(1-\alpha_n)^2}\|x_{n+1}^{m_n} - Tx_{n+1}^{m_n}\|^2 + \frac{3\alpha_n^2\gamma_n^{2m_n}}{(1-\alpha_n)^2}\|x_n - Tx_n\|^2 \\
&\quad + \alpha_n\gamma_n^{m_n}\|x^* - x_{n+1}^{m_n}\|^2\|x_n - Tx_n\| + \frac{\alpha_n\gamma_n^{m_n}}{(1-\alpha_n)^2}\|x_n - Tx_n\|.
\end{aligned} \tag{3.118}
$$

令 $\sigma_n = \alpha_n\gamma_n^{m_n}\|x_n - Tx_n\|$, 由于 $\lim\limits_{n\to\infty}\varepsilon_n = 0$, 故不妨设 $\varepsilon_n < 1$ 对所有 $n \geqslant 0$ 均成立, 从而 $\sigma_n < 1$. 又注意到 $x_{n+1} = x_{n+1}^{m_n}$, 则 (3.118) 可重写成如下形式

$$
\begin{aligned}
&\|x_{n+1} - x^*\|^2 \\
&\leqslant \left(1 + \frac{\sigma_n}{1-\sigma_n}\right)\|x_n - x^*\|^2 - \frac{3\alpha_n^2}{4(1-\sigma_n)(1-\alpha_n)^2}\|x_{n+1} - Tx_{n+1}\|^2 \\
&\quad + \frac{(3\sigma_n + 1)\sigma_n}{(1-\alpha_n)^2(1-\sigma_n)}.
\end{aligned} \tag{3.119}
$$

由 (3.108) 及条件 $\sum\limits_{n=0}^{\infty}\varepsilon_n < +\infty$, 容易得到 $\sum\limits_{n=0}^{\infty}\frac{\sigma_n}{1-\sigma_n} < +\infty$ 和

$$
\sum_{n=0}^{\infty}\frac{(3\sigma_n + 1)\sigma_n}{(1-\alpha_n)^2(1-\sigma_n)} < +\infty.
$$

应用引理 2.1 于 (3.119), 可知 $\lim\limits_{n\to\infty}\|x_n - x^*\|^2$ 存在, 因此 $\{x_n\}$ 是有界的. 再由 (3.119) 可知, 当 $n \to \infty$ 时, $\|x_{n+1} - T(x_{n+1})\| \to 0$. 由于 $\{x_n\}$ 是有界的, 所以 $\omega_w(x_n) \neq \varnothing$. 现在我们来证 $\omega_w(x_n) \subset \mathrm{Fix}(T)$. 任给 $\hat{x} \in \omega_w(x_n)$, 则存在子序列 $\{x_{n_k}\} \subset \{x_n\}$ 使得当 $k \to \infty$ 时, $x_{n_k} \rightharpoonup \hat{x}$. 因为 $\|x - T(x)\|$ 在 C 上是弱下半连续函数, 所以有

$$
\|\hat{x} - T(\hat{x})\| \leqslant \lim_{k\to\infty}\|x_{n_k} - T(x_{n_k})\| = 0.
$$

这就意味着 $\hat{x} \in \mathrm{Fix}(T)$. 要完成证明, 只需证明 $\omega_w(x_n)$ 是一个单点集. 事实上, 对于任给 $\hat{x}, \bar{x} \in \omega_w(x_n)$, 则存在 $\{x_{n_k}\}$ 和 $\{x_{n_j}\}$ 分别满足 $x_{n_k} \rightharpoonup \hat{x}$ 和 $x_{n_j} \rightharpoonup \bar{x}$. 注意到 $\lim\limits_{n\to\infty}\|x_n - \hat{x}\|^2$ 和 $\lim\limits_{n\to\infty}\|x_n - \bar{x}\|^2$ 存在, 则有

$$
\lim_{n\to\infty}\|x_n - \hat{x}\|^2 = \lim_{n\to\infty}\|x_n - \bar{x} + \bar{x} - \hat{x}\|^2
$$

$$
\begin{aligned}
&= \lim_{j\to\infty} \left(\|x_{n_j} - \bar{x}\|^2 + 2\langle x_{n_j} - \bar{x}, \bar{x} - \hat{x}\rangle + \|\bar{x} - \hat{x}\|^2\right) \\
&= \lim_{j\to\infty} \|x_{n_j} - \bar{x}\|^2 + \|\bar{x} - \hat{x}\|^2 = \lim_{n\to\infty} \|x_n - \bar{x}\|^2 + \|\bar{x} - \hat{x}\|^2. \qquad (3.120)
\end{aligned}
$$

按照同样的方法, 也有

$$
\lim_{n\to\infty} \|x_n - \bar{x}\|^2 = \lim_{n\to\infty} \|x_n - \hat{x}\|^2 + \|\bar{x} - \hat{x}\|^2 \tag{3.121}
$$

成立. 综合 (3.120) 和 (3.121), 有 $\|\hat{x} - \bar{x}\| = 0$, 于是有 $\hat{x} = \bar{x}$. □

推论 3.2 设 C 是 Hilbert 空间 $\mathcal{H}$ 上的非空闭凸子集, $T: C \to C$ 是非扩张映像. 若 $\{\alpha_n\} \subset (0,1)$ 和正数列 $\{\varepsilon_n\}$ 分别满足 $0 < \varliminf\limits_{n\to\infty} \alpha_n \leqslant \varlimsup\limits_{n\to\infty} \alpha_n < 1$ 和 $\sum\limits_{n=0}^{\infty} \varepsilon_n < \infty$, 则由算法 3.13 生成的序列 $\{x_n\}$ 弱收敛于算子 T 的某个不动点.

推论 3.3 设 C 是有限维 Hilbert 空间 $\mathcal{H}$ 上的非空闭凸子集, 设 $T: C \to C$ 是 L-Lipschitz 连续伪压缩映像. 若 $\{\alpha_n\} \subset \left(0, \min\left\{1, \dfrac{1}{L}\right\}\right)$ 和正数列 $\{\varepsilon_n\}$ 分别满足 $0 < \varliminf\limits_{n\to\infty} \alpha_n \leqslant \varlimsup\limits_{n\to\infty} \alpha_n < 1$ 和 $\sum\limits_{n=0}^{\infty} \varepsilon_n < \infty$, 则由算法 3.13 生成的序列 $\{x_n\}$ 收敛于算子 T 的某个不动点.

文献 [121] 中给出了算例, 以说明算法 3.13 的有效性.

3.5 练 习 题

练习 3.1 证明有界数列的上 (下) 极限等于该数列收敛子列极限点的最大 (小) 值.

练习 3.2 称 $T: \mathcal{H} \to \mathcal{H}$ 是闭算子, 如果 $x_n \to x$, $Tx_n \to y$, 蕴含 $y = Tx$. 称 $T: \mathcal{H} \to \mathcal{H}$ 是次闭算子, 如果 $x_n \rightharpoonup x$, $Tx_n \to y$, 蕴含 $y = Tx$. 问闭算子和次闭算子哪个强? 哪个弱?

练习 3.3 证明定理 3.4.

练习 3.4 对于任意向量 $a, b, c \in \mathcal{H}$, 任意取定的正整数 n, 证明

$$
\begin{aligned}
&n\|a\|^2 + 2\langle a, b\rangle + \|c\|^2 - \|a + c\|^2 \\
=&\frac{n+1}{2}\|a\|^2 - \frac{2}{n+1}\|a + c - b\|^2 + \frac{2}{n+1}\left\|a + c - b - \frac{n+1}{2}a\right\|^2.
\end{aligned}
$$

练习 3.5 证明定理 3.7.

练习 3.6 证明定理 3.9.

练习 3.7 证明命题 3.4.

练习 3.8 就计算格式 (3.68) 证明带有误差项的 Mann 迭代格式的弱收敛性.

练习 3.9 设 A 为 $m \times n$ 实矩阵, 证明 A 的 2-范数

$$\|A\|_2 = \sqrt{\rho(A^{\mathrm{T}}A)},$$

其中 $\rho(A^{\mathrm{T}}A)$ 表示 $A^{\mathrm{T}}A$ 的谱半径, 即 $\rho(A^{\mathrm{T}}A) = \max\limits_{1\leqslant i\leqslant n} |\lambda_i|$, $\{\lambda_i\}_{i=1}^n$ 为 $A^{\mathrm{T}}A$ 的全部特征值.

练习 3.10 证明引理 3.5.

练习 3.11 证明引理 3.6.

练习 3.12 设 Mann 迭代初始点 $x_0 \neq \mathbf{0}$, 证明 Mann 迭代方法用于求解例 3.4 中 T 的不动点时失效.

练习 3.13 证明推论 3.2 和推论 3.3.

第 4 章　凸优化理论基础

4.1　凸分析简介

4.1.1　凸函数

设 $\mathcal{H}$ 为实 Hilbert 空间, $\varphi:\mathcal{H}\to(-\infty,+\infty]$ 为真函数, 即 φ 的函数值可以取到 $+\infty$, 但不恒为 $+\infty$, 亦即 φ 的有效域 $\mathrm{dom}(\varphi)=\{x\in\mathcal{H}:\varphi(x)<+\infty\}\neq\varnothing$. 处处取值有限的函数称为有限函数.

定义 4.1　(i) 称函数 φ 是凸的, 如果恒成立

$$\varphi(\lambda x+(1-\lambda)y)\leqslant\lambda\varphi(x)+(1-\lambda)\varphi(y),\quad\forall\,\lambda\in(0,1),\ \forall\,x,y\in\mathcal{H}.$$

(ii) 称函数 φ 是严格凸的, 如果恒成立

$$\varphi(\lambda x+(1-\lambda)y)<\lambda\varphi(x)+(1-\lambda)\varphi(y),\quad\forall\lambda\in(0,1),\forall\,x\neq y,x,y\in\mathrm{dom}(\varphi).$$

(iii) 称函数 φ 是一致凸的, 如果对 $\forall\,\lambda\in(0,1)$, $\forall\,x,y\in\mathrm{dom}(\varphi)$, 恒成立

$$\varphi(\lambda x+(1-\lambda)y)\leqslant\lambda\varphi(x)+(1-\lambda)\varphi(y)-\lambda(1-\lambda)\mu(\|x-y\|),$$

其中 $\mu:\mathbb{R}^+\to\mathbb{R}^+$ $(\mathbb{R}^+=[0,+\infty))$ 是严格单调增加的连续函数, $\mu(0)=0$, 并且 $\mu(t)\to+\infty\,(t\to+\infty)$.

(iv) 称函数 φ 是强凸的, 如果存在常数 $\nu>0$, 使得 $\forall\lambda\in(0,1)$, $\forall\,x,y\in\mathrm{dom}(\varphi)$, 恒成立

$$\varphi(\lambda x+(1-\lambda)y)\leqslant\lambda\varphi(x)+(1-\lambda)\varphi(y)-\nu\lambda(1-\lambda)\|x-y\|^2.$$

例 4.1　给定非空集合 $C\subset\mathcal{H}$, 称

$$\iota_C(x)=\begin{cases}0, & x\in C,\\ +\infty, & x\notin C\end{cases}\tag{4.1}$$

为集合 C 的指示函数. 显然集合 C 与其指示函数 ι_C 相互唯一确定, 并且 C 是凸集, 当且仅当 ι_C 是凸函数.

对于凸函数, 容易验证如下结论成立.

命题 4.1 (i) 若 $\varphi:\mathcal{H}\to(-\infty,+\infty]$ 是凸函数, 则对任意常数 $\lambda\geqslant 0$, $\lambda\varphi$ 是凸函数.

(ii) 若 $\varphi_1,\varphi_2:\mathcal{H}\to(-\infty,+\infty]$ 均为凸函数, 则 $\varphi_1+\varphi_2$ 是凸函数.

(iii) 设 Υ 是一个指标集, 若 $\{\varphi_\lambda:\lambda\in\Upsilon\}$ 是 $\mathcal{H}$ 上的凸函数族, 则 $\sup\limits_{\lambda\in\Upsilon}\varphi_\lambda(x)$ 仍是凸函数.

引理 4.1 设 $\varphi:\mathcal{H}\to(-\infty,+\infty]$ 是真凸函数, $x_0\in\mathrm{dom}(\varphi)$. 若存在 x_0 的某邻域 $U(x_0,r)$, 使得 φ 在 $U(x_0,r)$ 内有上界, 即 $\sup\limits_{x\in U(x_0,r)}\varphi(x)<+\infty$, 则 φ 在 x_0 点连续.

证明 引理的证明参见 [123], 此处从略. □

引理 4.2 设 $\varphi:\mathcal{H}\to(-\infty,+\infty]$ 是真凸函数, 且 $\mathrm{int}(\mathrm{dom}(\varphi))\neq\varnothing$. 这里 $\mathrm{int}(K)$ 表示 K 的开核, 即 K 的内点全体所成集. 则下面两个命题等价:

(i) 存在一点 x_0 及 x_0 的某邻域 $U(x_0,r)\subset\mathrm{int}(\mathrm{dom}(\varphi))$ 以及常数 a 使得

$$\sup_{x\in U(x_0,r)}\varphi(x)\leqslant a;$$

(ii) φ 在 $\mathrm{int}(\mathrm{dom}(\varphi))$ 内每一点处连续.

证明 (ii)⇒ (i) 显然成立.

(i) ⇒ (ii) 由引理 4.1只需证明 φ 在 $\mathrm{int}(\mathrm{dom}(\varphi))$ 内每一点的某个邻域内有上界, 证明细节参见 [123]. □

基于引理 4.2, 得到关于凸函数连续性的一个如下基本结果.

定理 4.1 若 $\varphi:\mathbb{R}^m\to(-\infty,+\infty]$ 是真凸函数, 并且 $\mathrm{int}(\mathrm{dom}(\varphi))\neq\varnothing$, 则 φ 在 $\mathrm{int}(\mathrm{dom}(\varphi))$ 内每一点处连续.

证明 由于 $\mathrm{int}(\mathrm{dom}(\varphi))$ 是 $\mathbb{R}^m$ 中的非空开集, 所以可在 $\mathrm{int}(\mathrm{dom}(\varphi))$ 内取定 $m+1$ 个仿射无关的点 $x_0,x_1,\cdots,x_m$, 即 m 个向量 $x_1-x_0,x_2-x_0,\cdots,x_m-x_0$ 是线性无关的. 则 $\{x_0,x_1,\cdots,x_m\}$ 的凸包 $S:=\mathrm{co}\{x_0,x_1,\cdots,x_m\}\subset\mathrm{int}(\mathrm{dom}(\varphi))$ 是 $\mathbb{R}^m$ 中的一个 m 维单纯形. 任取 $x\in S$, 存在 $\lambda_i\geqslant 0$, $i=0,1,\cdots,m$, 使得 $\sum\limits_{i=0}^{m}\lambda_i=1$, 并且 $x=\sum\limits_{i=0}^{m}\lambda_i x_i$. 由 φ 的凸性可得

$$\varphi(x)=\varphi\left(\sum_{i=0}^{m}\lambda_i x_i\right)\leqslant\sum_{i=0}^{m}\lambda_i\varphi(x_i)\leqslant\max_{0\leqslant i\leqslant m}\varphi(x_i)<+\infty.$$

因为 $\mathrm{int}(S)$ 是非空开集, 所以 φ 在 $\mathrm{int}(S)$ 内有上界, 自然在 $\mathrm{int}(S)$ 内任何一点的某个邻域内有上界, 由引理 4.2 可知 φ 在 $\mathrm{int}(\mathrm{dom}(\varphi))$ 内每一点处都连续. □

定义 4.2 若 $\varphi: \mathcal{H} \to (-\infty, +\infty]$ 是真凸函数, C 是 $\mathcal{H}$ 的非空闭凸子集. 所谓有约束的凸优化问题是指: 寻求 $x^* \in C$, 使得

$$\varphi(x^*) = \min_{x \in C} \varphi(x), \tag{4.2}$$

其中 φ 称为目标函数, C 称为约束条件. 当 $C = \mathcal{H}$ 时称 (4.2) 为无约束凸优化问题. 今后, 我们常把 (4.2) 表示为

$$x^* \in \operatorname{Arg}\min_{x \in C} \varphi(x), \tag{4.3}$$

这里 $\operatorname{Arg}\min\limits_{x \in C} \varphi(x)$ 表示函数 φ 在 C 上的极小值点的全体所构成的集合. 当 $\operatorname{Arg}\min\limits_{x \in C} \varphi(x)$ 为独点集时, 我们用 $\arg\min\limits_{x \in C} \varphi(x)$ 表示函数 φ 在 C 上的唯一极小值点, 此时 (4.2) 可表示为

$$x^* = \arg\min_{x \in C} \varphi(x). \tag{4.4}$$

注 4.1 对于定义于闭凸集 $C \subset \mathcal{H}$ 上的有限凸函数, 可在 C 之外补充其函数值为 $+\infty$, 使得函数成为定义于全空间 $\mathcal{H}$ 上的真凸函数, 从而把有约束条件 C 的凸优化问题转化为无约束条件的凸优化问题.

注 4.2 显然目标函数严格凸可保证最优化问题解唯一, 而为保证最优化问题解存在, 一般需要要求目标函数强凸.

4.1.2 下半连续函数与上方图

在第 2 章中, 我们已经对有限实函数给出了下半连续函数的概念 (定义 2.10), 现在把这一概念进一步推广到允许取值 $+\infty$ 的广义实函数上去.

定义 4.3 称函数 $\varphi: \mathcal{H} \to (-\infty, +\infty]$ 在点 $x_0 \in \mathcal{H}$ 是下半连续的, 如果对于任意 $\{x_n\} \subset \mathcal{H}$, 只要 $x_n \to x_0$, 就有

$$\varphi(x_0) \leqslant \varliminf_{n \to \infty} \varphi(x_n).$$

若 φ 在 $\mathcal{H}$ 中每一点下半连续, 则称 φ 为下半连续函数, 简记 φ 为 l.s.c 函数.

注 4.3 若定义 4.3 中 $x_n \to x_0$ 换为 $x_n \rightharpoonup x_0$, 则称 φ 在 x_0 点弱下半连续. 另外注意, 即使 $x_0 \notin \operatorname{dom}(\varphi)$, 也可以在 x_0 点定义下半连续性和弱下半连续性.

下面我们将要证明: 对于凸函数而言, 下半连续与弱下半连续是等价的.

定义 4.4(上方图) $\mathcal{H} \times \mathbb{R}$ 中集合

$$\operatorname{epi}(\varphi) = \{(x, t) \in \mathcal{H} \times \mathbb{R} : \varphi(x) \leqslant t, x \in \operatorname{dom}(\varphi), t \in \mathbb{R}\}$$

称为函数 φ 的上方图.

容易直接验证如下结果.

命题 4.2　φ 为凸函数的充要条件是 $\mathrm{epi}(\varphi)$ 是 $\mathcal{H}\times\mathbb{R}$ 中的凸集.

命题 4.2 表明上方图可以刻画函数的性态. 事实上, 有下面更深刻的结果.

命题 4.3[123]　设 $\varphi:\mathcal{H}\to(-\infty,+\infty]$ 为真函数, 则以下三个命题等价:

(i) φ 为 $\mathcal{H}$ 上的下半连续函数;

(ii) φ 的上方图 $\mathrm{epi}(\varphi)$ 是 $\mathcal{H}\times\mathbb{R}$ 中的闭集;

(iii) 对任何 $r\in\mathbb{R}$, 下水平集

$$S_r^{\leqslant}(\varphi)=\{x\in\mathcal{H}:\varphi(x)\leqslant r\}$$

是 $\mathcal{H}$ 中的闭集.

证明　(i)⇒(ii)　设 $\{(x_n,t_n)\}\in\mathrm{epi}(\varphi)$, 并且 $(x_n,t_n)\to(x_0,t_0)$, 来证 $(x_0,t_0)\in\mathrm{epi}(\varphi)$. 事实上, 由 $\varphi(x_n)\leqslant t_n$ 及 φ 的下半连续性可得

$$\varphi(x_0)\leqslant\underline{\lim}_{n\to\infty}\varphi(x_n)\leqslant\underline{\lim}_{n\to\infty}t_n=\lim_{n\to\infty}t_n=t_0,$$

因此 $(x_0,t_0)\in\mathrm{epi}(\varphi)$, 即 $\mathrm{epi}(\varphi)$ 为闭集.

(ii)⇒(iii)　设 $\{x_n\}\subset S_r^{\leqslant}(\varphi)$, 并且 $x_n\to x_0\in\mathcal{H}$, 来证 $x_0\in S_r^{\leqslant}(\varphi)$. 由 $S_r^{\leqslant}(\varphi)$ 的定义可知, 对任意 $n\geqslant 1$, 成立 $\varphi(x_n)\leqslant r$. 这表明序列 $\{(x_n,r)\}\subset\mathrm{epi}(\varphi)$. 由于 $\{(x_n,r)\}$ 收敛于 $\mathcal{H}\times\mathbb{R}$ 中一点 (x_0,r), $\mathrm{epi}(\varphi)$ 是 $\mathcal{H}\times\mathbb{R}$ 中闭集, 所以 $(x_0,r)\in\mathrm{epi}(\varphi)$, 从而 $\varphi(x_0)\leqslant r$, 即 $x_0\in S_r^{\leqslant}(\varphi)$.

(iii)⇒(i)　用反证法. 假设结论不成立, 则存在某 $x_0\in\mathcal{H}$, φ 在 x_0 点非下半连续, 于是存在序列 $\{x_n\}\subset\mathcal{H}$, 虽然 $x_n\to x_0$, 但是

$$\varphi(x_0)>\underline{\lim}_{n\to\infty}\varphi(x_n).$$

不妨设 $\lim\limits_{n\to\infty}\varphi(x_n)$ 存在. 若不然, 可取一个子列 $\{x_{n_k}\}\subset\{x_n\}$ 满足条件

$$\lim_{k\to\infty}\varphi(x_{n_k})=\underline{\lim}_{n\to\infty}\varphi(x_n),$$

并转而讨论 $\{x_{n_k}\}$ 即可. 取定常数 $r\in\mathbb{R}$ 满足条件

$$\varphi(x_0)>r>\lim_{n\to\infty}\varphi(x_n).$$

则存在 N, 当 $n>N$ 时, $\varphi(x_n)<r$, 从而当 $n>N$ 时, $x_n\in S_r^{\leqslant}(\varphi)$. 由于 $S_r^{\leqslant}(\varphi)$ 是闭集, 且 $x_n\to x_0$, 所以必有 $x_0\in S_r^{\leqslant}(\varphi)$, 于是有 $\varphi(x_0)\leqslant r$, 导致矛盾！　□

注 4.4　有的文献中, 称真函数 $\varphi:\mathcal{H}\to(-\infty,+\infty]$ 是闭的, 如果 φ 的上方图 $\mathrm{epi}(\varphi)$ 是 $\mathcal{H}\times\mathbb{R}$ 中的闭集. 由命题 4.3 可知, 也可以等价地把满足命题 4.3 (iii) 的函数称为闭函数.

命题 4.4　设 $\varphi:\mathcal{H}\to(-\infty,+\infty]$ 为真函数, 则如下三个命题等价:

(i) φ 为 $\mathcal{H}$ 上的弱下半连续函数;

(ii) φ 的上方图 $\mathrm{epi}(\varphi)$ 是 $\mathcal{H}\times\mathbb{R}$ 中的弱闭集;

(iii) 对任何 $r\in\mathbb{R}$, 下水平集

$$S_r^{\leqslant}(\varphi)=\{x\in\mathcal{H}:\varphi(x)\leqslant r\}$$

是 $\mathcal{H}$ 中的弱闭集.

证明　与命题 4.3 之证明类似, 此处略去. □

命题 4.5　对于凸函数而言, 下半连续与弱下半连续是等价的.

证明　因为对凸集而言闭与弱闭是等价的, 所以由命题 4.2—命题 4.4 可以断定结论成立. □

4.1.3 Gâteaux 微分和次微分

定义 4.5　称函数 φ 在 x_0 点是 Gâteaux 可微的, 如果存在 $\xi\in\mathcal{H}$ 满足

$$\lim_{t\to 0}\frac{\varphi(x_0+tv)-\varphi(x_0)}{t}=\langle\xi,v\rangle,\quad \forall v\in\mathcal{H}.$$

称 $\langle\xi,v\rangle$ 为 φ 在 x_0 点沿方向 v 的 Gâteaux 微分, 称 ξ 为 φ 在 x_0 点的 Gâteaux 导数或梯度, 记作 $\varphi'(x_0)$ 或者 $\nabla\varphi(x_0)$.

定理 4.2　设 $C\subset\mathcal{H}$ 是非空闭凸集, 令

$$\varphi(x)=\frac{1}{2}\|x-P_Cx\|^2,\ \ \forall x\in\mathcal{H}.$$

则 φ 在 $\mathcal{H}$ 上是可微的凸函数, 并且

$$\nabla\varphi(x)=x-P_Cx,\ \ \forall x\in\mathcal{H}. \tag{4.5}$$

证明　容易证明 φ 为凸函数, 至于 φ 的可微性以及 (4.5) 证明的细节参见 [18]. □

定义 4.6(次微分)　假设函数 $\varphi:\mathcal{H}\to(-\infty,+\infty]$ 为真凸函数, $x_0\in\mathrm{dom}(\varphi)$. 令

$$\partial\varphi(x_0)=\{\xi\in\mathcal{H}:\varphi(x)\geqslant\varphi(x_0)+\langle\xi,x-x_0\rangle,\forall x\in\mathcal{H}\}.$$

若 $\partial\varphi(x_0) \neq \varnothing$, 则称 φ 在 x_0 点是次可微的, 并且称集合 $\partial\varphi(x_0)$ 为 φ 在 x_0 点的次微分, 称 $\partial\varphi(x_0)$ 中任一元素为 φ 在 x_0 点的一个次梯度. 次微分定义中的不等式称为次微分不等式.

注 4.5 次梯度在几何上可以理解为可微凸函数切线斜率的一种推广, 譬如, 对于一元函数 $\varphi(x) = |x|$, 容易验证 $\partial\varphi(0) = [-1, 1]$.

次微分不等式是研究凸优化问题的最基本的工具.

定理 4.3 (次微分的存在性 [123, 130]) 设 $\mathcal{H}$ 为实 Hilbert 空间, $\varphi : \mathcal{H} \to (-\infty, +\infty]$ 是真凸函数. 若存在某 $x_0 \in \mathrm{dom}(\varphi)$ 使得 φ 在 x_0 点连续, 则 $\partial\varphi(x_0) \neq \varnothing$.

证明 证明要用到泛函分析中的凸集分离定理, 证明细节详见 [123], 此处从略. □

推论 4.1 设 $\mathcal{H}$ 为实 Hilbert 空间, $\varphi : \mathcal{H} \to (-\infty, +\infty]$ 是真凸函数. 若存在某 $x_0 \in \mathrm{dom}(\varphi)$ 使得 φ 在 x_0 点连续, 则对每个 $x \in \mathrm{int}(\mathrm{dom}(\varphi))$ 成立 $\partial\varphi(x) \neq \varnothing$.

证明 由引理 4.2 可知, 只要 φ 在某一点连续, 即可保证 φ 在 $\mathrm{int}(\mathrm{dom}(\varphi))$ 内每一点连续, 再由定理 4.3 可知, 对每个 $x \in \mathrm{int}(\mathrm{dom}(\varphi))$ 都有 $\partial\varphi(x) \neq \varnothing$. □

推论 4.2 设 $\varphi : \mathbb{R}^m \to (-\infty, +\infty]$ 是真凸函数, 并且 $\mathrm{int}(\mathrm{dom}(\varphi)) \neq \varnothing$, 则 φ 在 $\mathrm{int}(\mathrm{dom}(\varphi))$ 内每一点处次可微.

证明 由定理 4.1, φ 在 $\mathrm{int}(\mathrm{dom}(\varphi))$ 内每一点处连续, 从而由定理 4.3 可知, 对任意 $x \in \mathrm{int}(\mathrm{dom}(\varphi))$, 都有 $\partial\varphi(x) \neq \varnothing$. □

定理4.4 设 $\varphi \in \Gamma_0(\mathcal{H})$, 则 φ 在 $\mathrm{int}(\mathrm{dom}(\varphi))$ 内每一点处次可微, 即 $\partial\varphi(x) \neq \varnothing$, $\forall x \in \mathrm{int}(\mathrm{dom}(\varphi))$.

证明 需要用到泛函分析凸集分离定理, 详见 [130]. □

命题 4.6 (i) $\partial\varphi(x)$ 是 $\mathcal{H}$ 的闭凸子集;

(ii) $\varphi(x_0) = \inf\limits_{x\in\mathcal{H}} \varphi(x)$ 当且仅当 $\mathbf{0} \in \partial\varphi(x_0)$.

证明 (i) 由次微分定义立得.

(ii) 由以下一系列等价关系可得, 即

$$
\begin{aligned}
\mathbf{0} \in \partial\varphi(x_0) &\Leftrightarrow \varphi(y) \geqslant \varphi(x_0) + \langle \mathbf{0}, y - x_0 \rangle, \ \forall y \in \mathcal{H} \\
&\Leftrightarrow \varphi(y) \geqslant \varphi(x_0), \ \forall y \in \mathcal{H} \\
&\Leftrightarrow \varphi(x_0) = \inf_{x\in\mathcal{H}} \varphi(x).
\end{aligned} \tag{4.6}
$$

□

定理 4.5 (次微分的有界性 [9]) 设 $\mathcal{H}$ 为实 Hilbert 空间, $\varphi: \mathcal{H} \to \mathbb{R}$ 是连续的凸函数. 则以下两个命题等价:

(i) φ 在 $\mathcal{H}$ 的任何一个有界子集上有界;

(ii) $\operatorname{dom}(\partial\varphi) = \mathcal{H}$, 并且次微分是有界算子, 即 $\partial\varphi$ 把 $\mathcal{H}$ 的任何一个有界子集映为 $\mathcal{H}$ 的有界子集.

证明 (i)$\Rightarrow$(ii) 由定理 4.3 可知, 对每个 $x \in \mathcal{H}$, $\partial\varphi(x) \neq \varnothing$, 从而 $\operatorname{dom}(\partial\varphi) = \mathcal{H}$. 显然只需证明对任意常数 $r > 0$, 次微分算子 $\partial\varphi$ 把 $\mathcal{H}$ 中闭球 $B(\mathbf{0}, r)$ 映为 $\mathcal{H}$ 中的有界集. 由于 $B(\mathbf{0}, r+1)$ 是 $\mathcal{H}$ 中有界集, 所以 φ 在 $B(\mathbf{0}, r+1)$ 上有界, 即存在常数 $\rho > 0$, 使得 $\rho := \sup\limits_{x \in B(\mathbf{0}, r+1)} |\varphi(x)| < +\infty$. 任取 $x \in B(\mathbf{0}, r)$, $\xi \in \partial\varphi(x)$ 以及 $h \in B(\mathbf{0}, 1)$, 注意到 $x + h \in B(\mathbf{0}, r+1)$, 由次微分不等式可得

$$
\begin{aligned}
\|\xi\| &= \sup_{\|h\| \leqslant 1} |\langle \xi, h \rangle| = \sup_{\|h\| \leqslant 1} \langle \xi, h \rangle \\
&\leqslant \sup_{\|h\| \leqslant 1} \{\varphi(x+h) - \varphi(x)\} \leqslant 2\rho < +\infty,
\end{aligned}
$$

这表明 $\partial\varphi$ 把 $B(\mathbf{0}, r)$ 映为 $\mathcal{H}$ 中的有界集.

(ii)$\Rightarrow$(i) 显然只需证明对任意常数 $r > 0$, φ 在闭球 $B(\mathbf{0}, r)$ 上有界即可. 由假设条件, 存在 $\rho > 0$, 对任意 $x \in B(\mathbf{0}, r)$ 以及任意 $\xi \in \partial\varphi(x)$ 成立 $\|\xi\| \leqslant \rho$, 且由次微分不等式可得

$$
\varphi(\mathbf{0}) \geqslant \varphi(x) + \langle \xi, -x \rangle,
$$

于是有

$$
\sup_{x \in B(\mathbf{0}, r)} \varphi(x) \leqslant \varphi(\mathbf{0}) + \sup_{x \in B(\mathbf{0}, r)} \langle \xi, x \rangle \leqslant \varphi(\mathbf{0}) + \rho r.
$$

任取定 $\eta \in \partial\varphi(\mathbf{0})$, 仍由次微分不等式可得

$$
\varphi(x) \geqslant \varphi(\mathbf{0}) + \langle \eta, x \rangle.
$$

于是又有

$$
\inf_{x \in B(\mathbf{0}, r)} \varphi(x) \geqslant \varphi(\mathbf{0}) + \inf_{x \in B(\mathbf{0}, r)} \langle \eta, x \rangle \geqslant \varphi(\mathbf{0}) - \rho r.
$$

从而有

$$
\sup_{x \in B(\mathbf{0}, r)} |\varphi(x)| \leqslant |\varphi(\mathbf{0})| + \rho r < +\infty,
$$

即 φ 在 $B(\mathbf{0}, r)$ 上有界. □

推论 4.3 设 $\varphi:\mathbb{R}^m\to\mathbb{R}$ 是凸函数, 则以下两个结论均成立:

(i) φ 在 $\mathbb{R}^m$ 的任何一个有界子集上有界;

(ii) $\mathrm{dom}(\partial\varphi)=\mathbb{R}^m$, 并且次微分算子 $\partial\varphi$ 是有界算子.

证明 (i) 显然只需证明对任意常数 $r>0$, φ 在 $\mathbb{R}^m$ 中的闭球 $B(\mathbf{0},r)$ 上有界. 由定理 4.1 可断定 φ 在 $\mathbb{R}^m$ 上处处连续. 于是 $\forall x\in B(\mathbf{0},r)$, 存在 $\delta_x>0$, 使当 $y\in U(x,\delta_x)$ 时,

$$\varphi(x)-1\leqslant\varphi(y)\leqslant\varphi(x)+1,$$

从而 φ 在 $U(x,\delta_x)$ 内有界.

显然上述开球族 $\{U(x,\delta_x):x\in B(\mathbf{0},r)\}$ 覆盖 $B(\mathbf{0},r)$. 因为 $B(\mathbf{0},r)$ 是 $\mathbb{R}^m$ 中的紧集, 所以必存在其中有限个开球覆盖 $B(\mathbf{0},r)$. 因而 φ 在 $B(\mathbf{0},r)$ 上有界.

(ii) 由 (i) 及定理 4.5 立得. □

命题 4.7 设 $\varphi:\mathcal{H}\to(-\infty,+\infty]$ 为真凸函数, 则有:

(i) 若 φ 在 x_0 点 Gâteaux 可微, 则 φ 在 x_0 点次可微, 并且 $\partial\varphi(x_0)=\{\nabla\varphi(x_0)\}$;

(ii) 若 A 是 $\mathcal{H}$ 到自身的有界线性算子, $h(x)=\varphi(Ax)$, 则 $\partial h(x)\supset A^*\partial\varphi(Ax)$, 其中 A^* 是 A 的 Hilbert 共轭算子;

(iii) 若存在一点 $x_0\in\mathrm{dom}(\varphi+\psi)$, φ 或 ψ 至少有一个在 x_0 点连续, 则有

$$\partial(\varphi+\psi)(x)=\partial\varphi(x)+\partial\psi(x),\quad \forall x\in\mathrm{dom}(\varphi+\psi).$$

证明 (i) 由 φ 的凸性条件, 有

$$\varphi(x_0+t(y-x_0))\leqslant\varphi(x_0)+t(\varphi(y)-\varphi(x_0)),\quad \forall\, t\in(0,\,1),\quad \forall\, y\in\mathcal{H}.$$

于是

$$\frac{\varphi(x_0+t(y-x_0))-\varphi(x_0)}{t}\leqslant\varphi(y)-\varphi(x_0).$$

令 $t\to0^+$, 则由 φ 在 x_0 点 Gâteaux 可微得到

$$\langle\nabla\varphi(x_0),\,y-x_0\rangle\leqslant\varphi(y)-\varphi(x_0).$$

从而证明了 $\nabla\varphi(x_0)\in\partial\varphi(x_0)$.

反之, 设 $\xi\in\partial\varphi(x_0)$, 则由次微分定义, 有

$$\varphi(x_0+tz)-\varphi(x_0)\geqslant\langle\xi,\,tz\rangle,\quad \forall\, z\in\mathcal{H},\quad \forall\, t>0.$$

即

$$\frac{\varphi(x_0+tz)-\varphi(x_0)}{t}\geqslant\langle\xi,\,z\rangle,\quad \forall\, z\in\mathcal{H},\quad \forall\, t>0.$$

令 $t \to 0^+$, 得到

$$\langle \nabla\varphi(x_0),\ z\rangle \geqslant \langle \xi,\ z\rangle, \quad \forall z \in \mathcal{H},$$

亦即

$$\langle \nabla\varphi(x_0) - \xi,\ z\rangle \geqslant 0, \quad \forall z \in \mathcal{H},$$

于是有 $\xi = \nabla\varphi(x_0)$.

(ii) 任取 $\xi \in \partial\varphi(Ax)$, 则由次梯度定义, $\varphi(Ay) \geqslant \varphi(Ax) + \langle \xi, Ay - Ax\rangle$, $\forall y \in \mathcal{H}$, 即

$$h(y) \geqslant h(x) + \langle A^*\xi, y - x\rangle, \quad \forall y \in \mathcal{H}.$$

这表明 $A^*\xi \in \partial h(x)$, 从而有 $\partial h(x) \supset A^*\partial\varphi(Ax)$.

(iii) 证明稍显复杂, 此处略去, 可参看凸分析专著 [105] 和 [123]. □

注 4.6 显然 $\mathrm{dom}(\varphi + \psi) = \mathrm{dom}(\varphi) \cap \mathrm{dom}(\psi)$. 欲使 (iii) 中结论等号成立, 其中所述条件不可去掉, 在凸分析专著 [11] 中有反例可查. 但是包含关系

$$\partial(\varphi + \psi)(x) \supset \partial\varphi(x) + \partial\psi(x), \ \ \forall x \in \mathrm{dom}(\varphi + \psi)$$

恒成立, 此乃次微分定义的直接推论.

4.1.4 凸函数梯度算子基本性质

下面这个基本引理揭示了凸函数特有的一条基本性质, 在凸优化迭代算法分析中经常会用到.

引理 4.3 若一个凸函数 $f: \mathcal{H} \to \mathbb{R}$ 具有 Lipschitz 连续的梯度 ∇f, 即存在常数 $L > 0$, 成立:

$$\|\nabla f(x) - \nabla f(y)\| \leqslant L\|x - y\|, \quad \forall x, y \in \mathcal{H}.$$

则有

$$\langle x - y,\ \nabla f(x) - \nabla f(y)\rangle \geqslant \frac{1}{L}\|\nabla f(x) - \nabla f(y)\|^2, \quad \forall x, y \in \mathcal{H}. \tag{4.7}$$

证明 任给定 $x, y \in \mathcal{H}$, 令 $\varphi(t) = f(x + t(y - x))$, $t \in \mathbb{R}$, 则有

$$\varphi'(t) = \langle \nabla f(x + t(y - x)),\ y - x\rangle$$

和

$$\varphi(1) = \varphi(0) + \int_0^1 \varphi'(t)\mathrm{d}t.$$

从而有

$$
\begin{aligned}
f(y) &= f(x) + \int_0^1 \langle \nabla f(x+t(y-x)), y-x \rangle \mathrm{d}t \\
&= f(x) + \int_0^1 \langle \nabla f(x+t(y-x)) - \nabla f(x), y-x \rangle \mathrm{d}t + \langle \nabla f(x), y-x \rangle.
\end{aligned}
$$

由于

$$
\left| \int_0^1 \langle \nabla f\left(x+t(y-x)\right) - \nabla f(x),\ y-x \rangle \mathrm{d}t \right| \leqslant L \int_0^1 t\|y-x\|^2 \mathrm{d}t = \frac{L}{2}\|y-x\|^2,
$$

所以

$$
f(y) \leqslant f(x) + \langle \nabla f(x), y-x \rangle + \frac{L}{2}\|y-x\|^2, \quad \forall x, y \in \mathcal{H}. \tag{4.8}
$$

令 $y = x - \frac{1}{L}\nabla f(x)$, 则有 $y - x = -\frac{1}{L}\nabla f(x)$, 进而有

$$
\|y-x\|^2 = \frac{1}{L^2}\|\nabla f(x)\|^2.
$$

于是由 (4.8) 得到

$$
\begin{aligned}
f\left(x - \frac{1}{L}\nabla f(x)\right) &\leqslant f(x) - \frac{1}{L}\|\nabla f(x)\|^2 + \frac{L}{2} \cdot \frac{1}{L^2}\|\nabla f(x)\|^2 \\
&= f(x) - \frac{1}{2L}\|\nabla f(x)\|^2.
\end{aligned} \tag{4.9}
$$

固定 x, 令 $h(y) = f(y) - f(x) - \langle \nabla f(x), y-x \rangle, \quad \forall y \in \mathcal{H}$, 则有

$$
\nabla h(y) = \nabla f(y) - \nabla f(x), \quad \forall y \in \mathcal{H},
$$

从而有

$$
\|\nabla h(y) - \nabla h(y')\| = \|\nabla f(y) - \nabla f(y')\| \leqslant L\|y-y'\|, \quad \forall y,\ y' \in \mathcal{H}.
$$

这表明 ∇h 也是 L-Lipschitz 连续的, 从而与前面讨论同理, 不等式 (4.8) 和 (4.9) 对函数 h 也同样成立. 再由次微分不等式可知函数 h 恒非负, 利用 (4.9) 得到

$$
0 \leqslant h\left(y - \frac{1}{L}\nabla h(y)\right) \leqslant h(y) - \frac{1}{2L}\|\nabla h(y)\|^2.
$$

于是有

$$\frac{1}{2L}\|\nabla h(y)\|^2 \leqslant h(y),$$

即

$$\frac{1}{2L}\|\nabla f(y) - \nabla f(x)\|^2 \leqslant f(y) - f(x) - \langle \nabla f(x), y - x\rangle,$$

进而有

$$f(y) \geqslant f(x) + \langle \nabla f(x), y - x\rangle + \frac{1}{2L}\|\nabla f(y) - \nabla f(x)\|^2.$$

对调此不等式中的 x 和 y, 又得到

$$f(x) \geqslant f(y) + \langle \nabla f(y), x - y\rangle + \frac{1}{2L}\|\nabla f(y) - \nabla f(x)\|^2.$$

以上两式相加得到

$$0 \geqslant \langle \nabla f(x) - \nabla f(y), y - x\rangle + \frac{1}{L}\|\nabla f(y) - \nabla f(x)\|^2,$$

亦即 (4.7) 成立. □

注 4.7 引理 4.3 结论对 f 的定义域为全空间 $\mathcal{H}$ 时成立, 若 f 仅在 $\mathcal{H}$ 的某非空闭凸子集 C 上有定义, 结论是否成立尚不清楚, 值得探讨. 在后一种情况下, 上述证明中令 $y = x - \frac{1}{L}\nabla f(x)$, 无法保证 y 仍然在闭凸集 C 中.

4.2 凸优化问题与变分不等式的关系

4.2.1 最优化问题解的存在性

关于最优化问题是否有解, 有如下基本结论.

定理 4.6 设 $\mathcal{H}$ 为实 Hilbert 空间, 真函数 $\varphi : \mathcal{H} \to (-\infty, +\infty]$ 满足条件:

(i) φ 是 $\mathcal{H}$ 上的弱下半连续函数;

(ii) φ 是强制的, 即 $\lim\limits_{\|x\|\to+\infty} \varphi(x) = +\infty$,

则存在 $x^* \in \mathcal{H}$, 使得 $\varphi(x^*) = \inf\limits_{x\in\mathcal{H}} \varphi(x)$.

证明 由于 φ 为真函数, 所以 $m = \inf\limits_{x\in\mathcal{H}} \varphi(x) < +\infty$, 来证 m 必为有限数 (不可能为 $-\infty$), 且 φ 在某一点达到下确界. 设 $\{x_n\}$ 为一个极小化序列, 即 $\{x_n\} \subset \mathrm{dom}(\varphi)$, 且 $\lim\limits_{n\to\infty} \varphi(x_n) = m$, 则由条件 (ii) 断定 $\{x_n\}$ 为有界点列, 因

而其弱极限点集 $\omega_w(x_n) \neq \varnothing$. 任取定 $x^* \in \omega_w(x_n)$ 以及 $\{x_{n_j}\} \subset \{x_n\}$, 满足 $x_{n_j} \rightharpoonup x^*\ (j \to \infty)$. 由条件 (i) 已知

$$\varphi(x^*) \leqslant \varliminf_{j\to\infty} \varphi(x_{n_j}) = m.$$

注意到 $\varphi(x^*) > -\infty$, 上式表明 m 是有限常数, 进而有

$$\varphi(x^*) = \inf_{x\in\mathcal{H}} \varphi(x).$$

□

推论 4.4 设 $\mathcal{H}$ 为实 Hilbert 空间, $D \subset \mathcal{H}$ 是有界闭凸集, 函数 $\varphi : D \to \mathbb{R}$ 在 D 上弱下半连续, 则 φ 在 D 上必能取到最小值.

证明 令

$$\psi(x) = \begin{cases} \varphi(x), & x \in D, \\ +\infty, & x \notin D. \end{cases}$$

则明显 ψ 为 $\mathcal{H}$ 上的真函数. 由于 D 是有界闭凸集, 所以定理 4.6 的条件 (ii) 显然满足. 下证 ψ 是 $\mathcal{H}$ 上的弱下半连续函数. 为此, 由命题 4.4, 只需证对任意 $r \in \mathbb{R}$, 下水平集 $S_r^{\leqslant}(\psi) = \{x \in \mathcal{H} : \psi(x) \leqslant r\}$ 是 $\mathcal{H}$ 中的弱闭集. 任取 $\{x_n\} \subset S_r^{\leqslant}(\psi)$, 且 $x_n \rightharpoonup x_0$, 来证 $x_0 \in S_r^{\leqslant}(\psi)$. 事实上, 明显 $\{x_n\} \subset D$, 由于 D 是闭凸集, 所以 D 是弱闭集, 因此必有 $x_0 \in D$. 再由 φ 在 D 上弱下半连续, 有

$$\psi(x_0) = \varphi(x_0) \leqslant \varliminf_{n\to\infty} \varphi(x_n) \leqslant r,$$

于是可断定 $x_0 \in S_r^{\leqslant}(\psi)$. 因此由定理 4.6 可知 ψ 在 $\mathcal{H}$ 上存在最小值. 又因为明显有

$$\min_{x\in\mathcal{H}} \psi(x) = \min_{x\in D} \varphi(x),$$

因而 φ 在 D 上必能取到最小值. □

注 4.8 定理 4.6 及其推论 4.4 的结论在自反的 Banach 空间仍然成立. 今后, 在更多情况下, 我们考虑的问题是: 在已知最小值点存在的情况下, 如何用迭代算法求出一个最小值点.

注 4.9 定理 4.6 及其推论 4.4 中并没有要求目标函数是凸的, 对一般最优化问题都是适用的.

今后, 我们将常用 $\Gamma_0(\mathcal{H})$ 表示映 $\mathcal{H}$ 入 $(-\infty, +\infty]$ 上真凸的、下半连续函数全体所构成的函数类.

推论 4.5 若 $\varphi \in \Gamma_0(\mathcal{H})$ 是强制的, 即 $\lim\limits_{\|x\|\to+\infty} \varphi(x) = +\infty$, 则存在 $x_0 \in \mathcal{H}$, 使得

$$\varphi(x_0) = \inf_{x\in\mathcal{H}} \varphi(x).$$

证明 由于 φ 是凸且下半连续函数, 根据命题 4.5 可知, φ 是弱下半连续, 再由定理 4.6 可得结论成立. □

4.2.2 最优化条件

下面的结果常常是凸优化问题解的迭代算法设计的出发点, 具有基本的重要性.

定理 4.7 (最优化条件) 设 $\mathcal{H}$ 为实 Hilbert 空间, C 是 $\mathcal{H}$ 的非空闭凸子集, $\varphi \in \Gamma_0(\mathcal{H})$, φ 在 C 上 Gâteaux 可微, $x^* \in C$. 则

$$x^* \in \operatorname{Arg}\min_{x\in C} \varphi(x) \tag{4.10}$$

的充要条件是

$$\langle \nabla\varphi(x^*), x - x^* \rangle \geqslant 0, \quad \forall x \in C. \tag{4.11}$$

证明 (必要性) $\forall x \in C$, $\forall t \in (0,1)$, 由于 x^* 为最优化问题 (4.10) 之解, 所以有

$$0 \leqslant \lim_{t\to0^+} \frac{\varphi(x^* + t(x - x^*)) - \varphi(x^*)}{t} = \langle \nabla\varphi(x^*), x - x^* \rangle.$$

从而 (4.11) 成立.

(充分性) $\forall x \in C$, 由次微分不等式以及 (4.11), 有

$$\varphi(x) \geqslant \varphi(x^*) + \langle \nabla\varphi(x^*), x - x^* \rangle \geqslant \varphi(x^*),$$

从而 x^* 为最优化问题 (4.10) 之解. □

注 4.10 (4.11) 表示的是一个变分不等式问题 (参见 5.1 节). 定理 4.7 告诉我们凸优化问题 (4.10) 等价于变分不等式问题 (4.11).

例 4.2 考虑最优化问题 (4.10), 其中 $\varphi(x) = \dfrac{1}{2}\|Ax - b\|^2$, $A: \mathcal{H} \to \mathcal{H}$ 是有界线性算子, $b \in \mathcal{H}$, 则有 $\nabla\varphi(x) = A^*(Ax - b)$, 这里 A^* 是 A 的 Hilbert 共轭算子. 事实上, 对于任给 $v \in \mathcal{H}$,

$$\varphi(x + tv) - \varphi(x) = \frac{1}{2}(\|A(x + tv) - b\|^2 - \|Ax - b\|^2)$$

$$
\begin{aligned}
&= \frac{1}{2}(\|(Ax-b)+tAv\|^2 - \|Ax-b\|^2) \\
&= \frac{1}{2}t^2\|Av\|^2 + t\langle Ax-b, Av\rangle \\
&= \frac{1}{2}t^2\|Av\|^2 + t\langle A^*(Ax-b), v\rangle.
\end{aligned}
$$

于是有

$$
\lim_{t\to 0}\frac{\varphi(x+tv)-\varphi(x)}{t} = \langle A^*(Ax-b), v\rangle, \quad \forall\, v\in\mathcal{H},
$$

即

$$
\nabla\varphi(x) = A^*(Ax-b), \quad \forall x\in\mathcal{H}.
$$

从而最优化条件为

$$
\langle A^*(Ax^*-b), x-x^*\rangle \geqslant 0, \quad \forall x\in C,
$$

或者

$$
\langle Ax^*-b, Ax-Ax^*\rangle \geqslant 0, \quad \forall x\in C.
$$

例 4.3 考虑最优化问题 (4.10), 其中 $\varphi(x)=\frac{1}{2}\langle Ax,x\rangle - \langle x,\ u\rangle$, $A:\mathcal{H}\to\mathcal{H}$ 是有界线性算子且自共轭, $u\in\mathcal{H}$. 直接计算易得

$$
\nabla\varphi(x) = Ax-u, \quad \forall x\in\mathcal{H}.
$$

于是, 最优化条件为

$$
\langle Ax^*-u,\ x-x^*\rangle \geqslant 0, \quad \forall x\in C.
$$

4.3 练 习 题

练习 4.1 判断函数 $\varphi(x)=\|x\|$, $x\in\mathcal{H}$ 是凸函数吗? 是强凸函数吗?

练习 4.2 判断函数 $\varphi(x)=\|x\|^2$, $x\in\mathcal{H}$ 是凸函数吗? 是强凸函数吗?

练习 4.3 证明命题 4.1.

练习 4.4 证明函数 φ 是凸函数的充分必要条件是上方图 $\mathrm{epi}(\varphi)$ 是凸集.

练习 4.5 证明命题 4.4.

练习 4.6 设 c 是 $\mathcal{H}$ 上的下半连续的凸函数, 证明 $C=\{x\in\mathcal{H}: c(x)\leqslant 0\}$ 是闭凸集.

练习 4.7 证明 $\mathcal{H}$ 上次可微凸函数 φ 在任何一点 x 处的次微分 $\partial\varphi(x)$ 是闭凸集.

练习 4.8 计算函数 $\varphi(x) = \max\{0,\ x^2 - 1\}$, $x \in \mathbb{R}$ 的次微分.

练习 4.9 计算二元函数 $\varphi(x, y) = |x| + |y|$ 在 $(0, 0)$ 点的次微分. 结果可否推广到 $\mathbb{R}^n$ 上的 1-范数函数?

练习 4.10 设线性函数 $\varphi(x) = \langle u, x \rangle$, $\forall x \in \mathcal{H}$, 证明 $\nabla\varphi(x) = u$.

练习 4.11 设 $\varphi(x) = \|x\|^2$, $\forall x \in \mathcal{H}$, 计算 $\nabla\varphi(x)$.

练习 4.12 设凸函数 $\varphi(x) : \mathcal{H} \to \mathbb{R}$ 是 Gâteaux 可微的, 证明其梯度算子 $\nabla\varphi$ 是 $\mathcal{H}$ 上的单调算子.

练习 4.13 设 $\varphi(x) = \|x\|$, $\forall x \in \mathcal{H}$, 证明 $\partial\varphi(\mathbf{0}) = \{\xi \in \mathcal{H} : \|\xi\| \leqslant 1\}$.

练习 4.14 对于有界序列 $\{x_n\} \subset \mathcal{H}$, 令 $\varphi(x) = \overline{\lim\limits_{n\to\infty}} \|x - x_n\|^2$, $x \in \mathcal{H}$, 证明凸优化问题 $\min\limits_{x \in \mathcal{H}} \varphi(x)$ 有唯一解.

练习 4.15 设 $C \subset \mathcal{H}$ 是非空闭凸集, 令 $\varphi(x) = \|x - P_C x\|, \forall x \in \mathcal{H}$. 证明 φ 为凸函数.

练习 4.16 对于例 4.3 中函数 φ, 计算 $\nabla\varphi(x)$.

练习 4.17 证明: 若 f, g 均为 $\mathcal{H}$ 上的强凸函数, 则 $\varphi = \max\{f, g\}$ 也是 $\mathcal{H}$ 上的强凸函数.

练习 4.18 举例说明强凸函数未必处处 Gâteaux 可微.

练习 4.19 设 $\varphi(x) = \overline{\lim\limits_{n\to\infty}} \|x - x_n\|^2$, $x \in \mathcal{H}$, 其中 $\{x_n\}$ 为 $\mathcal{H}$ 中有界序列, 证明: 若 $\{x_n\}$ 弱收敛, 则 φ 在 $\mathcal{H}$ 上处处 Gâteaux 可微. 举例说明若 $\{x_n\}$ 是非弱收敛序列, 则 φ 未必处处 Gâteaux 可微.

第 5 章　强单调与反强单调变分不等式解的迭代算法

5.1　什么是变分不等式

5.1.1　变分不等式问题的一般提法

设 $\mathcal{H}$ 为实 Hilbert 空间, C 是 $\mathcal{H}$ 的非空闭凸子集, $F: C \to \mathcal{H}$ 为一非线性算子, 变分不等式问题的一般提法是: 寻求 $x^* \in C$, 使得

$$\langle Fx^*, x - x^* \rangle \geqslant 0, \quad \forall x \in C. \tag{5.1}$$

今后, 我们也用符号 $\mathrm{VI}(C, F)$ 来表示变分不等式问题.

注 5.1　容易看出, 当 $C = \mathcal{H}$ 时, 变分不等式问题 (5.1) 成为算子方程问题: 寻求 $x^* \in C$, 使得 $Fx^* = \mathbf{0}$.

变分不等式是由算子方程 $Fx = \mathbf{0}$ 演变而来. 非线性问题是复杂的, 有时需用等式 (即为方程) 描述, 而有时需用不等式描述. 变分不等式的背景十分广泛, 管理科学、医学图像处理中都有广泛来源. 对于数学学科而言, 主要来源于最优化问题. 定理 4.7 已经指出: 如果 $f: \mathcal{H} \to \mathbb{R}$ 是 Gâteaux 可微的凸函数, 则凸优化问题: 寻求 $x^* \in C$, 使得

$$f(x^*) = \min_{x \in C} f(x)$$

等价于变分不等式问题: 寻求 $x^* \in C$, 使得

$$\langle \nabla f(x^*),\ x - x^* \rangle \geqslant 0, \quad \forall x \in C.$$

因为凸函数的梯度是单调算子, 所以非常重要的一类变分不等式是所谓单调变分不等式, 即算子 F 是单调的. 本章主要讨论强单调与反强单调变分不等式解的迭代算法.

定义 5.1　设 $F: C \to \mathcal{H}$ 是一个算子, 则称 F 是 η-强单调的, 如果存在常数 $\eta > 0$ 使得

$$\langle Fx - Fy, x - y \rangle \geqslant \eta \|x - y\|^2, \quad \forall x, y \in C.$$

变分不等式研究的基本问题有两类: 其一是解的存在性、唯一性, 这类文献较少; 其二是解的迭代算法, 大量的文献是关于迭代算法的.

5.1.2 变分不等式与不动点问题的等价性

变分不等式能否等价于一个不动点问题? 回答是肯定的, 这一等价性的意义在于我们可以利用非线性算子不动点迭代算法来设计变分不等式解的迭代算法.

命题 5.1 $x^* \in C$ 是变分不等式问题 (5.1) 之解的充要条件是: 对任意常数 $\lambda > 0$, x^* 是算子 $P_C(I-\lambda F): C \to C$ 的不动点.

证明 事实上, 对于任意常数 $\lambda > 0$, 显然不等式:

$$\langle x^* - (x^* - \lambda F x^*), x - x^* \rangle \geqslant 0, \quad \forall x \in C, \tag{5.2}$$

与原变分不等式 (5.1) 等价. 而 (5.2) 显然又可以等价地改写为

$$\langle (x^* - \lambda F x^*) - x^*, x - x^* \rangle \leqslant 0, \quad \forall x \in C.$$

再由钝角原理可知, $x^* \in C$ 是变分不等式问题的解, 当且仅当

$$x^* = P_C(I-\lambda F)(x^*) \tag{5.3}$$

成立, 也就是说, $x^* \in C$ 是变分不等式问题 (5.1) 的解, 当且仅当 x^* 是算子 $P_C(I-\lambda F): C \to C$ 的不动点. □

基于命题 5.1, 我们很自然地考虑利用迭代算法:

$$x_{n+1} = P_C(I-\lambda F)x_n, \quad n \geqslant 0 \tag{5.4}$$

去求解变分不等式问题 (5.1). 于是需要考虑的问题是: 参数 λ 如何选取? $\{x_n\}$ 收敛吗? $\{x_n\}$ 何时收敛? 若 $\{x_n\}$ 收敛, 是否收敛于变分不等式的解? 这些问题的解答如何取决于算子 $P_C(I-\lambda F)$ 的性质. 一般地, 分以下三种情形考虑:

(1) $P_C(I-\lambda F)$ 是一个压缩映像 (自然需要对 F 有一定约束条件, 对 λ 也要有一定限制). 此时, 由压缩映像原理知 $\{x_n\}$ 收敛, 且 $\{x_n\}$ 收敛于变分不等式的解.

(2) $P_C(I-\lambda F)$ 是一个非扩张映像, 此时上述 $\{x_n\}$ 未必总是收敛的, 这种情形已有很多讨论.

(3) $P_C(I-\lambda F)$ 是一般 Lipschitz 映像, 这种情形讨论起来难度较大.

5.1.3 共轭变分不等式问题

考虑问题: 寻求 $x^* \in C$, 使得

$$\langle Fx, x - x^* \rangle \geqslant 0, \quad \forall x \in C. \tag{5.5}$$

称问题 (5.5) 是变分不等式问题 (5.1) 的共轭变分不等式问题, 二者密切相关.

命题 5.2 设 $F: C \to \mathcal{H}$ 为单调映像, 并且沿线段弱连续, 即当 $t \to 0$ 时, $F(x+t(y-x)) \rightharpoonup Fx, \forall x, y \in C$ 成立, 则 x^* 是变分不等式问题 (5.1) 的解当且仅当 x^* 是共轭变分不等式问题 (5.5) 的解.

证明 若 $x^* \in C$ 为 (5.1) 的解, 则由 F 的单调性可得

$$\langle Fx, x-x^* \rangle \geqslant \langle Fx^*, x-x^* \rangle \geqslant 0, \quad \forall x \in C,$$

即已证 x^* 是 (5.5) 的解. 反之, 若 x^* 是 (5.5) 的解, 则对于 $\forall x \in C$ 以及 $\forall t \in (0,1)$, 由于 $x^* \in C$, 所以 $x^*+t(x-x^*) \in C$, 从而有

$$\langle F(x^*+t(x-x^*)), t(x-x^*) \rangle \geqslant 0,$$

因为 $t>0$, 所以有

$$\langle F(x^*+t(x-x^*)), x-x^* \rangle \geqslant 0. \tag{5.6}$$

再由 F 的沿线段弱连续性质, 在 (5.6) 中令 $t \to 0$, 得到 $\langle Fx^*, x-x^* \rangle \geqslant 0$, 从而 x^* 也是 (5.1) 的解. □

命题 5.2 在研究变分不等式迭代算法时可以发挥什么作用呢? 在考虑求解变分不等式的迭代算法的收敛性时, 我们总是要证明算法产生的迭代序列的弱极限点属于问题 (5.1) 的解集, 而直接证明这一点往往比较困难, 但是证明迭代序列的弱极限点属于问题 (5.5) 的解集一般是比较容易的.

5.2 强单调变分不等式

本节我们主要考虑一类简单的单调变分不等式——Lipschitz 连续强单调变分不等式, 即变分不等式问题 (5.1) 中非线性算子 F 既是 Lipschitz 连续的又是强单调的.

5.2.1 解的存在唯一性与梯度投影算法

定理 5.1 若 $F: C \to \mathcal{H}$ 是严格单调的, 则变分不等式问题 (5.1) 至多有一个解.

证明 设 $\bar{x}$, x^* 均为变分不等式问题 (5.1) 的解, 且 $\bar{x} \neq x^*$, 则有

$$\langle Fx^*, x-x^* \rangle \geqslant 0, \quad \forall x \in C,$$

$$\langle F\bar{x}, x-\bar{x} \rangle \geqslant 0, \quad \forall x \in C.$$

由 F 的严格单调性以及 $\bar{x} \neq x^*$ 可知

$$\langle F\bar{x}, \bar{x} - x^* \rangle - \langle Fx^*, \bar{x} - x^* \rangle > 0,$$

于是有 $\langle F\bar{x}, x^* - \bar{x} \rangle < 0$, 而这与 $\bar{x}$ 是变分不等式问题 (5.1) 的解矛盾. □

下面结果具有基本的重要性, 虽然在 20 世纪 60 年代人们就已发现这一结果, 但直到现在仍然经常被用到.

定理 5.2[20] 假设 $F: C \to \mathcal{H}$ 是 L-Lipschitz 连续、η-强单调映像, 则变分不等式问题 (5.1) 有且仅有一个解. 当 $0 < \lambda < \dfrac{2\eta}{L^2}$ 时, $P_C(I - \lambda F)$ 是一个压缩映像, 并且由计算格式 (5.4) 产生的迭代序列 $\{x_n\}$ 强收敛于变分不等式问题 (5.1) 的唯一解.

证明 当 $0 < \lambda < \dfrac{2\eta}{L^2}$ 时, 注意到

$$\begin{aligned}
&\|P_C(I - \lambda F)x - P_C(I - \lambda F)y\|^2 \\
\leqslant\ &\|(I - \lambda F)x - (I - \lambda F)y\|^2 \\
=\ &\|(x - y) - \lambda(Fx - Fy)\|^2 \\
=\ &\|x - y\|^2 + \lambda^2\|Fx - Fy\|^2 - 2\lambda\langle x - y, Fx - Fy\rangle \\
\leqslant\ &(1 - 2\lambda\eta + \lambda^2 L^2)\|x - y\|^2 \\
=\ &\big(1 - \lambda(2\eta - \lambda L^2)\big)\|x - y\|^2,
\end{aligned}$$

以及 $0 < 1 - \lambda(2\eta - \lambda L^2) < 1$, 可知 $P_C(I - \lambda F): C \to C$ 是压缩映像. 由压缩映像原理, 存在唯一 $x^* \in C$, 使得 $x^* = P_C(I - \lambda F)x^*$, 并且由计算格式 (5.4) 产生的迭代序列 $\{x_n\}$ 强收敛于 x^*. 再由命题 5.1 可知变分不等式问题 (5.1) 有且仅有一个解 x^*. □

注 5.2 在最优化领域文献中, 常把格式 (5.4) 称为梯度投影算法. 梯度投影算法最初是由 Goldstein[46] 以及 Levitin 和 Polyak[81] 提出的.

He 和 Xu[65] 于 2009 年把定理 5.2 中算子 F 的 Lipschitz 连续性条件减弱为有界 Lipschitz 连续性条件, 仍然证明了变分不等式解的存在性和唯一性.

定义 5.2 设 $F: C \to \mathcal{H}$ 为非线性算子, 若对 C 的任何一个有界子集 D, F 在 D 上是 Lipschitz 连续映像, 即存在正常数 L_D(与集合 D 有关), 使得

$$\|Fx - Fy\| \leqslant L_D\|x - y\|, \quad \forall x, y \in D,$$

则称 F 是 C 上的有界 Lipschitz 连续映像.

定理 5.3 若 $F: C \to \mathcal{H}$ 是 η-强单调、有界 Lipschitz 连续映像, 则变分不等式 $\mathrm{VI}(C,F)$ 有且仅有一个解 x^*, 并且

$$\|x^* - u\| \leqslant \frac{1}{\eta}\|Fu\|,$$

其中 $u \in C$ 是任意取定的一个向量.

证明 首先注意到强单调映像是严格单调映像, 因此变分不等式 $\mathrm{VI}(C,F)$ 至多有一个解. 我们下面证明变分不等式 $\mathrm{VI}(C,F)$ 的解的存在性.

任意取定一点 $u \in C$ 以及一个常数 $r \geqslant \dfrac{1}{\eta}\|Fu\|$. 令 $C_r = B(u,r) \cap C$, 这里 $B(u,r)$ 表示以 u 为中心, 以 r 为半径的闭球, 则 C_r 是 C 的一个有界闭凸子集. 由于 F 在 C_r 上是 Lipschitz 连续强单调映像, 所以变分不等式 $\mathrm{VI}(C_r,F)$ 有唯一解, 即存在唯一 $x^* \in C_r$, 使得

$$\langle Fx^*, x - x^* \rangle \geqslant 0, \ \forall x \in C_r.$$

我们来证 x^* 是变分不等式 $\mathrm{VI}(C,F)$ 的唯一解. 事实上, 为证明这一点, 任意取定一点 $z \in C$, 考虑 C 的有界闭凸子集 $\tilde{C} = \overline{\mathrm{co}}\{\{z\} \cup C_r\}$. 因为 F 在 $\tilde{C}$ 上是 Lipschitz 连续强单调映像, 所以变分不等式 $\mathrm{VI}(\tilde{C},F)$ 也有唯一解, 即存在唯一 $\tilde{x} \in \tilde{C}$, 使得

$$\langle F\tilde{x}, x - \tilde{x} \rangle \geqslant 0, \quad \forall x \in \tilde{C}.$$

由 F 是 η-强单调映像, 并注意到 $\langle F\tilde{x}, u - \tilde{x} \rangle \geqslant 0$, 有

$$\langle Fu, u - \tilde{x} \rangle \geqslant \langle F\tilde{x}, u - \tilde{x} \rangle + \eta\|u - \tilde{x}\|^2 \geqslant \eta\|u - \tilde{x}\|^2.$$

由此易得

$$\|u - \tilde{x}\| \leqslant \frac{1}{\eta}\|Fu\|.$$

这表明 $\tilde{x} \in C_r$, 即 $\tilde{x}$ 也是变分不等式 $\mathrm{VI}(C_r,F)$ 的解. 由变分不等式 $\mathrm{VI}(C_r,F)$ 的解是唯一的, 我们可以断定 $\tilde{x} = x^*$. 于是有

$$\langle Fx^*, z - x^* \rangle = \langle F\tilde{x}, z - \tilde{x} \rangle \geqslant 0.$$

由 $z \in C$ 的任意性可知, x^* 就是 $\mathrm{VI}(C,F)$ 的唯一解. □

注 5.3 一个自然的想法是把定理 5.3 中的强单调条件也减弱为有界强单调, 即 F 在 C 的任何一个有界子集上是强单调映像. 然而, 下述简单例子说明

在此条件下变分不等式解的存在性无法保证. 取 $\mathcal{H} = \mathbb{R}$, $C = \mathbb{R}$, 并考虑函数 $Fx = e^x$, $x \in \mathbb{R}$. 对于任意取定的正数 r, 由中值定理容易得到

$$|Fx - Fy| \leqslant e^r |x - y|, \quad \forall x, y \in [-r, r],$$

$$\langle Fx - Fy, x - y \rangle \geqslant e^{-r}|x - y|^2, \quad \forall x, y \in [-r, r].$$

这表明 F 在 $\mathbb{R}$ 的任何一个有界子集上既是 Lipschitz 连续的, 又是强单调的, 但是不存在任何一点 $x^* \in \mathbb{R}$ 能够使得 $Fx^* = 0$.

5.2.2 变参数梯度投影算法

仍然考虑变分不等式问题: 寻求 $x^* \in C$, 使得 $\langle Fx^*, x - x^* \rangle \geqslant 0$, $\forall x \in C$, 其中 $F: C \to \mathcal{H}$ 是 L-Lipschitz 连续、η-强单调映像. 当 $0 < \lambda < \dfrac{2\eta}{L^2}$ 时, $P_C(I - \lambda F)$ 是压缩映像, 且按迭代格式 $x_{n+1} = P_C(I - \lambda F)x_n$ 产生的序列 $\{x_n\}$ 强收敛于上述变分问题 $\mathrm{VI}(C, F)$ 的唯一解 x^*, 当 λ 换为 $\{\lambda_n\}$ 时, 相应序列收敛性如何? 我们考虑这一问题.

本小节我们考虑迭代格式:

$$x_{n+1} = P_C(I - \lambda_n F)x_n, \quad \forall n \geqslant 0 \tag{5.7}$$

的收敛性, 其中迭代初始点 $x_0 \in C$ 为任意取定的向量.

定理 5.4 设 $0 < \varliminf\limits_{n\to\infty} \lambda_n \leqslant \varlimsup\limits_{n\to\infty} \lambda_n < \dfrac{2\eta}{L^2}$, 则由迭代格式 (5.7) 产生的序列 $\{x_n\}$ 强收敛于变分不等式问题 $\mathrm{VI}(C, F)$ 的唯一解 x^*.

证明 由已知条件可知, 存在常数 a, b 满足 $0 < a \leqslant b < \dfrac{2\eta}{L^2}$ 以及自然数 N, 使得当 $n \geqslant N$ 时, $a \leqslant \lambda_n \leqslant b$. 于是, 当 $n \geqslant N$ 时, 有

$$\begin{aligned}\|x_{n+1} - x^*\| &= \|P_C(I - \lambda_n F)x_n - x^*\| \\ &\leqslant \sqrt{1 - \lambda_n(2\eta - \lambda_n L^2)}\|x_n - x^*\|.\end{aligned}$$

令 $h = \max\limits_{a\leqslant\lambda\leqslant b} \sqrt{1 - \lambda(2\eta - \lambda L^2)}$, 则显然 $0 \leqslant h < 1$, 于是, 当 $n \geqslant N$ 时, 有

$$\|x_{n+1} - x^*\| \leqslant h\|x_n - x^*\| \leqslant h^{n-N+1}\|x_N - x^*\| \to 0 \quad (n \to \infty). \qquad \square$$

定理 5.5 设 $0 < \lambda_n < \dfrac{2\eta}{L^2}$, 并且 $\sum\limits_{n=0}^{\infty} \lambda_n \left(\dfrac{2\eta}{L^2} - \lambda_n\right) = +\infty$, 则由迭代格式 (5.7) 产生的序列 $\{x_n\}$ 强收敛于变分不等式问题 $\mathrm{VI}(C, F)$ 的唯一解.

证明 因为 $P_C(I-\lambda_n F)$ 是一个压缩映像, 所以

$$\|x_{n+1}-x^*\| \leqslant \sqrt{1-\lambda_n(2\eta-\lambda_n L^2)}\|x_n-x^*\| < \|x_n-x^*\|,$$

从而 $\lim\limits_{n\to\infty}\|x_n-x^*\|$ 存在, 记之为 r, 来证 $r=0$. 若不然, 则由

$$\|x_{n+1}-x^*\| \leqslant \left(1-\frac{1}{2}\lambda_n(2\eta-\lambda_n L^2)\right)\|x_n-x^*\|$$

得到

$$\frac{L^2}{2}\lambda_n\left(\frac{2\eta}{L^2}-\lambda_n\right)\|x_n-x^*\| \leqslant \|x_n-x^*\|-\|x_{n+1}-x^*\|.$$

再由 $\|x_n-x^*\|\geqslant r$ $(n\geqslant 0)$ 知

$$\frac{1}{2}rL^2\lambda_n\left(\frac{2\eta}{L^2}-\lambda_n\right) \leqslant \|x_n-x^*\|-\|x_{n+1}-x^*\|,$$

从而

$$\sum_{n=0}^{\infty}\lambda_n\left(\frac{2\eta}{L^2}-\lambda_n\right) < +\infty,$$

导致矛盾. □

注 5.4 这个结果是如何想到的? 受 Mann 迭代启发而来, Mann 迭代格式 $x_{n+1}=(1-\alpha_n)x_n+\alpha_n Tx_n$ 中 α_n 最初为固定值, 后来讨论 $0<a\leqslant\alpha_n\leqslant b<1$ $(0<a\leqslant b<1)$ 的情形, 再后来推广到满足 $\sum\limits_{n=0}^{\infty}\alpha_n(1-\alpha_n)=+\infty$ 的情形, 这里的情形完全类似.

注 5.5 当 $\lambda=\dfrac{2\eta}{L^2}$ 时, $P_C(I-\lambda F)$ 恰为非扩张映像, 由迭代格式

$$x_{n+1}=P_C(I-\lambda F)x_n$$

产生的序列 $\{x_n\}$ 还收敛吗? 这也是值得考虑的问题之一. 注意此时仍然成立 $\|x_{n+1}-x^*\|\leqslant\|x_n-x^*\|$ $(n\geqslant 0)$.

5.2.3 松弛梯度投影算法

设 $\mathcal{H}$ 是实 Hilbert 空间, $C=\{x\in\mathcal{H}:\varphi(x)\leqslant 0\}$, 其中 $\varphi:\mathcal{H}\to\mathbb{R}$ 是连续凸函数. 由定理 4.3 可知, φ 是 $\mathcal{H}$ 上的次可微函数. 设 $F:\mathcal{H}\to\mathcal{H}$ 是 L-Lipschitz

连续、η-强单调映像, 则变分不等式问题 VI(C,F) 有唯一解, 即存在唯一 $x^*\in C$, 使得

$$\langle Fx^*, x-x^*\rangle \geqslant 0, \quad \forall x\in C.$$

我们现在考虑的问题是: 在 C 比较复杂以至于 P_C 没有显式表达式的情况下如何设计 "松弛投影算法", 有效地求出变分不等式 VI(C,F) 的唯一解 x^*. 松弛投影方法最早是由 Fukushima[41] 于 1986 年提出的, 其核心思想是当某一闭凸集 C 结构比较复杂, 以至于投影算子 P_C 没有显式表达式难以计算时, 构造包含闭凸集 C 的某个半空间列 C_n(常常依赖次微分不等式构造 C_n), 用投影算子列 P_{C_n} 代替投影算子 P_C. 之后, 松弛投影方法广泛应用于变分不等式算法中, 例如见 [20, 26, 59].

算法 5.1 (松弛梯度投影算法) 设 $0<\mu<\dfrac{2\eta}{L^2}$, $\{\lambda_n\}\subset(0,1]$, 任取定 $x_0\in\mathcal{H}$, 序列 $\{x_n\}$ 由迭代格式

$$x_{n+1}=P_{C_n}(I-\mu\lambda_n F)x_n, \quad \forall n\geqslant 0$$

产生, 其中

$$C_n=\{x\in\mathcal{H}:\varphi(x_n)+\langle\xi_n, x-x_n\rangle\leqslant 0\}, \quad \xi_n\in\partial\varphi(x_n),\ \forall\, n\geqslant 0.$$

注 5.6 由于 C_n 是半空间, P_{C_n} 有简单的显式表达式, 所以算法 5.1 容易实现, 所付出的代价是引入参数序列 $\{\lambda_n\}\subset(0,1]$, 收敛速度会变慢.

为了分析算法 5.1 的收敛性, 需要用到如下结论.

引理 5.1 设常数 $\mu\in\left(0,\dfrac{2\eta}{L^2}\right)$, $\lambda\in(0,1]$, 则 $I-\mu\lambda F$ 是压缩映像, 压缩常数为 $1-\tau\lambda$, 其中 $\tau=\dfrac{1}{2}\mu(2\eta-\mu L^2)$.

证明 $\forall x,y\in\mathcal{H}$, 利用算子 F 的 L-Lipschitz 连续性, η-强单调性可得

$$\begin{aligned}
&\|(I-\mu\lambda F)x-(I-\mu\lambda F)y\|^2\\
=&\|(x-y)-\mu\lambda(Fx-Fy)\|^2\\
=&\|x-y\|^2-2\mu\lambda\langle x-y, Fx-Fy\rangle+\mu^2\lambda^2\|Fx-Fy\|^2\\
\leqslant&\left(1-2\mu\lambda\eta+\mu^2\lambda^2L^2\right)\|x-y\|^2\\
\leqslant&\left(1-\lambda\mu(2\eta-\mu L^2)\right)\|x-y\|^2\\
\leqslant&(1-\tau\lambda)^2\|x-y\|^2.
\end{aligned}\tag{5.8}$$

由此可知, $I-\mu\lambda F$ 为压缩映像, 并且压缩常数为 $1-\tau\lambda$. □

定理 5.6 若 $\varphi:\mathcal{H}\to\mathbb{R}$ 是连续凸函数, 且在 $\mathcal{H}$ 的任何有界子集上有界, $\{\lambda_n\}\subset(0,1]$ 满足条件:

(i) $\lambda_n\to 0\ (n\to\infty)$;

(ii) $\sum\limits_{n=0}^{\infty}\lambda_n=+\infty$,

则算法 5.1 产生的序列 $\{x_n\}$ 强收敛于变分不等式 $\mathrm{VI}(C,F)$ 的唯一解 x^*.

证明 首先, 证明对每个 $n\geqslant 0$, 都成立 $C_n\supset C$. 事实上, $\forall x\in C$, 有 $\varphi(x)\leqslant 0$, 由次微分不等式可得

$$\varphi(x_n)+\langle\xi_n,x-x_n\rangle\leqslant\varphi(x)\leqslant 0,$$

由 C_n 的定义可知 $x\in C_n$, 从而 $C\subset C_n$.

其次, 再证 $\{x_n\}$ 有界. 由于 $x^*\in C\subset C_n$, 所以由引理 5.1 可得

$$\begin{aligned}\|x_{n+1}-x^*\|&=\|P_{C_n}(I-\mu\lambda_nF)x_n-P_{C_n}x^*\|\\&\leqslant\|(I-\mu\lambda_nF)x_n-(I-\mu\lambda_nF)x^*-\mu\lambda_nFx^*\|\\&\leqslant(1-\tau\lambda_n)\|x_n-x^*\|+\tau\lambda_n\frac{\mu}{\tau}\|Fx^*\|\\&\leqslant\max\left\{\|x_n-x^*\|,\ \frac{\mu}{\tau}\|Fx^*\|\right\}.\end{aligned}$$

于是, 由数学归纳法可知 $\{x_n\}$ 有界.

再次, 我们推导关于 $\{\|x_n-x^*\|^2\}$ 的递推不等式. 利用投影算子性质, 不等式 $\|x+y\|^2\leqslant\|x\|^2+2\langle y,x+y\rangle$ 以及引理 5.1 可得

$$\begin{aligned}\|x_{n+1}-x^*\|^2&=\|P_{C_n}(I-\mu\lambda_nF)x_n-P_{C_n}x^*\|^2\\&\leqslant\|x_n-\mu\lambda_nFx_n-x^*\|^2-\|(I-\mu\lambda_nF)x_n-x_{n+1}\|^2\\&=\|(I-\mu\lambda_nF)x_n-(I-\mu\lambda_nF)x^*-\mu\lambda_nFx^*\|^2\\&\quad-\|x_n-x_{n+1}-\mu\lambda_nFx_n\|^2\\&\leqslant(1-\tau\lambda_n)\|x_n-x^*\|^2-2\mu\lambda_n\langle Fx^*,x_n-x^*\rangle\\&\quad+2\mu^2\lambda_n^2\|Fx^*\|\cdot\|Fx_n\|-\|x_n-x_{n+1}-\mu\lambda_nFx_n\|^2.\end{aligned}$$

于是有

$$\|x_{n+1}-x^*\|^2\leqslant(1-\tau\lambda_n)\|x_n-x^*\|^2-2\mu\lambda_n\langle Fx^*,x_n-x^*\rangle$$

$$+ 2\mu^2\lambda_n^2\|Fx^*\| \cdot \|Fx_n\|,$$

以及

$$\|x_{n+1} - x^*\|^2 \leqslant \|x_n - x^*\|^2 - 2\mu\lambda_n \langle Fx^*, x_n - x^* \rangle + 2\mu^2\lambda_n^2\|Fx^*\| \cdot \|Fx_n\|$$
$$- \|x_n - x_{n+1} - \mu\lambda_n Fx_n\|^2.$$

令

$$s_n = \|x_n - x^*\|^2, \quad t_n = \tau\lambda_n, \quad \eta_n = \|x_n - x_{n+1} - \mu\lambda_n Fx_n\|^2,$$
$$\alpha_n = -2\mu\lambda_n \langle Fx^*, x_n - x^* \rangle + 2\mu^2\lambda_n^2\|Fx^*\| \cdot \|Fx_n\|,$$
$$\delta_n = -\frac{2\mu}{\tau} \langle Fx^*, x_n - x^* \rangle + \frac{2\mu^2\lambda_n}{\tau}\|Fx^*\| \cdot \|Fx_n\|,$$

则以上两式可以重新改写为

$$s_{n+1} \leqslant (1 - t_n)s_n + t_n\delta_n,$$
$$s_{n+1} \leqslant s_n - \eta_n + \alpha_n.$$

最后, 我们证明 $\{x_n\}$ 强收敛于 x^*. 明显 $\sum_{n=0}^{\infty} t_n = +\infty$, 又因为 $\{x_n\}$ 的有界性蕴含 $\{Fx_n\}$ 的有界性, 所以显然有 $\alpha_n \to 0\ (n \to \infty)$. 因此, 为了利用重要引理 3(引理 2.3) 证明所要结果, 只需验证 $\eta_{n_k} \to 0\ (k \to \infty)$ 蕴含 $\overline{\lim_{k\to\infty}}\, \delta_{n_k} \leqslant 0$ 即可. 事实上, 若 $\eta_{n_k} \to 0\ (k \to \infty)$, 则有 $\|x_{n_k} - x_{n_k+1}\| \to 0\ (k \to \infty)$. 一方面, 由上极限的定义, 存在某子列 $\{x_{n_{k_j}}\} \subset \{x_{n_k}\}$ 使得 $\overline{\lim_{k\to\infty}}\, \delta_{n_k} = \lim_{j\to\infty} \delta_{n_{k_j}}$, 并且可不妨假设 $\{x_{n_{k_j}}\}$ 弱收敛于某一点 $\hat{x} \in \mathcal{H}$ (若不然, 由于 $\{x_{n_{k_j}}\}$ 有界, 必有弱收敛的子列, 我们可再抽取其一个弱收敛子列并以此子列代替 $\{x_{n_{k_j}}\}$). 于是有

$$\overline{\lim_{k\to\infty}}\, \delta_{n_k} = \lim_{j\to\infty} \delta_{n_{k_j}} = -\frac{2\mu}{\tau} \langle Fx^*, \hat{x} - x^* \rangle, \tag{5.9}$$

其中, 上式已经用到 $\frac{2\mu^2\lambda_n}{\tau}\|Fx^*\| \cdot \|Fx_n\| \to 0\ (n \to \infty)$. 另一方面, 由定理 4.5 可知, 次微分算子 $\partial\varphi$ 把 $\mathcal{H}$ 中任一有界集映为 $\mathcal{H}$ 中有界集, 因为 $\{x_{n_{k_j}}\}$ 有界, 所以存在常数 $M > 0$, 使得 $\|\xi_{n_{k_j}}\| \leqslant M,\ \forall j \geqslant 1$. 注意到 $x_{n_{k_j}+1} \in C_{n_{k_j}}$, 于是由 $C_{n_{k_j}}$ 的定义有 $\varphi(x_{n_{k_j}}) \leqslant M\|x_{n_{k_j}+1} - x_{n_{k_j}}\|$. 由于 φ 是连续的凸函数, 所以 φ 是弱下半连续函数, 于是有

$$\varphi(\hat{x}) \leqslant \underline{\lim_{j\to\infty}}\, \varphi(x_{n_{k_j}}) \leqslant \lim_{j\to\infty} M\|x_{n_{k_j}+1} - x_{n_{k_j}}\| = 0,$$

这表明 $\hat{x} \in C$. 因为 x^* 是 $\mathrm{VI}(C,F)$ 的唯一解, 所以 $\langle Fx^*, \hat{x}-x^* \rangle \geqslant 0$, 由 (5.9) 式可知 $\overline{\lim\limits_{k\to\infty}}\, \delta_{n_k} \leqslant 0$. □

注 5.7 如果用重要引理 2 证明定理 5.6, 那么关于参数 $\{\lambda_n\}$ 的条件 (i) 和 (ii) 似乎是不够的, 一般地还需要再加上条件

$$\sum_{n=0}^{\infty} |\lambda_{n+1}-\lambda_n| < +\infty \text{ 或者 } \lim_{n\to\infty} \frac{\lambda_{n+1}}{\lambda_n} = 1.$$

5.2.4 混合最速下降算法

本小节介绍 Deutsch 和 Yamada[33] 于 1998 年提出的混合最速下降算法. 当 C 为某非扩张映像不动点集时, 对于变分不等式问题的求解, 他们给出了一种不用投影算子的迭代算法.

设 $T:\mathcal{H}\to\mathcal{H}$ 是非扩张映像, 并且 $\mathrm{Fix}(T)\neq\varnothing$. 又设 $F:\mathcal{H}\to\mathcal{H}$ 为 L-Lipschitz 连续、η-强单调映像. 考虑变分不等式问题: 寻求 $x^*\in\mathrm{Fix}(T)$, 使得

$$\langle Fx^*, x-x^* \rangle \geqslant 0, \quad \forall x \in \mathrm{Fix}(T). \tag{5.10}$$

引理 5.2[33] 设常数 $\mu \in \left(0, \dfrac{2\eta}{L^2}\right)$, $\lambda\in(0,1]$. 令 $T^\lambda = (I-\mu\lambda F)T:\mathcal{H}\to\mathcal{H}$, 则 T^λ 是一个压缩映像, 压缩常数为 $1-\tau\lambda$, 其中 $\tau = \dfrac{1}{2}\mu(2\eta-\mu L^2)$.

证明 由引理 5.1 可知, $I-\mu\lambda F$ 是压缩映像, 且压缩常数为 $1-\tau\lambda$. 又因为 T 是非扩张映像, 所以显然 $T^\lambda=(I-\mu\lambda F)T$ 是压缩映像, 且压缩常数为 $1-\tau\lambda$. □

算法 5.2 (混合最速下降算法) 取定常数 $\mu \in \left(0, \dfrac{2\eta}{L^2}\right)$, 任取定初始点 $x_0 \in \mathcal{H}$, 序列 $\{x_n\}$ 由格式

$$x_{n+1} = T^{\lambda_n} x_n, \quad n \geqslant 0 \tag{5.11}$$

产生, 其中 $\{\lambda_n\}\subset(0,1]$.

定理 5.7[33] 设 $0<\mu<\dfrac{2\eta}{L^2}$, 并且 $\{\lambda_n\}\subset(0,1)$ 满足条件:

(i) $\lambda_n \to 0\,(n\to\infty)$;

(ii) $\sum\limits_{n=0}^{\infty} \lambda_n = +\infty$;

(iii) $\sum\limits_{n=0}^{\infty} |\lambda_{n+1}-\lambda_n| < +\infty$, 或者 $\lim\limits_{n\to\infty} \dfrac{\lambda_n}{\lambda_{n+1}} = 1$,

则由算法 5.2 产生的序列 $\{x_n\}$ 强收敛于问题 (5.10) 的唯一解 x^*.

证明　混合最速下降算法 (5.11) 可以归入非扩张映像粘滞迭代算法的框架之下. 事实上, 格式 (5.11) 可以改写为如下形式:

$$x_{n+1} = \lambda_n (I - \mu F) T x_n + (1 - \lambda_n) T x_n,$$

并且 $f := (I - \mu F) T$ 显然为压缩映像. 由粘滞迭代算法收敛性定理 3.7 立得由格式 (5.11) 产生的序列 $\{x_n\}$ 强收敛到变分不等式问题 (5.10) 的唯一解. □

注 5.8　按照粘滞迭代算法的思路, 我们完全可以直接给出求解问题 (5.10) 的迭代格式: 任取 $x_0 \in \mathcal{H}$,

$$x_{n+1} = \lambda_n (I - \mu F) x_n + (1 - \lambda_n) T x_n, \quad n \geqslant 0.$$

注意到这个格式是与 (5.11) 不同的.

Deutsch 和 Yamada 还研究了定义于有限个非扩张映像公共不动点集上的变分不等式的混合最速下降算法.

设 $\mathcal{H}$ 为实 Hilbert 空间, $T_i : \mathcal{H} \to \mathcal{H} (i = 1, 2, \cdots, N)$ 均为非扩张映像, $F : H \to H$ 为 L-Lipschitz 连续、η-强单调映像, 又设

$$\begin{aligned} \varnothing \neq \bigcap_{i=1}^{N} \operatorname{Fix}(T_i) &= \operatorname{Fix}(T_1 T_2 \cdots T_N) = \operatorname{Fix}(T_2 \cdots T_N T_1) \\ &= \cdots = \operatorname{Fix}(T_{N-1} \cdots T_1 T_N) = \operatorname{Fix}(T_N T_{N-1} \cdots T_2 T_1). \end{aligned} \tag{5.12}$$

我们考虑问题: 寻求 $x^* \in \bigcap_{i=1}^{N} \operatorname{Fix}(T_i)$, 使得

$$\langle F x^*, x - x^* \rangle \geqslant 0, \quad \forall x \in \bigcap_{i=1}^{N} \operatorname{Fix}(T_i). \tag{5.13}$$

由于 $\bigcap_{i=1}^{N} \operatorname{Fix}(T_i)$ 是非空闭凸集, 所以变分不等式问题 (5.13) 有唯一解.

注 5.9　条件 (5.12) 实际上不算过分苛刻, 因为在下一节我们将证明: 若 $\{T_j\}_{j=1}^{N}$ 为平均映像族, 则这些条件自动满足.

Deutsch 和 Yamada 提出了如下循环算法用于求解问题 (5.13).

算法 5.3 (循环混合最速下降算法)　取定常数 $\mu \in \left(0, \dfrac{2\eta}{L^2}\right)$ 和序列 $\{\lambda_n\} \subset (0, 1]$. 任取定初始点 $x_0 \in \mathcal{H}$, 序列 $\{x_n\}$ 由格式

$$x_{n+1} = T_{[n+1]} x_n - \lambda_n \mu F \left(T_{[n+1]} x_n\right), \quad n \geqslant 0 \tag{5.14}$$

产生, 其中 $T_{[n]} = T_{n \bmod N}$.

定理 5.8[33] 若 $\{\lambda_n\} \subset (0,1]$ 满足条件:

(i) $\lambda_n \to 0\ (n \to \infty)$;

(ii) $\sum\limits_{n=1}^{\infty} \lambda_n = +\infty$;

(iii) $\sum\limits_{n=1}^{\infty} |\lambda_{n+N} - \lambda_n| < +\infty$ 或者 $\lim\limits_{n\to\infty} \dfrac{\lambda_n}{\lambda_{n+N}} = 1$,

则由算法 5.3 产生的迭代序列 $\{x_n\}$ 强收敛于变分不等式 (5.13) 的唯一解 x^*.

证明 为叙述方便起见, 我们把迭代格式 (5.14) 简记为

$$x_{n+1} = T^{[n+1],\lambda_n} x_n, \tag{5.15}$$

其中 $T^{[n+1],\lambda_n} = (I - \mu\lambda_n F)T_{[n+1]}$. 则由引理 5.2 可知, $T^{[n+1],\lambda_n}$ 是压缩映像, 压缩常数为 $1 - \tau\lambda_n$, 其中 $\tau = \dfrac{1}{2}\mu(2\eta - \mu L^2)$. 以下分六步完成证明.

(1) 证明 $\{x_n\}$ 有界. 取变分不等式问题 (5.13) 的唯一解 $x^* \in \bigcap\limits_{i=1}^{N} \mathrm{Fix}\,(T_i)$, 由 (5.15) 有

$$\begin{aligned}
\|x_{n+1} - x^*\| &= \|T^{[n+1],\lambda_n} x_n - x^*\| \\
&\leqslant \|T^{[n+1],\lambda_n} x_n - T^{[n+1],\lambda_n} x^*\| + \left\|T^{[n+1],\lambda_n} x^* - x^*\right\| \\
&\leqslant (1 - \tau\lambda_n)\|x_n - x^*\| + \mu\lambda_n \|Fx^*\| \\
&= (1 - \tau\lambda_n)\|x_n - x^*\| + \tau\lambda_n \frac{\mu}{\tau}\|Fx^*\| \\
&\leqslant \max\left\{\|x_n - x^*\|, \frac{\mu}{\tau}\|Fx^*\|\right\}.
\end{aligned}$$

用数学归纳法易证对一切正整数 n, 成立

$$\|x_n - x^*\| \leqslant \max\left\{\|x_0 - x^*\|, \frac{\mu}{\tau}\|Fx^*\|\right\},$$

这表明 $\{x_n\}$ 有界. 容易证明 $\{T_{[n+1]}x_n\}$ 以及 $\{FT_{[n+1]}x_n\}$ 均为有界序列.

(2) 证明 $\|x_{n+N} - x_n\| \to 0\,(n \to \infty)$. 由迭代格式 (5.15) 可得

$$\begin{aligned}
\|x_{n+N} - x_n\| &= \left\|T^{[n+N],\lambda_{n+N-1}} x_{n+N-1} - T^{[n],\lambda_{n-1}} x_{n-1}\right\| \\
&\leqslant \left\|T^{[n+N],\lambda_{n+N-1}} x_{n+N-1} - T^{[n+N],\lambda_{n+N-1}} x_{n-1}\right\|
\end{aligned}$$

$$
\begin{aligned}
&+\left\|T^{[n+N],\lambda_{n+N-1}}x_{n-1}-T^{[n],\lambda_{n-1}}x_{n-1}\right\| \\
\leqslant&\,(1-\tau\lambda_{n+N-1})\left\|x_{n+N-1}-x_{n-1}\right\| \\
&+\left\|T^{[n],\lambda_{n+N-1}}x_{n-1}-T^{[n],\lambda_{n-1}}x_{n-1}\right\| \\
=&\,(1-\tau\lambda_{n+N-1})\left\|x_{n+N-1}-x_{n-1}\right\|+\mu\left|\lambda_{n+N-1}-\lambda_{n-1}\right|\left\|FT_{[n]}x_{n-1}\right\| \\
\leqslant&\,(1-\tau\lambda_{n+N-1})\left\|x_{n+N-1}-x_{n-1}\right\|+M\left|\lambda_{n+N-1}-\lambda_{n-1}\right|,
\end{aligned}
$$

其中常数 $M\geqslant\sup\limits_{n}\{\mu\left\|FT_{[n]}x_{n-1}\right\|\}$. 由 $\{\lambda_n\}$ 的已知条件, 利用引理 2.2, 可断定 $\|x_{n+N}-x_n\|\to 0\,(n\to\infty)$.

(3) 证明 $\|x_n-T_{[n+N]}T_{[n+N-1]}\cdots T_{[n+1]}x_n\|\to 0\ (n\to\infty)$. 由迭代格式 (5.15) 以及 $\lambda_n\to 0\ (n\to\infty)$, 得到 $x_{n+1}-T_{[n+1]}x_n\to\mathbf{0}\ (n\to\infty)$. 于是有

$$
x_{n+N}-T_{[n+N]}x_{n+N-1}\to\mathbf{0}\quad(n\to\infty), \tag{5.16}
$$

以及

$$
x_{n+i+1}-T_{[n+i+1]}x_{n+i}\to\mathbf{0}\ (n\to\infty),\quad i=0,1,\cdots,N-2. \tag{5.17}
$$

由 (5.17) 以及算子族 $\{T_j\}_{j=1}^N$ 之非扩张性得到

$$
T_{[n+N]}\cdots T_{[n+i+2]}x_{n+i+1}-T_{[n+N]}\cdots T_{[n+i+1]}x_{n+i}\to\mathbf{0}\quad(n\to\infty), \tag{5.18}
$$

其中 $i=0,1,\cdots,N-2$. 综合 (5.16) 和 (5.18) 有

$$
x_{n+N}-T_{[n+N]}T_{[n+N-1]}\cdots T_{[n+1]}x_n\to\mathbf{0}\quad(n\to\infty).
$$

再结合 (2) 的结果, 利用三角不等式易得到

$$
\|x_n-T_{[n+N]}T_{[n+N-1]}\cdots T_{[n+1]}x_n\|\to 0\quad(n\to\infty).
$$

(4) 证明 $\omega_w(x_n)\subset\bigcap\limits_{i=1}^{N}\mathrm{Fix}(T_i)$. 任取 $\hat{x}\in\omega_w(x_n)$, 假设 $x_{n_j}\rightharpoonup\hat{x}\ (j\to\infty)$. 由 (3) 之结论, 有

$$
\|x_{n_j}-T_{[n_j+N]}T_{[n_j+N-1]}\cdots T_{[n_j+1]}x_{n_j}\|\to 0\quad(j\to\infty).
$$

注意到对每个 n_j, $T_{[n_j+N]}T_{[n_j+N-1]}\cdots T_{[n_j+1]}$ 是算子 $T_1,T_2,\cdots,T_N$ 的某一种排列, 由于 $\{T_j\}_{j=1}^N$ 是有限算子族, 所以循环算法中出现的排列只有有限个, 因此

必有一种排列出现无穷多次, 不妨设此排列为 $T_1T_2\cdots T_N$, 故可取 $\{x_{n_j}\}$ 的子列 $\{x_{n_{j_k}}\}$, 使得

$$\|x_{n_{j_k}}-T_1T_2\cdots T_Nx_{n_{j_k}}\|\to 0\quad (k\to\infty).$$

由次闭原理可断定 $\hat{x}=T_1T_2\cdots T_N\hat{x}$. 由已知条件有 $\hat{x}\in \mathrm{Fix}\,(T_1T_2\cdots T_N)=\bigcap\limits_{i=1}^{N}\mathrm{Fix}\,(T_i)$.

(5) 证明 $\varlimsup\limits_{n\to\infty}\langle -Fx^*,x_n-x^*\rangle\leqslant 0$. 设子列 $\{x_{n_j}\}\subset\{x_n\}$, 使得

$$\varlimsup_{n\to\infty}\langle -Fx^*,x_n-x^*\rangle=\lim_{j\to\infty}\langle -Fx^*,x_{n_j}-x^*\rangle.$$

不妨设 $x_{n_j}\rightharpoonup\tilde{x}\ (j\to\infty)$, 由 (4) 之结论 $\tilde{x}\in\bigcap\limits_{i=1}^{N}\mathrm{Fix}\,(T_i)$ 以及 x^* 是 (5.13) 的解, 有

$$\varlimsup_{n\to\infty}\langle -Fx^*,x_n-x^*\rangle=\lim_{j\to\infty}\langle -Fx^*,x_{n_j}-x^*\rangle=\langle -Fx^*,\tilde{x}-x^*\rangle\leqslant 0.$$

(6) 证明 $x_n\to x^*\,(n\to\infty)$. 利用迭代格式 (5.15) 以及不等式 $\|x+y\|^2\leqslant\|x\|^2+2\langle y,x+y\rangle$ 得到

$$\begin{aligned}\|x_{n+1}-x^*\|^2&=\|T^{[n+1],\lambda_n}x_n-x^*\|^2\\&=\left\|\left(T^{[n+1],\lambda_n}x_n-T^{[n+1],\lambda_n}x^*\right)+\left(T^{[n+1],\lambda_n}x^*-x^*\right)\right\|^2\\&\leqslant(1-\tau\lambda_n)\|x_n-x^*\|^2+2\mu\lambda_n\langle -Fx^*,x_{n+1}-x^*\rangle.\end{aligned}$$

由 $\{\lambda_n\}$ 的条件, 再一次利用引理 2.2, 可得 $x_n\to x^*\ (n\to\infty)$. □

5.3 反强单调变分不等式

5.3.1 反强单调映像与平均映像的进一步性质

定义 5.3 设 $\mathcal{H}$ 是一个实的 Hilbert 空间, C 为 $\mathcal{H}$ 的非空闭凸子集, 称 $F:C\to\mathcal{H}$ 是反强单调映像, 如果存在常数 $\mu>0$, 使得

$$\langle Fx-Fy,x-y\rangle\geqslant\mu\|Fx-Fy\|^2,\quad \forall x,y\in C,$$

也称 F 是 μ-反强单调映像.

最典型常用的反强单调映像是 1-反强单调映像, 即 firmly 非扩张映像, 例如投影算子 P_C 就是 1-反强单调映像.

命题 5.3　(i) 若 F 是 μ-反强单调映像, 则 F 为 $\dfrac{1}{\mu}$-Lipschitz 连续映像;

(ii) 若 F 是 μ-反强单调映像, 则 F^{-1} 为 μ-强单调映像;

(iii) 若 F 是 μ-反强单调映像, $\lambda > 0$ 为常数, 则 λF 为 $\dfrac{\mu}{\lambda}$-反强单调映像;

(iv) 若 F 是 μ-反强单调映像, $\dfrac{\mu}{\lambda} > \dfrac{1}{2}$, 则 $I-\lambda F$ 是 $\dfrac{\lambda}{2\mu}$-平均映像;

(v) 若 F_j 为 μ_j-反强单调映像 $(j=1,2)$, 则 F_1+F_2 为 $\dfrac{1}{2}\min\{\mu_1,\mu_2\}$-反强单调映像;

(vi) 若 F 是 μ-反强单调映像, $A:\mathcal{H}\to\mathcal{H}$ 为有界线性算子, 则 $F_A = A^*FA$ 是 $\dfrac{\mu}{\|A\|^2}$-反强单调映像.

证明　(i) 显然

$$\mu\|Fx-Fy\|^2 \leqslant \langle Fx-Fy, x-y\rangle \leqslant \|Fx-Fy\|\,\|x-y\|,$$

从而有

$$\|Fx-Fy\| \leqslant \frac{1}{\mu}\|x-y\|.$$

(ii) 此处 F^{-1} 一般是集值映像, $F^{-1}u=\{x\in\mathcal{H}: u=Fx\}$, $\forall u\in \operatorname{ran}(F)$, 这里 $\operatorname{ran}(F)$ 表示算子 F 的值域. $\forall u,v\in\operatorname{ran}(F), \forall x\in F^{-1}u, y\in F^{-1}v$, 则 $Fx=u, Fy=v$, 由于 F 是 μ-反强单调映像, 所以有

$$\langle u-v, x-y\rangle \geqslant \mu\|u-v\|^2,$$

即

$$\langle u-v, F^{-1}u-F^{-1}v\rangle \geqslant \mu\|u-v\|^2,$$

从而 F^{-1} 是 μ-强单调映像.

(iii) 由 $\langle Fx-Fy, x-y\rangle \geqslant \mu\|Fx-Fy\|^2$, 得

$$\langle \lambda Fx-\lambda Fy, x-y\rangle \geqslant \frac{\mu}{\lambda}\|\lambda Fx-\lambda Fy\|^2,$$

从而 λF 为 $\dfrac{\mu}{\lambda}$-反强单调映像.

(iv) 当 $\dfrac{\mu}{\lambda} > \dfrac{1}{2}$ 时, 有

$$I-\lambda F = \left(1-\frac{\lambda}{2\mu}\right)I + \frac{\lambda}{2\mu}(I-2\mu F).$$

于是, 只需证 $I-2\mu F$ 是非扩张映像. 注意到 F 的 μ-反强单调性, 立得

$$\begin{aligned}&\|(I-2\mu F)x-(I-2\mu F)y\|^2\\=&\|(x-y)-2\mu(Fx-Fy)\|^2\\=&\|x-y\|^2+4\mu^2\|Fx-Fy\|^2-4\mu\langle Fx-Fy,\ x-y\rangle\\\leqslant&\|x-y\|^2.\end{aligned}$$

(v) 事实上, 由

$$\langle F_1x-F_1y,x-y\rangle\geqslant\mu_1\|F_1x-F_1y\|^2,$$

$$\langle F_2x-F_2y,x-y\rangle\geqslant\mu_2\|F_2x-F_2y\|^2$$

立得

$$\langle(F_1+F_2)x-(F_1+F_2)y,x-y\rangle\geqslant\min\{\mu_1,\mu_2\}(\|F_1x-F_1y\|^2+\|F_2x-F_2y\|^2).$$

另一方面,

$$\begin{aligned}&\|(F_1+F_2)x-(F_1+F_2)y\|^2\\=&\|(F_1x-F_1y)+(F_2x-F_2y)\|^2\\=&\|F_1x-F_1y\|^2+\|F_2x-F_2y\|^2+2\langle F_1x-F_1y,F_2x-F_2y\rangle\\\leqslant&2(\|F_1x-F_1y\|^2+\|F_2x-F_2y\|^2).\end{aligned}$$

于是有

$$\langle(F_1+F_2)x-(F_1+F_2)y,x-y\rangle\geqslant\frac{1}{2}\min\{\mu_1,\mu_2\}\|(F_1+F_2)x-(F_1+F_2)y\|^2.$$

因此 F_1+F_2 为 $\dfrac{1}{2}\min\{\mu_1,\mu_2\}$-反强单调映像.

(vi) 由于

$$\begin{aligned}\langle F_Ax-F_Ay,x-y\rangle&=\langle A^*FAx-A^*FAy,x-y\rangle\\&=\langle FAx-FAy,Ax-Ay\rangle\\&\geqslant\mu\|FAx-FAy\|^2\\&=\frac{\mu}{\|A\|^2}\|FAx-FAy\|^2\|A\|^2\end{aligned}$$

$$\geqslant \frac{\mu}{\|A\|^2}\|A^*FAx - A^*FAy\|^2,$$

因而 $F_A = A^*FA$ 是 $\dfrac{\mu}{\|A\|^2}$-反强单调映像. □

命题 5.4 (i) 若 $T = (1-\alpha)S + \alpha V$, 其中常数 $\alpha \in (0,1)$, S 为平均映像, V 是非扩张映像, 则 T 仍为平均映像.

(ii) T 是 $\dfrac{1}{2}$-反强单调映像的充要条件为 $I - T$ 是非扩张映像.

(iii) 若 $T_1, T_2, \cdots, T_n$ 为平均映像, 则 $T_nT_{n-1}\cdots T_1$ 为平均映像. 特别地, 若 T_i 是 α_i-平均映像 $(i=1,2)$, 则 T_2T_1 是 $\alpha_1+\alpha_2-\alpha_1\alpha_2$-平均映像.

(iv) 若 $T_1, T_2, \cdots, T_n$ 均为平均映像, 并且 $\bigcap\limits_{i=1}^{n}\mathrm{Fix}(T_i) \neq \varnothing$, 则成立

$$\bigcap_{i=1}^{n}\mathrm{Fix}(T_i) = \mathrm{Fix}(T_nT_{n-1}\cdots T_1).$$

证明 (i) 令 $S = (1-\beta)I + \beta W$, 其中常数 $\beta \in (0,1)$, W 为非扩张映像, 则有

$$\begin{aligned} T &= (1-\alpha)(1-\beta)I + (1-\alpha)\beta W + \alpha V \\ &= (1-\alpha)(1-\beta)I + (\alpha+\beta-\alpha\beta)\frac{(1-\alpha)\beta W + \alpha V}{\alpha+\beta-\alpha\beta}. \end{aligned}$$

由于 W 与 V 均为非扩张映像, 所以 $\dfrac{(1-\alpha)\beta W + \alpha V}{\alpha+\beta-\alpha\beta}$ 也是非扩张映像, 因而 T 为一平均映像.

(ii) 设 T 为 $\dfrac{1}{2}$-反强单调映像, 则

$$\begin{aligned} \|(I-T)x-(I-T)y\|^2 &= \|(x-y)-(Tx-Ty)\|^2 \\ &= \|x-y\|^2 + \|Tx-Ty\|^2 - 2\langle x-y, Tx-Ty\rangle \\ &\leqslant \|x-y\|^2 + \|Tx-Ty\|^2 - \|Tx-Ty\|^2 \\ &= \|x-y\|^2. \end{aligned}$$

从而, $I-T$ 非扩张.

反之, $I-T$ 若为非扩张映像, 由上述推导可知

$$\|Tx-Ty\|^2 - 2\langle x-y, Tx-Ty\rangle \leqslant 0,$$

即

$$\langle x-y, Tx-Ty\rangle \geqslant \frac{1}{2}\|Tx-Ty\|^2.$$

(iii) 显然只需证 $n=2$ 时结论成立, 一般情况由数学归纳法立得. 设 $T_1=(1-\alpha_1)I+\alpha_1 V_1$, $T_2=(1-\alpha_2)I+\alpha_2 V_2$, 其中 V_1, V_2 均为非扩张映像. 记 $\alpha=\alpha_1+\alpha_2-\alpha_1\alpha_2$, 则有

$$\begin{aligned}
T_2T_1(x)=T_2(T_1x)&=(1-\alpha_2)T_1x+\alpha_2V_2T_1x\\
&=(1-\alpha_2)(1-\alpha_1)x+(1-\alpha_2)\alpha_1V_1x+\alpha_2V_2T_1x\\
&=(1-(\alpha_1+\alpha_2-\alpha_1\alpha_2))\,x+(1-\alpha_2)\alpha_1V_1x+\alpha_2V_2T_1x\\
&=(1-\alpha)x+\alpha\frac{(1-\alpha_2)\alpha_1V_1x+\alpha_2V_2T_1x}{\alpha}.
\end{aligned}$$

注意到 $\dfrac{(1-\alpha_2)\alpha_1V_1+\alpha_2V_2T_1}{\alpha}$ 为非扩张映像, 所以 T_2T_1 为 $\alpha=\alpha_1+\alpha_2-\alpha_1\alpha_2$-平均映像.

(iv) 显然只需证 $n=2$ 时结论成立, 一般情况由数学归纳法得到. 明显成立 $\mathrm{Fix}(T_1)\cap\mathrm{Fix}(T_2)\subset\mathrm{Fix}(T_2T_1)$, 故此只需证

$$\mathrm{Fix}(T_1)\cap\mathrm{Fix}(T_2)\supset\mathrm{Fix}(T_2T_1).$$

任取 $q\in\mathrm{Fix}(T_2T_1)$, 则 $T_2T_1q=q$. 若 $T_1q=q$, 则 $T_2q=q$, 结论成立. 我们来证明 $T_1q=q$. 假设 $T_2=(1-\alpha_2)I+\alpha_2V_2$, 取 $p\in\mathrm{Fix}(T_1)\cap\mathrm{Fix}(T_2)$, 则有

$$\begin{aligned}
\|p-q\|^2&=\|p-T_2T_1q\|^2\\
&=\|p-((1-\alpha_2)T_1q+\alpha_2V_2T_1q)\,\|^2\\
&=\|(1-\alpha_2)(p-T_1q)+\alpha_2(p-V_2T_1q)\|^2\\
&=(1-\alpha_2)\|p-T_1q\|^2+\alpha_2\|p-V_2T_1q\|^2-\alpha_2(1-\alpha_2)\|T_1q-V_2T_1q\|^2\\
&\leqslant\|p-q\|^2-\alpha_2(1-\alpha_2)\|T_1q-V_2T_1q\|^2.
\end{aligned}$$

于是

$$\|T_1q-V_2T_1q\|^2\leqslant 0.$$

从而 $V_2T_1q=T_1q$, 进而有 $T_2(T_1q)=T_1q$, 又因为 $T_2T_1q=q$, 所以有 $T_1q=q$ 以及 $T_2q=q$. 亦即 $q\in\mathrm{Fix}(T_1)\cap\mathrm{Fix}(T_2)$. □

注 5.10 平均映像的常数并不是唯一的. 对于平均映像 T_2T_1, 除命题 5.4(iii) 中给出的常数外, 还可取为 $\dfrac{\alpha_1+\alpha_2-2\alpha_1\alpha_2}{1-\alpha_1\alpha_2}$(详见 [9], 第 83 页). 容易验证

$$\frac{\alpha_1+\alpha_2-2\alpha_1\alpha_2}{1-\alpha_1\alpha_2}<\alpha_1+\alpha_2-\alpha_1\alpha_2,$$

所以 $\dfrac{\alpha_1+\alpha_2-2\alpha_1\alpha_2}{1-\alpha_1\alpha_2}$ 优于 $\alpha_1+\alpha_2-\alpha_1\alpha_2$.

注 5.11 基于命题 5.4(iv) 结论, 在处理逼近多个算子公共不动点问题时, 常常用 $\mathrm{Fix}(T_nT_{n-1}\cdots T_1)$ 代替 $\bigcap\limits_{i=1}^{n}\mathrm{Fix}(T_i)$.

注 5.12 命题 5.4(iv) 结论显示出平均映像 $T=(1-\alpha)I+\alpha V$ 的性质好于 V, 虽然 T, V 均为非扩张映像, 并且有相同的不动点集.

下面介绍平均映像的收敛性.

定理 5.9 设 $T:\mathcal{H}\to\mathcal{H}$ 是平均映像, 且存在某 $x_0\in\mathcal{H}$ 使得 $\{T^nx_0\}$ 有界, 则 $\mathrm{Fix}(T)\neq\varnothing$, 并且对于任意 $x\in\mathcal{H}$, $T^nx\rightharpoonup\tilde{x}\in\mathrm{Fix}(T)$.

证明 先来证明 $\mathrm{Fix}(T)\neq\varnothing$. 事实上, 令

$$g(x)=\overline{\lim_{n\to\infty}}\|T^nx_0-x\|^2,\quad x\in\mathcal{H}.$$

由于 $\{T^nx_0\}$ 有界, 容易验证 g 为取值有限的、强制的、下半连续的、强凸的函数, 因而存在唯一 $x^*\in\mathcal{H}$, 使得

$$g(x^*)=\inf_{x\in\mathcal{H}}g(x).$$

来证 $x^*\in\mathrm{Fix}(T)$. 由 T 的非扩张性, 容易验证

$$g(Tx^*)=\overline{\lim_{n\to\infty}}\|T^nx_0-Tx^*\|^2\leqslant\overline{\lim_{n\to\infty}}\left\|T^{n-1}x_0-x^*\right\|^2=g(x^*)=\inf_{x\in\mathcal{H}}g(x).$$

因此, 可断定 $Tx^*=x^*$. 其次来证 $\forall x\in\mathcal{H}$, $x_n=T^nx\rightharpoonup\tilde{x}\in\mathrm{Fix}(T)$. 设 $T=(1-\alpha)I+\alpha V$, $\alpha\in(0,\ 1)$, $V:\mathcal{H}\to\mathcal{H}$ 为非扩张映像, 则有

$$x_{n+1}=(1-\alpha)x_n+\alpha Vx_n.$$

取定 $p\in\mathrm{Fix}(T)=\mathrm{Fix}(V)$, 则有

$$\begin{aligned}\|x_{n+1}-p\|^2&=\|(1-\alpha)(x_n-p)+\alpha(Vx_n-p)\|^2\\&=(1-\alpha)\|x_n-p\|^2+\alpha\|Vx_n-p\|^2-\alpha(1-\alpha)\|x_n-Vx_n\|^2\end{aligned}$$

$$\leqslant \|x_n - p\|^2 - \alpha(1-\alpha)\|x_n - Vx_n\|^2.$$

于是, 可断定 $\lim\limits_{n\to\infty}\|x_n - p\|$ 存在, 并且

$$\alpha(1-\alpha)\|x_n - Vx_n\|^2 \leqslant \|x_n - p\|^2 - \|x_{n+1} - p\|^2 \to 0 \quad (n \to \infty).$$

从而

$$\|x_n - Vx_n\| \to 0 \quad (n \to \infty).$$

由次闭原理, $\omega_w(x_n) \subset \mathrm{Fix}(T)$.

为证 $\{x_n\}$ 弱收敛于 $\mathrm{Fix}(T)$ 中某一点, 只需证 $\omega_w(x_n)$ 为独点集. $\forall\, p_1, p_2 \in \omega_w(x_n) \subset \mathrm{Fix}(T)$, 设 $x_{n_i} \rightharpoonup p_1\ (i \to \infty)$, $x_{n_j} \rightharpoonup p_2\ (j \to \infty)$. 则有

$$\begin{aligned}
\lim_{n\to\infty}\|x_n - p_1\|^2 &= \lim_{j\to\infty}\|x_{n_j} - p_1\|^2 \\
&= \lim_{j\to\infty}\|x_{n_j} - p_2\|^2 + \|p_2 - p_1\|^2 \\
&= \lim_{i\to\infty}\|x_{n_i} - p_2\|^2 + \|p_2 - p_1\|^2 \\
&= \lim_{i\to\infty}\|x_{n_i} - p_1\|^2 + 2\|p_1 - p_2\|^2 \\
&= \lim_{n\to\infty}\|x_n - p_1\|^2 + 2\|p_1 - p_2\|^2.
\end{aligned}$$

所以 $\|p_1 - p_2\|^2 = 0$, 进而有 $p_1 = p_2$. □

注 5.13 为证 $\omega_w(x_n)$ 为独点集, 也可以证明: $\forall p_1, p_2 \in \omega_w(x_n)$, $\forall q_1, q_2 \in \mathrm{Fix}(T)$, 成立

$$\langle p_1 - p_2, q_1 - q_2\rangle = 0.$$

这是因为 $\omega_w(x_n) \subset \mathrm{Fix}(T)$, 所以特别取 $q_1 = p_1$, $q_2 = p_2$ 时, 也得到 $\|p_2 - p_1\|^2 = 0$, 从而 $p_1 = p_2$. 注意到

$$\begin{aligned}
&\|x_n - q_1\|^2 - \|x_n - q_2\|^2 \\
&= \|x_n - q_2 + q_2 - q_1\|^2 - \|x_n - q_2\|^2 \\
&= 2\langle x_n - q_2,\ q_2 - q_1\rangle + \|q_1 - q_2\|^2 \\
&= 2\langle x_n, q_2 - q_1\rangle - 2\langle q_2, q_2 - q_1\rangle + \|q_1 - q_2\|^2.
\end{aligned}$$

由于等式左边极限存在, 所以 $\lim\limits_{n\to\infty}\langle x_n, q_2 - q_1\rangle$ 必存在, 于是, 有

$$\lim_{n\to\infty}\langle x_n, q_2 - q_1\rangle = \lim_{i\to\infty}\langle x_{n_i}, q_2 - q_1\rangle$$

$$= \lim_{j\to\infty} \langle x_{n_j},\ q_2 - q_1\rangle.$$

从而, 有

$$\langle p_1, q_2 - q_1\rangle = \langle p_2, q_2 - q_1\rangle.$$

5.3.2 反强单调变分不等式解的迭代算法

定理 5.10 假设 $C \subset \mathcal{H}$ 是非空闭凸集, $F: C \to \mathcal{H}$ 是 μ-反强单调映像. 又设 $\mathrm{VI}(C, F)$ 之解集 $\mathcal{S}$ 非空, $\lambda \in (0, 2\mu)$. 任意取定 $x_0 \in C$, 则由迭代格式

$$x_{n+1} = P_C(I - \lambda F)x_n, \quad \forall n \geqslant 0$$

产生的序列 $\{x_n\}$ 弱收敛于 $\mathcal{S}$ 中一点.

证明 由于 F 为 μ-反强单调映像, $0 < \lambda < 2\mu$, 所以由命题 5.3(iii) 和 (iv) 可知, $I - \lambda F$ 为平均映像. 又因为 P_C 是 $\frac{1}{2}$-平均映像, 故由命题 5.4(iii) 可断言 $P_C(I - \lambda F)$ 也是平均映像. 由于假设 $\mathrm{VI}(C, F)$ 之解集 $\mathcal{S}$ 非空, 而 $P_C(I - \lambda F)$ 的不动点集等于 $\mathcal{S}$, 所以 $P_C(I - \lambda F)$ 的不动点集非空. 由定理 5.9 可知存在 $P_C(I - \lambda F)$ 的某不动点 x^*, 使得 $x_n \rightharpoonup x^* \in \mathrm{Fix}(P_C(I - \lambda F)) = \mathcal{S}$. □

例 5.1 假设 $f: \mathcal{H} \to \mathbb{R}$ 为凸函数, 并且有 Lipschitz 连续的梯度算子 ∇f, 即

$$\|\nabla f(x) - \nabla f(y)\| \leqslant L\|x - y\|, \quad \forall x, y \in \mathcal{H}.$$

考虑凸优化问题: 寻求 $x^* \in \mathcal{H}$, 使得

$$f(x^*) = \min_{x\in\mathcal{H}} f(x). \tag{5.19}$$

假设此凸优化问题有解, 则此问题等价于变分不等式问题 $\mathrm{VI}(\mathcal{H}, \nabla f)$, 即寻求 $x^* \in \mathcal{H}$, 使得

$$\langle \nabla f(x^*), x - x^*\rangle \geqslant 0, \quad \forall x \in \mathcal{H},$$

即

$$\nabla f(x^*) = 0.$$

由引理 4.3 可知, ∇f 是 $\frac{1}{L}$-反强单调映像, 从而由定理 5.10, 当 $0 < \lambda < \frac{2}{L}$ 时, 由迭代格式

$$x_{n+1} = (I - \lambda \nabla f)x_n, \quad n \geqslant 0$$

产生的序列 $\{x_n\}$ 弱收敛于凸优化问题 (5.19) 的某个解.

定理 5.11 设 $C \subset \mathcal{H}$ 是非空闭凸集, $F: C \to \mathcal{H}$ 为 μ-反强单调映像, 假设 $\mathrm{VI}(C, F)$ 问题之解集 $\mathcal{S}$ 非空, 定义

$$x_{n+1} = P_C(I - \lambda_n F)x_n, \quad n \geqslant 0, \tag{5.20}$$

其中 $x_0 \in C$ 为任意取定的向量. 若 $0 < \underset{n\to\infty}{\underline{\lim}} \lambda_n \leqslant \overline{\lim_{n\to\infty}} \lambda_n < 2\mu$, 则存在某 $\tilde{x} \in \mathcal{S}$, 使得 $x_n \rightharpoonup \tilde{x}$.

证明 由于 $I - \lambda_n F$ 是 $\dfrac{\lambda_n}{2\mu}$-平均映像, P_C 是 $\dfrac{1}{2}$-平均映像, 所以由命题 5.4(iii) 可断定 $P_C(I - \lambda_n F)$ 是 α_n-平均映像, 这里 $\alpha_n = \dfrac{1}{2} + \dfrac{\lambda_n}{2\mu} - \dfrac{\lambda_n}{4\mu} = \dfrac{2\mu + \lambda_n}{4\mu}$. 记

$$P_C(I - \lambda_n F) = (1 - \alpha_n)I + \alpha_n T_n,$$

其中, 对每个自然数 n, T_n 是非扩张映像. $\forall x^* \in \mathcal{S}$, 有

$$\begin{aligned}
\|x_{n+1} - x^*\|^2 &= \|(1 - \alpha_n)(x_n - x^*) + \alpha_n(T_n x_n - x^*)\|^2 \\
&= (1-\alpha_n)\|x_n - x^*\|^2 + \alpha_n\|T_n x_n - x^*\|^2 - \alpha_n(1 - \alpha_n)\|x_n - T_n x_n\|^2 \\
&\leqslant \|x_n - x^*\|^2 - \alpha_n(1 - \alpha_n)\|x_n - T_n x_n\|^2,
\end{aligned}$$

于是, $\{x_n\}$ 是有界的, 并且 $\lim\limits_{n\to\infty} \|x_n - x^*\|^2$ 存在. 由已知条件, 存在某个常数 $\alpha > 0$, 使得当 n 充分大时, $\alpha_n(1 - \alpha_n) \geqslant \alpha > 0$, 因此有

$$\|x_n - T_n x_n\|^2 \leqslant \frac{1}{\alpha}\left(\|x_n - x^*\|^2 - \|x_{n+1} - x^*\|^2\right) \to 0 \quad (n \to \infty),$$

从而

$$\lim_{n\to\infty} \|x_n - T_n x_n\| = 0.$$

由于 $x_{n+1} - x_n = \alpha_n(T_n x_n - x_n)$, 所以 $\|x_{n+1} - x_n\| \to 0$ $(n \to \infty)$.

我们可以断言 $\omega_w(x_n) \subset \mathcal{S}$. 事实上, 已证 $\{x_n\}$ 有界, 所以 $\omega_w(x_n) \neq \varnothing$. 再由迭代格式 (5.20) 可得

$$\langle (I - \lambda_n F)x_n - x_{n+1}, x - x_{n+1} \rangle \leqslant 0, \quad \forall x \in C,$$

即

$$-\lambda_n \langle F x_n, x - x_{n+1} \rangle \leqslant \langle x_{n+1} - x_n, x - x_{n+1} \rangle, \quad \forall x \in C.$$

再结合 F 的单调性, 又有

$$\langle Fx, x_n - x \rangle \leqslant \langle Fx_n, x_n - x \rangle \leqslant \langle Fx_n, x_n - x_{n+1} \rangle + \frac{1}{\lambda_n}\langle x_{n+1} - x_n, x - x_{n+1} \rangle,$$

从而

$$\langle Fx, x_n - x\rangle \leqslant M\|x_{n+1} - x_n\|,$$

其中 $M \geqslant \sup\limits_n \left\{\|Fx_n\| + \dfrac{1}{\lambda_n}\|x - x_{n+1}\|\right\}$ (注意显然 M 与 x 有关, 但 x 是任意取定的向量). 于是

$$\varlimsup_{n\to\infty} \langle Fx, x_n - x\rangle \leqslant 0, \quad \forall x \in C.$$

这表明若 $\tilde{x} \in \omega_w(x_n)$, 则有

$$\langle Fx, \tilde{x} - x\rangle \leqslant 0, \quad \forall x \in C,$$

即

$$\langle Fx, x - \tilde{x}\rangle \geqslant 0, \quad \forall x \in C.$$

故有 $\tilde{x} \in \mathcal{S}$.

再证 $\omega_w(x_n)$ 是独点集, 即证 $x_n \rightharpoonup \tilde{x}$ $(n \to \infty)$. 事实上, 若另有 $\hat{x} \in \omega_w(x_n)$, 则可证 $\hat{x} = \tilde{x}$. 这是因为若设 $x_{n_j} \rightharpoonup \tilde{x}$ $(j \to \infty)$, $x_{n_i} \rightharpoonup \hat{x}$ $(i \to \infty)$, 则有

$$\begin{aligned}
&\lim_{n\to\infty} \|x_n - \hat{x}\|^2 = \lim_{j\to\infty} \|x_{n_j} - \hat{x}\|^2 \\
&= \lim_{j\to\infty} \|x_{n_j} - \tilde{x}\|^2 + \|\tilde{x} - \hat{x}\|^2 = \lim_{i\to\infty} \|x_{n_i} - \tilde{x}\|^2 + \|\tilde{x} - \hat{x}\|^2 \\
&= \lim_{i\to\infty} \|x_{n_i} - \hat{x}\|^2 + 2\|\tilde{x} - \hat{x}\|^2 = \lim_{n\to\infty} \|x_n - \hat{x}\|^2 + 2\|\tilde{x} - \hat{x}\|^2.
\end{aligned}$$

于是有 $\hat{x} = \tilde{x}$, 从而 $x_n \rightharpoonup \tilde{x}$ $(n \to \infty)$. □

在最优化理论中, 有所谓方向搜索法, 其计算格式的一般形式为

$$x_{n+1} = x_n - \lambda_n d_n.$$

方向 d_n 如何选取呢? 若 d_n 为梯度, 则是梯度方法, 或称为最速下降法. 若 $d_n = x_n - Tx_n$, 则实质上就是 Mann 迭代方法. 事实上

$$\begin{aligned}
x_{n+1} &= x_n - \lambda_n(x_n - Tx_n) \\
&= (1 - \lambda_n)x_n + \lambda_n Tx_n.
\end{aligned}$$

定理 5.12 设 $F : C \to \mathcal{H}$ 为反强单调映像, 任意取定 $x_0 \in C$, 迭代序列 $\{x_n\}$ 由计算格式:

$$x_{n+1} = x_n - \alpha_n \left(x_n - P_C(I - \lambda_n F)x_n\right)$$

$$= (1-\alpha_n)x_n + \alpha_n P_C(I-\lambda_n F)x_n$$

产生, 其中 $\{\lambda_n\} \subset (0, 2\mu)$. 若

(i) $0 < \underline{\lambda} \leqslant \varliminf_{n\to\infty} \lambda_n \leqslant \varlimsup_{n\to\infty} \lambda_n \leqslant \overline{\lambda} < 2\mu$;

(ii) $0 < \underline{\alpha} = \varliminf_{n\to\infty} \alpha_n \leqslant \varlimsup_{n\to\infty} \alpha_n = \bar{\alpha} < \dfrac{4\mu}{(2\mu+\bar{\lambda})}$,

则 $\{x_n\}$ 弱收敛于 $\mathrm{VI}(C, F)$ 的某个解.

证明 由于 $P_C(I-\lambda_n F)$ 是 β_n-平均映像, 其中 $\beta_n = \dfrac{2\mu+\lambda_n}{4\mu}$, 所以有如下表达式:

$$P_C(I-\lambda_n F) = (1-\beta_n)I + \beta_n V_n,$$

其中 V_n 是非扩张映像. 于是

$$\begin{aligned} x_{n+1} &= (1-\alpha_n)x_n + \alpha_n\left((1-\beta_n)x_n + \beta_n V_n x_n\right) \\ &= (1-\alpha_n\beta_n)x_n + \alpha_n\beta_n V_n x_n \\ &= (1-\gamma_n)x_n + \gamma_n V_n x_n, \end{aligned}$$

其中 $\gamma_n = \alpha_n\beta_n$. 另外, 还成立

$$0 < \varliminf_{n\to\infty} \gamma_n \leqslant \varlimsup_{n\to\infty} \gamma_n < 1.$$

事实上

$$\gamma_n = \alpha_n \frac{2\mu+\lambda_n}{4\mu},$$

则显然

$$\varlimsup_{n\to\infty} \gamma_n \leqslant \frac{\bar{\alpha}(2\mu+\bar{\lambda})}{4\mu} < 1,$$

$$\varliminf_{n\to\infty} \gamma_n \geqslant \frac{\underline{\alpha}(2\mu+\underline{\lambda})}{4\mu} > 0.$$

则可以按下述 4 个步骤, 类似于定理 5.11 证明过程证明此定理结论成立.

(i) $\{x_n\}$ 有界, $\lim_{n\to\infty} \|x_n - x^*\|$ 存在, $\forall x^* \in \mathcal{S}$ ($\mathcal{S}$ 是 $\mathrm{VI}(C, F)$ 的解集);

(ii) $\|x_{n+1} - x_n\| \to 0\ (n\to\infty)$;

(iii) $\omega_w(x_n) \subset \mathcal{S}$;

(iv) $x_n \rightharpoonup \tilde{x} \in \mathcal{S}$. □

5.4 变分不等式的正则化方法

5.4.1 什么是正则化方法

在本小节, 我们先通过一个简单例子谈谈什么是正则化方法.

设 $\mathcal{H}$ 是实 Hilbert 空间, 考虑线性凸约束方程问题:

$$Ax = b, \quad x \in C, \tag{5.21}$$

其中 C 是 $\mathcal{H}$ 中非空闭凸子集, $A : \mathcal{H} \to \mathcal{H}$ 是有界线性算子. 一方面, 问题 (5.21) 未必有解; 另一方面, 即使问题 (5.21) 有解, 由于向量 b 是测量值, 往往有误差, 也可能导致问题 (5.21) 无解. 因此一般地考虑最小二乘解问题, 即令目标函数为

$$f(x) = \|Ax - b\|^2, \quad \forall x \in C.$$

寻求 $x^* \in C$, 使得

$$f(x^*) = \inf_{x \in C} f(x). \tag{5.22}$$

虽然函数 $f(x)$ 为连续凸函数, 但未必满足强制性条件, 所以问题 (5.22) 也未必有解. 对任给定常数 $\varepsilon > 0$, 设

$$f_\varepsilon(x) = \|Ax - b\|^2 + \varepsilon\|x\|^2, \quad \forall x \in C,$$

则 $f_\varepsilon(x)$ 为强凸连续函数, 从而存在唯一 $x_\varepsilon \in C$, 使得

$$f_\varepsilon(x_\varepsilon) = \inf_{x \in C} f_\varepsilon(x). \tag{5.23}$$

我们希望通过研究问题 (5.23) 去研究问题 (5.22), 或者说利用问题 (5.23) 去逼近问题 (5.22), 这就是所谓正则化方法. 具体来说, 我们需要研究的关键问题是: 当 $\varepsilon \to 0^+$ 时, x_ε 的性态如何? 是否收敛? 若收敛, 是否收敛到原问题 (5.22) 之解? 这个解有什么特征?

定理 5.13 原问题 (5.22) 有解的充要条件是当 $\varepsilon \to 0^+$ 时, $\{x_\varepsilon\}$ 有界. 当原问题 (5.22) 有解时, $x_\varepsilon \to x^\dagger$ $(\varepsilon \to 0^+)$, 并且 $x^\dagger$ 是原问题 (5.22) 的最小范数解.

证明 (必要性) 设问题 (5.22) 有解, 并以 $\mathcal{S}$ 表示其解集, 则容易验证 $\mathcal{S}$ 是 C 的非空闭凸子集. 对于任给 $x^* \in \mathcal{S}$, 则有

$$\|Ax^* - b\|^2 \leqslant \|Ax - b\|^2, \ \forall x \in C. \tag{5.24}$$

特别地, 有

$$\|Ax^* - b\|^2 \leqslant \|Ax_\varepsilon - b\|^2. \tag{5.25}$$

另一方面, 又有

$$\|Ax_\varepsilon - b\|^2 + \varepsilon\|x_\varepsilon\|^2 \leqslant \|Ax^* - b\|^2 + \varepsilon\|x^*\|^2. \tag{5.26}$$

综合 (5.25) 和 (5.26) 得到

$$\varepsilon\|x_\varepsilon\|^2 \leqslant \left(\|Ax^* - b\|^2 - \|Ax_\varepsilon - b\|^2\right) + \varepsilon\|x^*\|^2 \leqslant \varepsilon\|x^*\|^2,$$

从而有

$$\|x_\varepsilon\| \leqslant \|x^*\|, \tag{5.27}$$

即 $\{x_\varepsilon\}$ 有界.

(充分性) 因为当 $\varepsilon \to 0^+$ 时, $\{x_\varepsilon\}$ 有界, 所以 $\omega_w(x_\varepsilon)$ 非空. 任取定 $\tilde{x} \in \omega_w(x_\varepsilon)$, 则存在 $\varepsilon_j \to 0$ $(j \to \infty)$, 使得 $x_{\varepsilon_j} \rightharpoonup \tilde{x}$ $(j \to \infty)$. 明显 $\tilde{x} \in C$, 并且

$$\|Ax_{\varepsilon_j} - b\|^2 + \varepsilon_j\|x_{\varepsilon_j}\|^2 \leqslant \|Ax - b\|^2 + \varepsilon_j\|x\|^2, \quad \forall x \in C. \tag{5.28}$$

容易验证

$$\begin{aligned}
&\left\|Ax_{\varepsilon_j} - b\right\|^2 - \|Ax - b\|^2 \\
&= \left\|Ax_{\varepsilon_j} - Ax + Ax - b\right\|^2 - \|Ax - b\|^2 \\
&= \left\|Ax_{\varepsilon_j} - Ax\right\|^2 + 2\left\langle Ax_{\varepsilon_j} - Ax, Ax - b\right\rangle, \quad \forall x \in C.
\end{aligned} \tag{5.29}$$

(5.29) 代入 (5.28) 可得

$$\left\|Ax_{\varepsilon_j} - Ax\right\|^2 \leqslant -2\left\langle Ax_{\varepsilon_j} - Ax, Ax - b\right\rangle + \varepsilon_j\|x\|^2, \quad \forall x \in C,$$

特别地, 有

$$\begin{aligned}
\left\|Ax_{\varepsilon_j} - A\tilde{x}\right\|^2 &\leqslant -2\left\langle Ax_{\varepsilon_j} - A\tilde{x}, A\tilde{x} - b\right\rangle + \varepsilon_j\|\tilde{x}\|^2 \\
&= -2\left\langle x_{\varepsilon_j} - \tilde{x}, A^*(A\tilde{x} - b)\right\rangle + \varepsilon_j\|\tilde{x}\|^2.
\end{aligned} \tag{5.30}$$

利用 (5.30) 以及 $x_{\varepsilon_j} \rightharpoonup \tilde{x}$ $(j \to \infty)$, 可断定 $Ax_{\varepsilon_j} \to A\tilde{x}$ $(j \to \infty)$. 于是, 在不等式 (5.28) 中令 $j \to \infty$, 得到

$$\|A\tilde{x} - b\|^2 \leqslant \|Ax - b\|^2, \quad \forall x \in C.$$

这表明 $\tilde{x} \in \mathcal{S}$, 即原问题 (5.22) 有解.

我们来进一步证明 $x_{\varepsilon_j} \to \tilde{x}\ (j \to \infty)$. 事实上, 注意到 $\tilde{x} \in \mathcal{S}$, 则由 (5.27) 立得

$$\|x_{\varepsilon_j}\|^2 \leqslant \|\tilde{x}\|^2. \tag{5.31}$$

利用 (5.31) 以及恒等式 $\|u+v\|^2 = \|u\|^2 + 2\langle v, u+v\rangle - \|v\|^2$ 得到

$$\|x_{\varepsilon_j} - \tilde{x}\|^2 \leqslant -2\left\langle x_{\varepsilon_j} - \tilde{x}, \tilde{x}\right\rangle.$$

由此不等式以及 $x_{\varepsilon_j} \rightharpoonup \tilde{x}\,(j \to \infty)$ 可断定 $x_{\varepsilon_j} \to \tilde{x}\,(j \to \infty)$. 注意到, 在 (5.31) 中以 $x^\dagger$ 替换 $\tilde{x}$ 仍然成立:

$$\|x_{\varepsilon_j}\| \leqslant \|x^\dagger\|.$$

则令 $j \to \infty$, 得到

$$\|\tilde{x}\| \leqslant \|x^\dagger\|.$$

又 $\|x^\dagger\| \leqslant \|\tilde{x}\|$ 显然成立, 所以 $\|\tilde{x}\| = \|x^\dagger\|$, 根据投影唯一性, $\tilde{x} = x^\dagger$, 因为 $\tilde{x}$ 是 $\omega_w(x_\varepsilon)$ 中任意一点, 所以 $\omega_w(x_\varepsilon)$ 实际上是独点集, 即 $\omega_w(x_\varepsilon) = \{x^\dagger\}$, 从而 $x_\varepsilon \rightharpoonup x^\dagger(\varepsilon \to 0^+)$, 由以上讨论又可断定 $x_\varepsilon \to x^\dagger\,(\varepsilon \to 0^+)$. □

5.4.2 一类单调变分不等式的正则化方法

考虑一类单调变分不等式问题: 寻求 $x^* \in C$, 使得

$$\langle Fx^*, x - x^*\rangle \geqslant 0, \quad \forall x \in C, \tag{5.32}$$

其中 $C \subset \mathcal{H}$ 是非空闭凸集, $F = I - V$, $V: C \to C$ 为非扩张映像. 注意这里 F 显然是 Lipschitz 连续的单调映像, 但 F 未必强单调 (除非 V 是压缩映像), 因此 $\mathrm{VI}(C, F)$ 问题未必有解. 现在, 我们采用正则化思想, 用一族压缩映像 V_t 去逼近非扩张映像 V, 从而用一族强单调映像 $F_t = I - V_t$ 逼近单调映像 $F = I - V$, 对 $\mathrm{VI}(C, F)$ 进行正则化, 即用 $\mathrm{VI}(C, F_t)$ 逼近问题 $\mathrm{VI}(C, F)$, 从而达到求解 $\mathrm{VI}(C, F)$ 之目的.

如何构造 V_t? 例如取定 $u \in C$, 对每个 $t \in (0, 1)$, 令

$$V_t = tu + (1-t)V.$$

更一般地, 可用粘滞迭代方法, 对每个 $t \in (0, 1)$, 令

$$V_t = tf + (1-t)V, \tag{5.33}$$

进而, 令

$$F_t = I - V_t,$$

其中 $f: C \to C$ 可为任一压缩映像.

现在考虑问题 $\mathrm{VI}(C, F_t)$, 则 F_t 是 Lipschitz 连续强单调映像 (尽管当 $t \to 0^+$ 时, 强单调系数很小). 从而问题 $\mathrm{VI}(C, F_t)$ 有且仅有一个解, 记之为 $x_t \in C$.

我们有下述结果, 揭示了问题 $\mathrm{VI}(C, F)$ 与 $\mathrm{VI}(C, F_t)$ 之内在联系.

定理 5.14 $\mathrm{VI}(C, F)$ 有解的充要条件是: 当 $t \to 0^+$ 时, $\{x_t\}$ 有界. 当 $\mathrm{VI}(C, F)$ 有解时, $x_t \to x^* \ (t \to 0^+)$, 且 $x^* \in \mathcal{S}$ 是如下变分不等式问题的唯一解:

$$\langle (I - f)x^*, x - x^* \rangle \geqslant 0, \quad \forall x \in \mathcal{S},$$

其中 $\mathcal{S}$ 是 $\mathrm{VI}(C, F)$ 的解集.

证明 (必要性) 设 $\mathcal{S} \neq \varnothing$, 则任取定 $p \in \mathcal{S}$, 有

$$\langle Fp, x - p \rangle \geqslant 0, \quad \forall x \in C.$$

由变分不等式问题与不动点问题的等价性结果可知

$$(P_C V)p = p, \quad (P_C V_t)x_t = x_t.$$

从而利用 (5.33) 有

$$\begin{aligned}
\|x_t - p\| &= \|(P_C V_t)x_t - (P_C V)p\| \\
&\leqslant \|V_t x_t - Vp\| \\
&= \|tf(x_t) + (1-t)Vx_t - Vp\| \\
&\leqslant t\|f(x_t) - Vp\| + (1-t)\|Vx_t - Vp\| \\
&\leqslant t\|f(x_t) - f(p)\| + t\|f(p) - Vp\| + (1-t)\|x_t - p\| \\
&\leqslant (1 - (1-\rho)t)\,\|x_t - p\| + t\|f(p) - Vp\|.
\end{aligned}$$

于是

$$\|x_t - p\| \leqslant \frac{1}{1-\rho}\|f(p) - Vp\|,$$

其中 $\rho \in (0,1)$ 是 f 的压缩常数, 从而证明了 $\{x_t\}$ 有界.

(充分性) 假设存在常数 $\delta > 0$ 和 $M > 0$, 使得 $\|x_t\| \leqslant M$, $\forall t \in (0, \delta)$. 我们有

$$\langle (I - V_t)x_t, \ x - x_t \rangle \geqslant 0, \quad \forall x \in C.$$

由 (5.33) 可得

$$t\langle (I-f)x_t, x-x_t\rangle + (1-t)\langle (I-V)x_t, x-x_t\rangle \geqslant 0, \quad \forall x\in C.$$

利用 $F=I-V$ 的单调性, 立得

$$\langle (I-V)x_t, x-x_t\rangle \leqslant \langle (I-V)x, x-x_t\rangle, \quad \forall x\in C.$$

于是

$$t\langle (I-f)x_t, x-x_t\rangle + (1-t)\langle (I-V)x, x-x_t\rangle \geqslant 0, \quad \forall x\in C, \tag{5.34}$$

从而有

$$\langle (I-V)x, x_t-x\rangle \leqslant \frac{t}{1-t}\langle (I-f)x_t, x-x_t\rangle, \quad \forall x\in C. \tag{5.35}$$

若 $\{t_j\}\subset(0,1)$ 满足 $t_j\to 0$ 和 $x_{t_j}\rightharpoonup \hat{x}(j\to\infty)$, 则由 (5.35) 有

$$\langle (I-V)x, \hat{x}-x\rangle \leqslant 0, \quad \forall x\in C,$$

即

$$\langle (I-V)x, x-\hat{x}\rangle \geqslant 0, \quad \forall x\in C.$$

这表明 $\hat{x}$ 是 $\mathrm{VI}(C,F)$ 的共轭变分不等式问题之解, 因此, $\hat{x}\in\mathcal{S}$, 从而 $\mathcal{S}\neq\varnothing$.

对于任给 $\tilde{x}\in\mathcal{S}$, 有

$$\langle (I-V)\tilde{x}, x-\tilde{x}\rangle \geqslant 0, \quad \forall x\in C,$$

因此有

$$\langle (I-V)\tilde{x}, x_t-\tilde{x}\rangle \geqslant 0, \quad \forall t\in(0,1).$$

由于 (5.34) 对一切 $x\in C$ 成立, 所以在 (5.34) 中令 $x=\tilde{x}$ 自然也成立, 因而有

$$\langle (I-f)x_t, \tilde{x}-x_t\rangle \geqslant \frac{1-t}{t}\langle (I-V)\tilde{x}, x_t-\tilde{x}\rangle \geqslant 0. \tag{5.36}$$

利用 (5.36) 以及 $I-f$ 之强单调性, 得到

$$\begin{aligned}(1-\rho)\|x_t-\tilde{x}\|^2 &\leqslant \langle (I-f)x_t-(I-f)\tilde{x}, x_t-\tilde{x}\rangle \\ &\leqslant -\langle (I-f)\tilde{x}, x_t-\tilde{x}\rangle, \quad \forall \tilde{x}\in\mathcal{S}.\end{aligned}$$

进而有

$$(1-\rho)\|x_{t_j}-\hat{x}\|^2 \leqslant -\langle (I-f)\hat{x}, x_{t_j}-\hat{x}\rangle.$$

注意到 $x_{t_j} \rightharpoonup \hat{x}\,(j\to\infty)$, 由此不等式可断定 $x_{t_j}\to\hat{x}\,(j\to\infty)$. 再由不等式

$$\langle (I-f)\tilde{x}, \tilde{x}-x_t\rangle \geqslant 0, \quad \forall t\in(0,1),$$

得到

$$\langle (I-f)\tilde{x}, \tilde{x}-x_{t_j}\rangle \geqslant 0, \quad \forall \tilde{x}\in\mathcal{S}.$$

令 $j\to\infty$, 有

$$\langle (I-f)\tilde{x}, \tilde{x}-\hat{x}\rangle \geqslant 0, \quad \forall \tilde{x}\in\mathcal{S}.$$

最后, 由变分不等式问题 $\mathrm{VI}(\mathcal{S}, I-f)$ 解的唯一性可知 $\hat{x}=x^*$, $x^*=(P_{\mathcal{S}}f)(x^*)$, 所以 $x_t\to x^*\ (t\to 0^+)$. □

正则化问题之解 x_t 是隐式格式:

$$(P_C V_t)x_t = x_t$$

之解. 我们希望建立显式迭代方法求解原问题 (5.32) 之解. 把 V_t 离散化, 令

$$\begin{aligned} &V_n = t_n f + (1-t_n)V, \quad t_n\in(0,1), \\ &x_{n+1} = (P_C V_n)x_n. \end{aligned} \tag{5.37}$$

定理 5.15 假设原问题 (5.32) 之解集 $\mathcal{S}\neq\varnothing$, $\{x_n\}$ 由迭代格式 (5.37) 产生, 若 $\{t_n\}\subset(0,1)$ 满足条件:

(i) $t_n\to 0\ \ (n\to\infty)$;

(ii) $\sum\limits_{n=0}^{\infty} t_n = +\infty$;

(iii) $\sum\limits_{n=0}^{\infty} |t_{n+1}-t_n| < +\infty$, 或者 $\lim\limits_{n\to\infty}\dfrac{t_n}{t_{n+1}} = 1$,

则 $x_n\to x^* = (P_{\mathcal{S}}f)(x^*)$, 即

$$\langle (I-f)x^*, x-x^*\rangle \geqslant 0, \quad \forall x\in\mathcal{S}.$$

证明 (1) 先证 $\{x_n\}$ 是有界集. 注意这里之证法与过去常规方法不同, 是利用变分不等式方法得到的. 根据 $x_{n+1}=(P_C V_n)x_n$, 由投影特征不等式 (钝角原理) 可得

$$\langle x_{n+1}-V_n x_n, x-x_{n+1}\rangle \geqslant 0, \quad \forall x\in C. \tag{5.38}$$

从而有

$$0 \leqslant \langle x_{n+1}-V_n x_n, x^*-x_{n+1}\rangle$$

$$
\begin{aligned}
&= \langle x_{n+1} - t_n f(x_n) - (1-t_n)Vx_n, x^* - x_{n+1}\rangle \\
&= t_n\langle x_{n+1} - f(x_n), x^* - x_{n+1}\rangle + (1-t_n)\langle x_{n+1} - Vx_n, x^* - x_{n+1}\rangle \\
&= -t_n\|x_{n+1} - x^*\|^2 - t_n\langle f(x_n) - x^*, x^* - x_{n+1}\rangle \\
&\quad - (1-t_n)\|x_{n+1} - x^*\|^2 - (1-t_n)\langle Vx_n - x^*, x^* - x_{n+1}\rangle \\
&= -\|x_{n+1} - x^*\|^2 - t_n\langle f(x_n) - x^*, x^* - x_{n+1}\rangle \\
&\quad - (1-t_n)\langle Vx_n - x^*, x^* - x_{n+1}\rangle.
\end{aligned}
$$

于是有

$$
\begin{aligned}
&\|x_{n+1} - x^*\|^2 \\
\leqslant\ & t_n\langle f(x_n) - x^*, x_{n+1} - x^*\rangle + (1-t_n)\langle Vx_n - x^*, x_{n+1} - x^*\rangle \\
=\ & t_n\langle f(x_n) - f(x^*), x_{n+1} - x^*\rangle + t_n\langle f(x^*) - x^*, x_{n+1} - x^*\rangle \\
& + (1-t_n)\langle Vx_n - Vx^*, x_{n+1} - x^*\rangle + (1-t_n)\langle Vx^* - x^*, x_{n+1} - x^*\rangle.
\end{aligned}
$$

注意到 $x^* \in \mathcal{S}$, 可断定

$$
\langle Vx^* - x^*, x_{n+1} - x^*\rangle \leqslant 0.
$$

所以有

$$
\begin{aligned}
&\|x_{n+1} - x^*\|^2 \\
\leqslant\ & t_n\langle f(x_n) - f(x^*), x_{n+1} - x^*\rangle + t_n\langle f(x^*) - x^*,\ x_{n+1} - x^*\rangle \\
& + (1-t_n)\langle Vx_n - Vx^*,\ x_{n+1} - x^*\rangle \\
\leqslant\ & (1-(1-\rho)t_n)\,\|x_n - x^*\|\,\|x_{n+1} - x^*\| \\
& + t_n\|f(x^*) - x^*\|\,\|x_{n+1} - x^*\|.
\end{aligned} \tag{5.39}
$$

从而

$$
\begin{aligned}
\|x_{n+1} - x^*\| &\leqslant (1-(1-\rho)t_n)\,\|x_n - x^*\| + t_n\|f(x^*) - x^*\| \\
&= (1-(1-\rho)t_n)\,\|x_n - x^*\| + (1-\rho)t_n\frac{\|f(x^*) - x^*\|}{1-\rho}.
\end{aligned}
$$

由数学归纳法易证

$$
\|x_n - x^*\| \leqslant \max\left\{\|x_0 - x^*\|, \frac{\|f(x^*) - x^*\|}{1-\rho}\right\}.
$$

于是 $\{x_n\}$ 有界, 从而 $\{f(x_n)\},\{Vx_n\}$ 均有界.

(2) 证明 $\|x_{n+1}-x_n\|\to 0\ (n\to\infty)$.

$$\begin{aligned}
&\|x_{n+1}-x_n\|\\
=&\|P_CV_nx_n-P_CV_{n-1}x_{n-1}\|\\
\leqslant&\|V_nx_n-V_{n-1}x_{n-1}\|\\
=&\|t_nf(x_n)+(1-t_n)Vx_n-(t_{n-1}f(x_{n-1})+(1-t_{n-1})Vx_{n-1})\|\\
=&\|t_n(f(x_n)-f(x_{n-1}))+(1-t_n)(Vx_n-Vx_{n-1})\\
&+(t_n-t_{n-1})(f(x_{n-1})-Vx_{n-1})\|\\
\leqslant&(1-(1-\rho)t_n)\|x_n-x_{n-1}\|+M|t_n-t_{n-1}|,
\end{aligned}$$

其中 $M=\sup\limits_n\|f(x_n)-Vx_n\|<+\infty$. 由定理假设条件以及引理 2.2, 断定 $\|x_{n+1}-x_n\|\to 0\ \ (n\to\infty)$.

(3) 证明 $\omega_w(x_n)\subset\mathcal{S}$. 假设 $x_{n_j}\rightharpoonup\tilde{x}$, 来证 $\tilde{x}\in\mathcal{S}$. 由 x_{n+1} 之定义, 有

$$\langle x_{n+1}-V_nx_n,x-x_{n+1}\rangle\geqslant 0,\quad\forall x\in C,$$

即

$$\langle t_nf(x_n)+(1-t_n)Vx_n-x_{n+1},x-x_{n+1}\rangle\leqslant 0,\quad\forall x\in C.$$

于是有

$$\langle Vx_n-x_{n+1},x-x_{n+1}\rangle\leqslant t_n\langle Vx_n-f(x_n),x-x_{n+1}\rangle,\quad\forall x\in C.$$

进而有

$$\langle Vx_n-x_n,x-x_{n+1}\rangle\leqslant t_n\langle Vx_n-f(x_n),x-x_{n+1}\rangle+\langle x_{n+1}-x_n,x-x_{n+1}\rangle,$$

于是有

$$\begin{aligned}
\langle Vx_n-x_n,x-x_n\rangle\leqslant&\ t_n\langle Vx_n-f(x_n),x-x_{n+1}\rangle\\
&+\langle x_{n+1}-x_n,x-x_{n+1}\rangle+\langle x_{n+1}-x_n,Vx_n-x_n\rangle.
\end{aligned}$$

再由 $I-V$ 之单调性,

$$\langle (I-V)x,x_n-x\rangle$$

$$\leqslant \langle (I-V)x_n, x_n - x\rangle$$
$$\leqslant t_n\langle Vx_n - f(x_n), x - x_{n+1}\rangle + \langle x_{n+1} - x_n, x - x_{n+1} + Vx_n - x_n\rangle.$$

注意到 $\{x_n\}$, $\{f(x_n)\}$ 以及 $\{Vx_n\}$ 均有界. 利用当 $n\to\infty$ 时, $t_n\to 0$ 以及 $\|x_{n+1}-x_n\|\to 0$, 可得

$$\overline{\lim_{n\to\infty}}\langle (I-V)x,\ x_n - x\rangle \leqslant 0, \quad \forall x\in C.$$

注意到 $x_{n_j}\rightharpoonup \tilde{x}\,(j\to\infty)$, 可得

$$\langle (I-V)x, \tilde{x} - x\rangle \leqslant 0, \quad \forall x\in C.$$

因此 $\tilde{x}$ 是 $\mathrm{VI}(C, I-V)$ 的共轭变分不等式问题之解, 由于变分不等式问题与其共轭变分不等式问题同解, 所以 $\tilde{x}$ 也是 $\mathrm{VI}(C, I-V)$ 之解.

(4) 证明 $x_n\to x^*$, 这里 $x^* = (P_{\mathcal{S}}f)x^*$. 取子列 $\{x_{n_j}\}\subset\{x_n\}$, 使得

$$\overline{\lim_{n\to\infty}}\langle (I-f)x^*,\ x^* - x_n\rangle = \lim_{j\to\infty}\langle (I-f)x^*, x^* - x_{n_j}\rangle.$$

不妨设 $x_{n_j}\rightharpoonup \tilde{x}\,(j\to\infty)$. 则由于已证 $\tilde{x}\in\mathcal{S}$, 因此有

$$\begin{aligned}\overline{\lim_{n\to\infty}}\langle (I-f)x^*, x^* - x_n\rangle &= \lim_{j\to\infty}\langle (I-f)x^*, x^* - x_{n_j}\rangle\\ &= \langle (I-f)x^*, x^* - \tilde{x}\rangle \leqslant 0.\end{aligned}$$

利用 (5.39) 得到

$$\begin{aligned}&\|x_{n+1}-x^*\|^2\\ \leqslant& (1-(1-\rho)t_n)\,\|x_n - x^*\|\,\|x_{n+1}-x^*\| + t_n\langle f(x^*) - x^*, x_{n+1} - x^*\rangle\\ \leqslant& \frac{1}{2}(1-(1-\rho)t_n)\,(\|x_n - x^*\|^2 + \|x_{n+1}-x^*\|^2) + t_n\langle (I-f)x^*, x^* - x_{n+1}\rangle,\end{aligned}$$

进而有

$$\begin{aligned}&\|x_{n+1}-x^*\|^2\\ \leqslant& \frac{1-(1-\rho)t_n}{1+(1-\rho)t_n}\|x_n - x^*\|^2 + \frac{2t_n}{1+(1-\rho)t_n}\langle (I-f)x^*, x^* - x_{n+1}\rangle\\ =& (1-\lambda_n)\|x_n - x^*\|^2 + \lambda_n\delta_n,\end{aligned}$$

其中

$$\lambda_n = 1 - \frac{1-(1-\rho)t_n}{1+(1-\rho)t_n} = \frac{2(1-\rho)t_n}{1+(1-\rho)t_n} \to 0 \quad (n \to \infty),$$

$$\delta_n = \frac{1}{1-\rho}\langle (I-f)x^*, x^* - x_{n+1}\rangle.$$

由于显然 $\sum_{n=0}^{\infty} \lambda_n = +\infty$, 已证 $\overline{\lim_{n\to\infty}} \delta_n \leqslant 0$, 利用引理 2.2, 得到 $\|x_n - x^*\| \to 0 \ (n \to \infty)$. □

5.5 逆变分不等式

5.5.1 什么是逆变分不等式

逆变分不等式是变分不等式的一种变形, 最初是由 He 等 (见文献 [51, 52, 54]) 提出并开展研究的. 类似于经典的变分不等式, 逆变分不等式在诸如交通运输系统运行、控制策略以及电力网络管理等许多不同的领域得到了广泛的应用 [54].

设 C 是实 Hilbert 空间 $\mathcal{H}$ 的非空闭凸子集, $f : \mathcal{H} \to \mathcal{H}$ 是非线性算子. 所谓逆变分不等式问题就是要寻求向量 $\xi^* \in \mathcal{H}$, 使得

$$f(\xi^*) \in C, \ \langle \xi^*, v - f(\xi^*)\rangle \geqslant 0, \quad \forall\, v \in C. \tag{5.40}$$

今后, 我们将常常把逆变分不等式 (5.40) 简记为 $\mathrm{IVI}(C, f)$.

与变分不等式情形类似, 我们很容易把逆变分不等式问题归结为与之等价的一个非线性算子的不动点问题. 事实上, 由钝角原理容易看出 (5.40) 等价于

$$f(\xi^*) = P_C(f(\xi^*) - \beta\xi^*),$$

其中 $\beta > 0$ 是任一取定的常数. 因此, 逆变分不等式 $\mathrm{IVI}(C, f)$ 问题显然等价于算子

$$T := I - f + P_C(f - \beta I)$$

的不动点问题.

下面引理深刻地揭示了变分不等式和逆变分不等式的内在联系, 正因为这一原因, 我们可以把逆变分不等式看作变分不等式的一种变形.

引理 5.3 [55] 如果 $f : \mathcal{H} \to \mathcal{H}$ 是一一对应, 那么 $\xi^* \in \mathcal{H}$ 是 $\mathrm{IVI}(C, f)$ 的一个解当且仅当 $u^* = f(\xi^*) \in C$ 是 $\mathrm{VI}(C, f^{-1})$ 的一个解.

5.5.2 解的存在唯一性

在本小节, 我们介绍 He 和 Dong[57] 证明的 Lipschitz 连续的强单调逆变分不等式解的存在唯一性定理. 他们的证明充分地利用了引理 5.3. 为此, 我们先给出如下两个基本结论.

引理 5.4[57] *如果 $f:\mathcal{H}\to\mathcal{H}$ 是 Lipschitz 连续强单调算子, 那么 $f:\mathcal{H}\to\mathcal{H}$ 是一一对应. 从而 $f^{-1}:\mathcal{H}\to\mathcal{H}$ 是单值映射, 并且也是一一对应.*

证明 为了证明引理结论成立, 只需证明对任意取定的 $v\in\mathcal{H}$, 有且仅有一个 $u\in\mathcal{H}$ 使得 $f(u)=v$ 成立. 假设 L 和 η 是两个正的常数, f 是 L-Lipschitz 连续和 η-强单调的算子. 任选定常数 $\mu\in\left(0,\dfrac{2\eta}{L^2}\right)$, 并令 $T:=(I-\mu f)+\mu v$. 显然 $u\in\mathcal{H}$ 是方程 $f(u)=v$ 之解当且仅当 u 是 T 的不动点. 另一方面, 由引理 5.1 可知 T 是一个压缩映像, 从而 T 有唯一的不动点, 因此方程 $f(u)=v$ 有且仅有一个解. □

引理 5.5[57] *如果 $f:\mathcal{H}\to\mathcal{H}$ 是 L-Lipschitz 连续的 η-强单调算子, 那么 $f^{-1}:\mathcal{H}\to\mathcal{H}$ 是 $\dfrac{1}{\eta}$-Lipschitz 连续的 $\dfrac{\eta}{L^2}$-强单调算子.*

证明 由引理 5.4 可知, $f^{-1}:\mathcal{H}\to\mathcal{H}$ 是一一对应. 对任意取定的 $x,y\in\mathcal{H}$, 令 $f^{-1}(x)=u$, $f^{-1}(y)=v$, 则由 f 的强单调性可得

$$
\begin{aligned}
\|f^{-1}(x)-f^{-1}(y)\|^2 &= \|u-v\|^2\\
&\leqslant \frac{1}{\eta}\langle f(u)-f(v),u-v\rangle\\
&= \frac{1}{\eta}\langle x-y,f^{-1}(x)-f^{-1}(y)\rangle\\
&\leqslant \frac{1}{\eta}\|x-y\|\cdot\|f^{-1}(x)-f^{-1}(y)\|.
\end{aligned}
$$

因而有

$$\|f^{-1}(x)-f^{-1}(y)\|\leqslant\frac{1}{\eta}\|x-y\|,$$

即 f^{-1} 是 $\dfrac{1}{\eta}$-Lipschitz 连续算子.

另一方面, 注意到 f 是 L-Lipschitz 连续、η-强单调算子, 可得

$$\langle f^{-1}(x)-f^{-1}(y),x-y\rangle=\langle u-v,f(u)-f(v)\rangle$$

$$\geqslant \eta\|u-v\|^2$$
$$\geqslant \frac{\eta}{L^2}\|f(u)-f(v)\|^2 = \frac{\eta}{L^2}\|x-y\|^2,$$

这表明 f^{-1} 是 $\dfrac{\eta}{L^2}$-强单调算子. □

定理 5.16[57] 假设 C 是实 Hilbert 空间 $\mathcal{H}$ 的非空闭凸子集, $f:\mathcal{H}\to\mathcal{H}$ 是 L-Lipschitz 连续的 η-强单调算子. 则逆变分不等式 IVI(C,f) 有且仅有一个解.

证明 由引理 5.4 和引理 5.5 可知 f^{-1} 是单值的、$\dfrac{1}{\eta}$-Lipschitz 连续的、$\dfrac{\eta}{L^2}$-强单调的算子. 由此我们可以断定变分不等式 VI(C,f^{-1}) 有且仅有一个解. 再由引理 5.3 可知逆变分不等式 IVI(C,f) 有且仅有一个解. □

5.5.3 不精确梯度投影算法

2018 年, He 和 Dong[57] 针对 Lipschitz 连续的强单调逆变分不等式 IVI(C,f), 提出了不精确梯度投影算法, 证明了算法的强收敛性, 并且获得收敛速度估计.

我们先来概述不精确梯度投影算法的基本思想. 假设 C 是实 Hilbert 空间 $\mathcal{H}$ 的非空闭凸子集, $f:\mathcal{H}\to\mathcal{H}$ 是 L-Lipschitz 连续的 η-强单调算子, 其中 L 和 η 是两个正的常数. 利用定理 5.16, 我们可以断定逆变分不等式 IVI(C,f) 有唯一解 $\xi^*\in\mathcal{H}$. 根据引理 5.3, $u^*=f(\xi^*)\in C$ 是变分不等式 VI(C,f^{-1}) 的唯一解. 令 $\tilde{L}:=\dfrac{1}{\eta}$, $\tilde{\eta}:=\dfrac{\eta}{L^2}$. 任选定常数 μ 和 α 分别满足条件 $0<\mu<\dfrac{2\tilde{\eta}}{\tilde{L}^2}$ 和 $0<\alpha<\dfrac{2\eta}{L^2}$. 我们考虑如何设计一种迭代算法求出逆变分不等式 IVI(C,f) 的唯一解 ξ^*. 假如 f^{-1} 的解析表达式是已知的, 那么我们可以首先采用标准的梯度投影算法

$$u_{n+1}=P_C(u_n-\mu f^{-1}(u_n)),\quad n\geqslant 0, \tag{5.41}$$

求出变分不等式 VI(C,f^{-1}) 的唯一解 u^*, 然后利用 $\xi^*=f^{-1}(u^*)$ 计算出逆变分不等式 IVI(C,f) 的唯一解 ξ^*. 但是, 我们不可以假设 f^{-1} 的解析表达式是已知的, 除非算子 f 特别简单. 不精确投影投影算法的基本想法是: 任意取定 $u_0\in C$ 作为 u^* 的一个初始猜测值并开始这样一个迭代过程, 对当前迭代 u_n $(n\geqslant 0)$, 我们先通过求解一个不太复杂的子问题得到 $f^{-1}(u_n)$ 的一个近似值 ξ_n, 然后在 (5.41) 中以 ξ_n 代替 $f^{-1}(u_n)$, 得到下一步迭代 u_{n+1}, 如此循环下去. 通过这种方式, 我们得到两个序列 $\{u_n\}$ 和 $\{\xi_n\}$, 我们希望它们分别强收敛到 u^* 和 ξ^*. 不精确梯度投影算法也由此得名. 我们将看到, 为了得到 $f^{-1}(u_n)$ 的某种近似值 ξ_n 而需要解决的子问题归结为求某个压缩映像的不动点, 因而每步迭代需要解决的子问题并不复杂. 由于压缩映像的 Picard 迭代收敛速度较快, 所以解决子问题需要

的迭代次数很少. 为了在算法中给出子问题迭代次数控制规则, 我们需要选择一个正实数序列 $\{\varepsilon_n\}$ 满足条件 $\varepsilon_n \to 0\ (n \to \infty)$.

算法 5.4[57] (不精确梯度投影算法)

第 0 步: 任意选定 $u_0 \in C$ 和 $\xi_0^{(0)} \in \mathcal{H}$, 并令 $n := 0$.

第 1 步: 对当前迭代 u_n 和 $\xi_n^{(0)}\ (n \geqslant 0)$, 计算

$$\xi_n^{(m+1)} = \xi_n^{(m)} - \alpha f(\xi_n^{(m)}) + \alpha u_n, \quad m = 0, 1, \cdots, m_n, \tag{5.42}$$

其中, m_n 是满足条件

$$\frac{(1-\tau)^{m_n+1}}{\tau} \|\xi_n^{(1)} - \xi_n^{(0)}\| \leqslant \varepsilon_n \tag{5.43}$$

的最小正整数, $\tau := \dfrac{1}{2}\alpha(2\eta - \alpha L^2)$.

令

$$\xi_n := \xi_n^{(m_n+1)}. \tag{5.44}$$

第 2 步: 计算

$$u_{n+1} = P_C(u_n - \mu \xi_n), \tag{5.45}$$

令

$$\xi_{n+1}^{(0)} := \xi_n, \tag{5.46}$$

$n \leftarrow n+1$ 并转向第 1 步.

下面, 我们分析算法 5.4 的强收敛性.

定理 5.17[57] 设 C 是实 Hilbert 空间 $\mathcal{H}$ 的非空闭凸子集, $f: \mathcal{H} \to \mathcal{H}$ 是 L-Lipschitz 连续的 η-强单调算子. 则由算法 5.4 产生的两个迭代序列 $\{\xi_n\}$ 和 $\{u_n\}$ 分别强收敛于逆变分不等式 IVI(C, f) 的唯一解 ξ^* 和变分不等式 VI(C, f^{-1}) 的唯一解 u^*.

证明 首先, 对每个 $n \geqslant 0$ 和 $u_n \in C$, 我们定义映射 $T_n: \mathcal{H} \to \mathcal{H}$ 为

$$T_n(\xi) = (I - \alpha f)(\xi) + \alpha u_n, \quad \forall \xi \in \mathcal{H}. \tag{5.47}$$

由引理 5.1 可知, T_n 是一个压缩映像, 其压缩常数为 $1 - \tau$. 此外, 压缩映像原理保证当 $m \to \infty$ 时, 由 (5.42) 生成的迭代序列 $\{\xi_n^{(m)}\}$ 强收敛于 $f^{-1}(u_n)$, 并且有误差估计式

$$\|\xi_n^{(m)} - f^{-1}(u_n)\| \leqslant \frac{(1-\tau)^m}{\tau} \|\xi_n^{(1)} - \xi_n^{(0)}\|, \quad m \geqslant 1.$$

由 (5.44) 可知

$$\|\xi_n - f^{-1}(u_n)\| = \|\xi_n^{(m_n+1)} - f^{-1}(u_n)\| \leqslant \frac{(1-\tau)^{m_n+1}}{\tau}\|\xi_n^{(1)} - \xi_n^{(0)}\| \leqslant \varepsilon_n. \tag{5.48}$$

其次, 再一次利用引理 5.1, 我们可断定 $P_C(I - \mu f^{-1}) : C \to C$ 也是一个压缩映像, 其压缩常数为 $1 - \tilde{\tau}$, 这里 $\tilde{\tau} = \frac{1}{2}\mu(2\tilde{\eta} - \mu\tilde{L}^2)$. 基于这些事实并注意到 $u^* = P_C(u^* - \mu f^{-1}(u^*))$, 利用 (5.48) 得到

$$\begin{aligned}\|u_{n+1} - u^*\| &\leqslant \|P_C(u_n - \mu\xi_n) - P_C(u_n - \mu f^{-1}(u_n))\| \\ &\quad + \|P_C(u_n - \mu f^{-1}(u_n)) - P_C(u^* - \mu f^{-1}(u^*))\| \\ &\leqslant \mu\|\xi_n - f^{-1}(u_n)\| + (1-\tilde{\tau})\|u_n - u^*\| \\ &\leqslant (1-\tilde{\tau})\|u_n - u^*\| + \mu\varepsilon_n. \end{aligned} \tag{5.49}$$

应用引理 2.2 于 (5.49), 我们可断言当 $n \to \infty$ 时, $\|u_n - u^*\| \to 0$.

最后, 注意到 $\xi^* = f^{-1}(u^*)$ 以及 f^{-1} 是 $\tilde{L}$-Lipschitz 连续映像, 利用 (5.48) 可得

$$\begin{aligned}\|\xi_n - \xi^*\| &\leqslant \|\xi_n - f^{-1}(u_n)\| + \|f^{-1}(u_n) - \xi^*\| \\ &\leqslant \varepsilon_n + \|f^{-1}(u_n) - f^{-1}(u^*)\| \\ &\leqslant \varepsilon_n + \tilde{L}\|u_n - u^*\|. \end{aligned} \tag{5.50}$$

由 (5.50) 可断定当 $n \to \infty$ 时, $\|\xi_n - \xi^*\| \to 0$. □

关于算法 5.4 的收敛速度分析, 我们有如下结论.

定理 5.18[57] 在定理 5.17 中的假设条件下, 算法 5.4 成立如下收敛速度估计式:

$$\|u_n - u^*\| \leqslant (1-\tilde{\tau})^n\|u_0 - u^*\| + \mu\sum_{k=0}^{n-1}(1-\tilde{\tau})^{n-1-k}\varepsilon_k, \quad \forall n \geqslant 1 \tag{5.51}$$

和

$$\|\xi_n - \xi^*\| \leqslant \varepsilon_n + \tilde{L}\left\{(1-\tilde{\tau})^n\|u_0 - u^*\| + \mu\sum_{k=0}^{n-1}(1-\tilde{\tau})^{n-1-k}\varepsilon_k\right\}, \forall n \geqslant 1. \tag{5.52}$$

特别地, 如果我们选择 $\varepsilon_n = (1-\tilde{\tau})^{n+1}\,(n \geqslant 0)$, 则更成立

$$\|u_n - u^*\| \leqslant (\|u_0 - u^*\| + \mu n)\,(1-\tilde{\tau})^n, \quad \forall n \geqslant 1 \tag{5.53}$$

和

$$\|\xi_n - \xi^*\| \leqslant \left\{(1-\tilde{\tau}) + \tilde{L}\left[\|u_0 - u^*\| + \mu n\right]\right\}(1-\tilde{\tau})^n, \quad \forall n \geqslant 1. \tag{5.54}$$

证明 (5.51) 可通过反复使用 (5.49) 容易地得到. 综合 (5.51) 和 (5.50) 可得 (5.52). (5.53) 和 (5.54) 则可通过把 $\varepsilon_n = (1-\tilde{\tau})^{n+1}$ 分别代入 (5.51) 和 (5.52) 得到. □

5.6 练 习 题

练习 5.1 若 C 为闭球, $x^* \in \mathrm{bd}(C)$ 为 $\mathrm{VI}(C,F)$ 之解, 问向量 Fx^* 方向指向何处?

练习 5.2 证明当 $C = \mathcal{H}$ 时, 变分不等式问题 $\mathrm{VI}(C,F)$ 成为算子方程问题: 寻求 $x^* \in C$, 使得 $Fx^* = \mathbf{0}$.

练习 5.3 设 $x^* \in C$ 为 $\mathrm{VI}(C,F)$ 之解, 并且 x^* 为 C 的内点, 是否可断定 $Fx^* = \mathbf{0}$?

练习 5.4 设 $C \subset \mathcal{H}$ 是非空闭凸集, 若 $F: C \to \mathcal{H}$ 是连续算子, F 一定在 C 中沿线段弱连续吗?

练习 5.5 设 $F: C \to \mathcal{H}$ 是单调映像, 且在 C 中沿线段弱连续, 证明 $\mathrm{VI}(C,F)$ 之解集 $\mathcal{S}$ 是闭凸集.

练习 5.6 设 $\mathcal{H}$ 是一个实 Hilbert 空间, $C \subset \mathcal{H}$ 是非空闭凸子集, $F: C \to \mathcal{H}$ 为反强单调映像, 证明 F 是次闭的, 即如果 $\{x_n\} \subset C$ 满足 $x_n \rightharpoonup x_0, F(x_n) \to y_0$, 那么必然成立 $F(x_0) = y_0$.

练习 5.7 对于 η-强单调和 L-Lipschitz 连续算子的变分不等式问题 $\mathrm{VI}(C,F)$, 为了使得迭代格式 (5.4) 具有最快的收敛速度, 参数 λ 应当如何选取?

练习 5.8 设 $\mathcal{H}$ 为实 Hilbert 空间, C 是 $\mathcal{H}$ 的非空闭凸子集, 称 $T: C \to C$ 为强伪压缩映像, 如果存在常数 $\alpha \in (0,1)$, 使得

$$\langle x-y, Tx-Ty\rangle \leqslant \alpha\|x-y\|^2, \quad \forall x, y \in C.$$

试解答下列各问题:

(i) 举例说明强伪压缩映像未必连续;

(ii) 举例说明强伪压缩映像类与严格伪压缩映像类互不包含;

(iii) 若 $T: C \to C$ 是强伪压缩映像, 则其补算子 $I-T$ 是 C 上的强单调映像;

(iv) 若 $T: \mathcal{H} \to \mathcal{H}$ 是 Lipschitz 连续的强伪压缩映像, 则 T 在 $\mathcal{H}$ 中有唯一不动点, 并设计一种迭代算法用于求 T 的唯一不动点.

练习 5.9 设 $u\in\mathcal{H}$, $C=\{x\in\mathcal{H}:c(x)\leqslant 0\}$, $c:\mathcal{H}\to\mathbb{R}$ 为连续凸函数, 并且在 $\mathcal{H}$ 的任何有界子集上有界. 设序列 $\{x_n\}$ 由如下松弛投影计算格式产生:

$$\begin{cases}x_0\in\mathcal{H},\\ x_{n+1}=t_nu+(1-t_n)P_{C_n}x_n,\end{cases}$$

其中 $C_n=\{x\in\mathcal{H}:c(x_n)+\langle\xi_n,x-x_n\rangle\leqslant 0\}$, $\xi_n\in\partial c(x_n)$. 若参数序列 $\{t_n\}\subset(0,1)$ 满足条件:

(i) $t_n\to 0$ $(n\to\infty)$;

(ii) $\sum\limits_{n=0}^{\infty}t_n=+\infty$,

证明 $\{x_n\}$ 强收敛到 P_Cu.

练习 5.10 问计算格式 (5.20) 能够归入 Mann 迭代格式吗?

练习 5.11 写出定理 5.12 的详细证明.

第 6 章　一般单调变分不等式解的迭代算法

6.1　极大单调算子

6.1.1　极大单调算子的概念

设 $\mathcal{H}$ 是实 Hilbert 空间, 我们已经对映 $\mathcal{H}$ 入 $\mathcal{H}$ 的单值算子定义了单调算子的概念, 实际上单调算子的概念完全可以推广到映 $\mathcal{H}$ 入其幂集 $2^{\mathcal{H}}$ 的集值映像.

在本节, 设 $A:\mathcal{H}\to 2^{\mathcal{H}}$ 是集值映像, 其定义域和值域分别表示为

$$\mathrm{dom}(A)=\{x\in\mathcal{H}:Ax\neq\varnothing\},\quad \mathrm{ran}(A)=\{y\in\mathcal{H}:y\in Ax,x\in\mathrm{dom}(A)\}.$$

称 $\mathcal{H}\times\mathcal{H}$ 中集合

$$\mathrm{gra}(A)=\{(x,y)\in\mathcal{H}\times\mathcal{H}:x\in\mathrm{dom}(A),\quad y\in Ax\}$$

为算子 A 的图像.

定义 6.1 (单调算子)　若对任意 x_1, $x_2\in\mathrm{dom}(A)$ 以及任意 $y_1\in Ax_1$, $y_2\in Ax_2$ 恒有

$$\langle y_2-y_1,x_2-x_1\rangle\geqslant 0,$$

则称 A 是单调算子.

定义 6.2 (极大单调算子)　称单调算子 $A:\mathcal{H}\to 2^{\mathcal{H}}$ 是极大的, 如果其图像不是任何一个单调算子图像的真子集, 即如果 $B:\mathcal{H}\to 2^{\mathcal{H}}$ 是一个单调算子, 并且 $\mathrm{gra}(A)\subset\mathrm{gra}(B)$, 则必有 $\mathrm{gra}(A)=\mathrm{gra}(B)$.

由极大单调算子的定义容易理解, 单调算子 $A:\mathcal{H}\to 2^{\mathcal{H}}$ 是极大的充分必要条件是: 对于 $(x',y')\in\mathcal{H}\times\mathcal{H}$, 若对任何 $(x,y)\in\mathrm{gra}(A)$ 都有

$$\langle x'-x,y'-y\rangle\geqslant 0,$$

则必有 $(x',y')\in\mathrm{gra}(A)$.

命题 6.1　若 $A:\mathcal{H}\to 2^{\mathcal{H}}$ 是极大单调算子, 则对任给 $x\in\mathrm{dom}(A)$, Ax 是 $\mathcal{H}$ 的闭凸子集.

证明 先证 Ax 是凸集. 任取 $y_1, y_2 \in Ax$, $t \in (0,1)$, 来证 $(1-t)y_1 + ty_2 \in Ax$. 记 $y = (1-t)y_1 + ty_2$, 任取 $(x', y') \in \text{gra}(A)$, 注意到 (x, y_1), $(x, y_2) \in \text{gra}(A)$, 容易看出

$$\langle y - y', x - x' \rangle = (1-t)\langle y_1 - y', x - x' \rangle + t\langle y_2 - y', x - x' \rangle \geqslant 0,$$

由 A 的极大单调性可断定 $(x, y) \in \text{gra}(A)$, 即 $y \in Ax$.

再证 Ax 是闭集. 设 $\{y_n\} \subset Ax$, 且 $y_n \to \bar{y}$, 来证 $\bar{y} \in Ax$. 任取 $(x', y') \in \text{gra}(A)$, 因为 $(x, y_n) \in \text{gra}(A)$, 所以有

$$\langle x' - x, y' - y_n \rangle \geqslant 0.$$

令 $n \to \infty$ 可得

$$\langle x' - x, y' - \bar{y} \rangle \geqslant 0,$$

由 A 的极大单调性可断定 $(x, \bar{y}) \in \text{gra}(A)$, 即 $\bar{y} \in Ax$. □

定义 6.3 (沿线段弱连续) 设 $A : \mathcal{H} \to 2^{\mathcal{H}}$ 是算子并且 $\text{dom}(A)$ 为非空凸集, $x_0 \in \text{dom}(A)$. 若对每个 $z \in \text{dom}(A)$, 都存在 $\overline{y} \in Ax_0$ 以及 $y_t \in A((1-t)x_0 + tz)$, $t \in (0,1]$, 使得当 $t \to 0^+$ 时, $y_t \rightharpoonup \overline{y}$, 则称 A 在 x_0 点沿线段弱连续. 若 A 在 $\text{dom}(A)$ 中每一点沿线段弱连续, 则称 A 沿线段弱连续.

定理 6.1 假设 $A : \mathcal{H} \to 2^{\mathcal{H}}$ 是单调算子, 并且对每个 $x \in \mathcal{H}$, Ax 是 $\mathcal{H}$ 中的非空闭凸子集, 又假设 A 沿线段弱连续, 则 A 是极大单调算子.

证明 为证 A 是极大单调算子, 只需证: 对于 $(x', y') \in \mathcal{H} \times \mathcal{H}$, 若

$$\langle x - x', y - y' \rangle \geqslant 0, \quad \forall (x, y) \in \text{gra}(A), \tag{6.1}$$

则有 $(x', y') \in \text{gra}(A)$. 以下用反证法证明.

假设 $(x', y') \notin \text{gra}(A)$, 即 $y' \notin Ax'$, 则由泛函分析中凸集分离定理, 存在某 $u \in \mathcal{H}$, 使得 $\langle y', u \rangle > \sup\{\langle z, u \rangle : z \in Ax'\}$. 由于 A 沿线段弱连续, 所以存在 $\bar{y} \in Ax'$ 以及 $y_t \in A(x' + tu)$, $t \in (0,1]$, 使得当 $t \to 0^+$ 时, $y_t \rightharpoonup \bar{y}$. 在 (6.1) 中以 $x' + tu$ 代替 x, 以 y_t 代替 y 得到

$$t\langle u, y_t - y' \rangle \geqslant 0, \quad \forall t \in (0,1].$$

从而有

$$\langle u, y_t - y' \rangle \geqslant 0, \quad \forall t \in (0,1]. \tag{6.2}$$

在 (6.2) 中令 $t \to 0^+$ 得到

$$\langle u, \bar{y} - y' \rangle \geqslant 0.$$

于是有

$$\langle \bar{y}, u\rangle \geqslant \langle y', u\rangle > \sup\{\langle z, u\rangle : z \in Ax'\} \geqslant \langle \bar{y}, u\rangle,$$

但这是一个矛盾不等式. □

作为定理 6.1 的一个直接应用, 容易得到如下结论.

命题 6.2 (i) *若 $T: \mathcal{H} \to \mathcal{H}$ 是非扩张映像, 则其补算子 $I - T$ 是极大单调算子;*

(ii) *度量投影算子是极大单调算子.*

因为集值映像不易处理, 所以需要把集值映像转化为单值映像来处理, 单调算子的预解式就是为了达到这一目的而提出来的. 我们先给出算子单调的一个充要条件作为讨论预解式的工具.

引理 6.1 *$A: \mathcal{H} \to 2^{\mathcal{H}}$ 是单调算子的充要条件是*

$$\|x_2 - x_1\| \leqslant \|x_2 - x_1 + \lambda(y_2 - y_1)\|, \quad \forall (x_1, y_1), (x_2, y_2) \in \mathrm{gra}(A),\ \forall \lambda > 0. \quad (6.3)$$

证明 若 A 是单调算子, 则有

$$\langle x_2 - x_1, y_2 - y_1\rangle \geqslant 0, \quad \forall (x_1, y_1), (x_2, y_2) \in \mathrm{gra}(A).$$

于是有

$$\begin{aligned} &\|x_2 - x_1 + \lambda(y_2 - y_1)\|^2 \\ = &\|x_2 - x_1\|^2 + 2\lambda\langle x_2 - x_1, y_2 - y_1\rangle + \lambda^2\|y_2 - y_1\|^2 \\ \geqslant &\|x_2 - x_1\|^2, \end{aligned} \quad (6.4)$$

从而 (6.3) 成立. 反之若 (6.3) 成立, 则由 (6.4) 得到

$$\langle x_2 - x_1, y_2 - y_1\rangle \geqslant -\frac{\lambda}{2}\|y_2 - y_1\|^2. \quad (6.5)$$

在 (6.5) 中令 $\lambda \to 0^+$ 可得

$$\langle x_2 - x_1, y_2 - y_1\rangle \geqslant 0, \quad \forall (x_1, y_1), (x_2, y_2) \in \mathrm{gra}(A),$$

这表明 A 是单调算子. □

定义 6.4 (预解式) *对于算子 $A: \mathcal{H} \to 2^{\mathcal{H}}$, 任取定常数 $\lambda > 0$, 称算子 $J_\lambda^A := (I + \lambda A)^{-1}$ 为算子 A 的预解式.*

关于单调算子、极大单调算子与其预解式的内在联系, 有如下基本结果.

定理 6.2 (i) $A:\mathcal{H}\to 2^{\mathcal{H}}$ 是单调算子的充要条件是: J_λ^A 是单值算子, 并且是 $\operatorname{ran}(I+\lambda A)$ 上的 firmly 非扩张映像.

(ii) $A:\mathcal{H}\to 2^{\mathcal{H}}$ 是极大单调算子的充要条件是: J_λ^A 是单值的、firmly 非扩张映像, 并且 $\operatorname{ran}(I+\lambda A)=\mathcal{H}$.

证明 (i) (必要性) 设 A 是单调的, 先证 J_λ^A 是单值算子. 任取 $y_i\in J_\lambda^A x$, $i=1,2$, 则有 $y_i\in(I+\lambda A)^{-1}x$, 于是有 $x\in(I+\lambda A)y_i$, 进而有 $\dfrac{x-y_i}{\lambda}\in Ay_i, i=1,2$. 再由算子 A 的单调性可得

$$-\frac{1}{\lambda}\|y_2-y_1\|^2=\left\langle\frac{x-y_1}{\lambda}-\frac{x-y_2}{\lambda},y_1-y_2\right\rangle\geqslant 0,$$

由此可断定 $y_1=y_2$.

再证 J_λ^A 是 firmly 非扩张的. 任取 $y_i=J_\lambda^A x_i$, $i=1,2$, 则有 $\dfrac{x_i-y_i}{\lambda}\in Ay_i$, $i=1,2$. 由 A 的单调性可知

$$\left\langle\frac{x_1-y_1}{\lambda}-\frac{x_2-y_2}{\lambda},y_1-y_2\right\rangle\geqslant 0,$$

于是有

$$\|y_1-y_2\|^2\leqslant\langle x_1-x_2,y_1-y_2\rangle,$$

亦即

$$\|J_\lambda^A x_1-J_\lambda^A x_2\|^2\leqslant\langle x_1-x_2,J_\lambda^A x_1-J_\lambda^A x_2\rangle. \tag{6.6}$$

(6.6) 表明 J_λ^A 是 firmly 非扩张映像.

(充分性) 设 J_λ^A 是单值的并且是 firmly 非扩张映像, 来证 A 是单调算子. 任取 $y_i\in Ax_i$, $i=1,2$, 则有 $x_i+\lambda y_i\in x_i+\lambda Ax_i=(I+\lambda A)x_i$, $i=1,2$. 进而有 $x_i=J_\lambda^A(x_i+\lambda y_i)$, $i=1,2$. 由算子 J_λ^A 的非扩张性立得

$$\begin{aligned}\|x_1-x_2\|&=\|J_\lambda^A(x_1+\lambda y_1)-J_\lambda^A(x_2+\lambda y_2)\|\\&\leqslant\|(x_1-x_2)+\lambda(y_1-y_2)\|.\end{aligned}$$

由引理 6.1 可知 A 是单调算子.

(ii)(必要性) 由 (i) 之证明显然 J_λ^A 是单值的并且是 firmly 非扩张映像, 至于 $\operatorname{ran}(I+\lambda A)=\mathcal{H}$ 的证明比较复杂, 此处从略, 证明细节参见 [9], 第 369 页.

(充分性) 假设 J_λ^A 是单值的、firmly 非扩张映像, 并且 $\operatorname{ran}(I+\lambda A)=\mathcal{H}$, 来证 A 是极大单调的.

假设 $(x',y')\in\mathcal{H}\times\mathcal{H}$ 满足条件

$$\langle x'-x,y'-y\rangle\geqslant 0,\quad \forall(x,y)\in\operatorname{gra}(A),\tag{6.7}$$

来证 $(x',y')\in\operatorname{gra}(A)$. 事实上, 因为 $\operatorname{ran}(I+\lambda A)=\mathcal{H}$, 所以 $x'+\lambda y'\in\operatorname{ran}(I+\lambda A)$. 于是存在 $x''\in\operatorname{dom}(A)$, 以及 $y''\in Ax''$ 使得 $x''+\lambda y''=x'+\lambda y'$. 由 (6.7) 可得

$$\begin{aligned}-\lambda\|y'-y''\|^2&=\langle\lambda(y''-y'),y'-y''\rangle\\&=\langle x'-x'',y'-y''\rangle\geqslant 0,\end{aligned}$$

于是有 $y'=y''$, $x'=x''$, 进而可断定 $(x',y')\in\operatorname{gra}(A)$. □

显然成立如下结果.

命题 6.3 设 $\varphi\in\Gamma_0(\mathcal{H})$, 则对任意 $\lambda>0$ 成立

$$\operatorname{Fix}(J_\lambda^{\partial\varphi})=\operatorname{Zero}(\partial\varphi)=\operatorname{Arg}\min_{x\in\mathcal{H}}\varphi(x),$$

其中 $\operatorname{Zero}(\partial\varphi):=\{x\in\mathcal{H}:\mathbf{0}\in\partial\varphi(x)\}$.

命题 6.3 的结果是凸优化问题迭代算法设计的重要依据.

定理 6.3 设 $f\in\Gamma_0(\mathcal{H})$, 则 ∂f 是极大单调算子.

证明 由定理 6.2 可知, 为证 ∂f 是极大单调算子, 只需证明: (i) ∂f 是单调算子; (ii) $\operatorname{ran}(I+\lambda\partial f)=\mathcal{H}$ 对任意 $\lambda>0$ 均成立.

任取 $x,y\in\operatorname{dom}(\partial f)$, 任取 $\xi\in\partial f(x)$, $\eta\in\partial f(y)$, 来证

$$\langle y-x,\eta-\xi\rangle\geqslant 0.\tag{6.8}$$

事实上, 由次微分不等式可得

$$f(u)\geqslant f(x)+\langle\xi,u-x\rangle,\quad\forall u\in\mathcal{H},$$

特别地有

$$f(y)\geqslant f(x)+\langle\xi,y-x\rangle,$$

同理有

$$f(x)\geqslant f(y)+\langle\eta,x-y\rangle.$$

以上两式相加易得 (6.8), 从而 ∂f 是单调算子.

任取定 $z\in\mathcal{H}$, 我们寻求 $x_0\in\mathcal{H}$, 使得 $z\in x_0+\lambda\partial f(x_0)$. 令

$$\varphi(x)=\frac{1}{2}\|x\|^2+\lambda f(x)-\langle z,x\rangle,\quad\forall x\in\mathcal{H},$$

因为 φ 显然是强制的下半连续的真凸函数, 所以存在 $x_0 \in \mathrm{dom}(\varphi)$ 使得

$$\varphi(x_0) = \min_{x \in \mathcal{H}} \varphi(x).$$

从而有

$$\mathbf{0} \in \partial\varphi(x_0) = x_0 + \lambda\partial f(x_0) - z,$$

进而有

$$z \in x_0 + \lambda\partial f(x_0) = (I + \lambda\partial f)(x_0).$$ □

注 6.1 凸函数的次微分是极大单调算子, 但极大单调算子未必是某个凸函数的次微分, 二者之间有多大差别至今仍然是一个未解决的问题.

定理 6.4 若 $A : \mathcal{H} \to 2^{\mathcal{H}}$ 是极大单调算子, 则其图像 $\mathrm{gra}(A) = \{(x, y) : y \in Ax\} \subset \mathcal{H} \times \mathcal{H}$ 是次闭的, 即对任意序列 $\{(x_n, y_n)\} \subset \mathrm{gra}(A)$, 只要 $x_n \rightharpoonup \bar{x}, y_n \to \bar{y}$, 就有 $(\bar{x}, \bar{y}) \in \mathrm{gra}(A)$.

证明 任取 $(x, y) \in \mathrm{gra}(A)$, 由于 $(x_n, y_n) \in \mathrm{gra}(A)$, A 是单调算子, 所以有

$$\langle x_n - x, y_n - y \rangle \geqslant 0, \quad \forall n \geqslant 1. \tag{6.9}$$

又因为 $x_n \rightharpoonup \bar{x}$, $y_n \to \bar{y}$, 所以在 (6.9) 中令 $n \to \infty$ 得到

$$\langle \bar{x} - x, \bar{y} - y \rangle = \lim_{n \to \infty} \langle x_n - x, y_n - y \rangle \geqslant 0, \tag{6.10}$$

因为 A 是极大单调算子, 所以由 (6.10) 可知

$$(\bar{x}, \bar{y}) \in \mathrm{gra}(A).$$ □

注 6.2 定理 6.4 中 $x_n \rightharpoonup \bar{x}$, $y_n \to \bar{y}$ 可以改为 $x_n \to \bar{x}$, $y_n \rightharpoonup \bar{y}$, 即 $\rightharpoonup$ 和 $\to$ 可交换. 这是因为当 A 是极大单调算子时, A^{-1} 也是极大单调算子.

定理 6.5 (预解式恒等式) 假设 $A : \mathcal{H} \to 2^{\mathcal{H}}$ 是极大单调算子, 则

$$J_\lambda^A x = J_\mu^A \left(\frac{\mu}{\lambda} x + \left(1 - \frac{\mu}{\lambda}\right) J_\lambda^A x \right), \quad \forall x \in \mathcal{H},\ \forall \lambda,\ \mu > 0. \tag{6.11}$$

证明 任取定 $x \in \mathcal{H}$ 以及常数 $\lambda, \mu > 0$, 记 $y = J_\lambda^A x$, 以及

$$\begin{aligned} z &= \frac{\mu}{\lambda} x + \left(1 - \frac{\mu}{\lambda}\right) J_\lambda^A x \\ &= \frac{\mu}{\lambda} x + \left(1 - \frac{\mu}{\lambda}\right) y, \end{aligned}$$

我们要证 $y = J_\mu^A z$ 成立.

事实上, 由 $y = J_\lambda^A x = (I+\lambda A)^{-1}x$ 可得 $x \in (I+\lambda A)y$, 从而 $\dfrac{x-y}{\lambda} \in Ay$. 另一方面, 注意到

$$\frac{z-y}{\mu} = \frac{x-y}{\lambda} \in Ay,$$

故有 $z \in y + \mu Ay = (I+\mu A)y$, 即 $y = (I+\mu A)^{-1}z = J_\mu^A z$. □

6.1.2 闭凸集的法锥

定义 6.5 (法锥)　设 $C \subset \mathcal{H}$ 为非空闭凸集, 对任意给定的 $v \in C$, 称集合

$$N_C(v) = \{\omega \in \mathcal{H} : \langle \omega, v-u \rangle \geqslant 0, \forall u \in C\}$$

为 C 在 v 点的法锥.

定理 6.6　设 $C \subset \mathcal{H}$ 为非空闭凸集, 对任意的 $v \in \mathrm{int}(C)$, 必有 $N_C(v) = \{\mathbf{0}\}$.

证明　明显 $\{\mathbf{0}\} \subset N_C(v)$. 反之, $\forall \omega \in N_C(v)$, 则 $\forall u \in C$, 成立 $\langle \omega, v-u \rangle \geqslant 0$, 由于 v 是 C 的内点, 所以可取充分小的常数 $\varepsilon > 0$ 使得 $v+\varepsilon\omega \in C$. 令 $u = v+\varepsilon\omega$, 则有

$$\langle \omega, -\varepsilon\omega \rangle \geqslant 0,$$

从而 $\|\omega\|^2 \leqslant 0$, $\omega = \mathbf{0}$. 因此有 $N_C(v) \subset \{\mathbf{0}\}$, 进而可断定 $N_C(v) = \{\mathbf{0}\}$. □

例 6.1　令 $\mathcal{H} = \mathbb{R}^2$, $C = \{v \in \mathbb{R}^2 : \|v\| \leqslant r\}$, 其中 $r > 0$ 为任一取定常数. 对任意 $v \in \mathrm{bd}(C)$, 由法锥定义易于验证

$$\begin{aligned} N_C(v) &= \{\omega \in \mathbb{R}^2 : \langle \omega, v-u \rangle \geqslant 0, \forall u \in C\} \\ &= \{\alpha v : \alpha \geqslant 0\}. \end{aligned}$$

例 6.2　令 $\mathcal{H} = \mathbb{R}^2$, $C = \left\{v \in \mathbb{R}^2 : \|v\|_\infty \leqslant r\right\}$, 其中 $r > 0$ 为取定常数. 对于 $v_0 = (r,r)^{\mathrm{T}}$, 由法锥定义, 容易验证

$$N_C(v_0) = \{\omega = (\omega_1, \omega_2)^{\mathrm{T}} : \omega_1 \geqslant 0, \omega_2 \geqslant 0\}.$$

例 6.3　设 $C \subset \mathcal{H}$ 为非空闭凸集, 容易验证 C 的指示函数

$$\iota_C(x) = \begin{cases} 0, & x \in C, \\ +\infty, & x \notin C \end{cases}$$

的次微分

$$\partial\iota_C(x) = \begin{cases} N_C(x), & x \in C, \\ \varnothing, & x \notin C. \end{cases} \tag{6.12}$$

事实上, (6.12) 由下列互相等价的关系式立得. 对任意取定的 $x \in C$ 以及 $\xi \in \mathcal{H}$,

$$\begin{aligned}\xi \in \partial \iota_C(x) &\Leftrightarrow \iota_C(y) \geqslant \iota_C(x) + \langle \xi, y - x\rangle, \quad \forall y \in C \\ &\Leftrightarrow 0 \geqslant \langle \xi, y - x\rangle, \quad \forall y \in C \\ &\Leftrightarrow \langle \xi, x - y\rangle \geqslant 0, \quad \forall y \in C \\ &\Leftrightarrow \xi \in N_C(x).\end{aligned}$$

所以

$$\partial \iota_C(x) = N_C(x), \quad \forall x \in C.$$

6.1.3 极大单调算子与变分不等式的关系

利用极大单调算子可以刻画单调变分不等式. 设 C 是 $\mathcal{H}$ 的非空闭凸子集, $F: C \to \mathcal{H}$ 是单调算子, 考虑变分不等式 VI(C, F) 问题: 寻求 $x^* \in C$, 使得

$$\langle Fx^*, x - x^*\rangle \geqslant 0, \quad \forall x \in C. \tag{6.13}$$

定理 6.7 定义算子 $A: \mathcal{H} \to 2^{\mathcal{H}}$ 如下:

$$Av = \begin{cases} Fv + N_C(v), & v \in C, \\ \varnothing, & v \notin C. \end{cases}$$

则 A 是一个极大单调算子, 并且 $v \in C$ 是问题 (6.13) 之解的充要条件是 $\mathbf{0} \in Av$.

证明 我们只证后一结论, 前一结论证明见 [105]. 事实上, 以下一系列命题都是等价的:

$$\begin{aligned} v \text{ 是问题 (6.13) 的解} &\Leftrightarrow \langle Fv, u - v\rangle \geqslant 0, \forall u \in C \\ &\Leftrightarrow \langle -Fv, v - u\rangle \geqslant 0, \forall u \in C \\ &\Leftrightarrow -Fv \in N_C(v) \\ &\Leftrightarrow \mathbf{0} \in Fv + N_C(v) \\ &\Leftrightarrow \mathbf{0} \in Av. \end{aligned}$$

□

6.2　单调变分不等式的外梯度方法及其推广

6.2.1　Fejér 单调序列的收敛性

引理 6.2[112]　设 $\mathcal{H}$ 是实 Hilbert 空间, D 是 $\mathcal{H}$ 的非空闭凸子集. 若序列 $\{x_n\} \subset \mathcal{H}$ 满足条件:

$$\|x_{n+1} - u\| \leqslant \|x_n - u\|, \quad \forall u \in D, \forall n \geqslant 0, \tag{6.14}$$

则 $\{P_D x_n\}$ 强收敛于 D 中某一点.

证明　记 $u_n = P_D x_n$, 则对任意自然数 $m > n$, 由平行四边形公式以及 (6.14) 可得

$$\begin{aligned}
\|u_m - u_n\|^2 &= 2\|x_m - u_m\|^2 + 2\|x_m - u_n\|^2 - \|2x_m - (u_m + u_n)\|^2 \\
&= 2\|x_m - u_m\|^2 + 2\|x_m - u_n\|^2 - 4\left\|x_m - \frac{1}{2}(u_m + u_n)\right\|^2 \\
&\leqslant 2\|x_m - u_m\|^2 + 2\|x_m - u_n\|^2 - 4\|x_m - u_m\|^2 \\
&= 2\left(\|x_m - u_n\|^2 - \|x_m - u_m\|^2\right) \\
&\leqslant 2\left(\|x_n - u_n\|^2 - \|x_m - u_m\|^2\right).
\end{aligned} \tag{6.15}$$

因为

$$\|x_m - u_m\|^2 \leqslant \|x_n - u_n\|^2,$$

所以 $\lim\limits_{n\to\infty} \|x_n - u_n\|^2$ 存在. 在 (6.15) 中令 $m, n \to \infty$ 可知 $\lim\limits_{m,n\to\infty} \|u_m - u_n\|^2 = 0$, 从而 $\{u_n\}$ 是 D 中 Cauchy 列, 所以存在 $\xi \in D$, 使得 $u_n \to \xi\,(n \to \infty)$. □

6.2.2　外梯度方法及其推广

设 $C \subset \mathbb{R}^m$ 为非空闭凸集, $F: C \to \mathcal{H}$ 为单调的 L-Lipschitz 连续映像. 假设变分不等式问题 $\mathrm{VI}(C, F)$ 的解集非空. 为求解 $\mathrm{VI}(C, F)$, 1976 年, Korpelevich[78] 提出如下外梯度方法: 任取定 $x_0 \in C$,

$$\begin{cases}
\bar{x}_n = P_C\left(x_n - \lambda F x_n\right), & n \geqslant 0, \\
x_{n+1} = P_C(x_n - \lambda F \bar{x}_n), & n \geqslant 0,
\end{cases} \tag{6.16}$$

其中常数 $\lambda \in \left(0, \dfrac{1}{L}\right)$. Korpelevich 证明了由 (6.16) 产生的序列 $\{x_n\}$ 和 $\{\bar{x}_n\}$ 收敛于变分不等式 $\mathrm{VI}(C, F)$ 问题的同一个解.

注 6.3 外梯度算法 (6.16) 的每一步迭代又分为两步, 第 1 步

$$\bar{x}_n = P_C\left(x_n - \lambda F x_n\right)$$

称为“预估步”, 即先给 x_{n+1} 的一个较粗略估计值 $\bar{x}_n$, 第 2 步

$$x_{n+1} = P_C\left(x_n - \lambda F \bar{x}_n\right)$$

称为“校正步”, 即对 $\bar{x}_n$ 进行校正改进, 得到下一步迭代 x_{n+1}.

2006 年, Nadezhkina 和 Takahashi[93] 基于外梯度方法 (6.16), 提出更为一般的算法用于求一般 Hilbert 空间框架下一个变分不等式的解集与一个非扩张映像不动点集的公共元素, 其主要结果如下.

定理 6.8[93] 设 $\mathcal{H}$ 是实 Hilbert 空间, $C \subset \mathcal{H}$ 是非空闭凸集, $F: C \to \mathcal{H}$ 为单调的 L-Lipschitz 连续映像. 又设 $V: C \to C$ 为非扩张映像, 并且 $\mathrm{Fix}(V) \cap \mathcal{S} \neq \varnothing$, 这里 $\mathcal{S}$ 表示变分不等式 $\mathrm{VI}(C, F)$ 的解集. 假设序列 $\{x_n\}$, $\{y_n\}$ 由如下格式产生: 任取定 $x_0 \in C$,

$$\begin{cases} y_n = P_C(x_n - \lambda_n F x_n), & n \geqslant 0, \\ x_{n+1} = \alpha_n x_n + (1-\alpha_n) V P_C\left(x_n - \lambda_n F y_n\right), & n \geqslant 0, \end{cases} \tag{6.17}$$

其中 $\{\lambda_n\} \subset [a, b] \subset \left(0, \dfrac{1}{L}\right)$, $\{\alpha_n\} \subset [c, d] \subset (0, 1)$, $a, b \in \left(0, \dfrac{1}{L}\right)$ 以及 $c, d \in (0, 1)$ 为常数, 则 $\{x_n\}$ 和 $\{y_n\}$ 弱收敛于某一点 $\xi \in \mathrm{Fix}(V) \cap \mathcal{S}$, 并且 $\{P_{\mathrm{Fix}(V)\cap\mathcal{S}} x_n\}$ 强收敛于 ξ.

证明 记 $t_n = P_C\left(x_n - \lambda_n F y_n\right)$, $n \geqslant 0$. 任取 $u \in \mathrm{Fix}(V) \cap \mathcal{S}$, 由投影算子的基本性质, 得到

$$\begin{aligned} \|t_n - u\|^2 \leqslant & \|x_n - \lambda_n F y_n - u\|^2 - \|x_n - \lambda_n F y_n - t_n\|^2 \\ = & \|x_n - u\|^2 - \|x_n - t_n\|^2 + 2\lambda_n \left\langle F y_n, u - t_n\right\rangle \\ = & \|x_n - u\|^2 - \|x_n - t_n\|^2 + 2\lambda_n (\langle F y_n - F u, u - y_n\rangle \\ & + \langle F u, u - y_n\rangle + \langle F y_n, y_n - t_n\rangle). \end{aligned}$$

由 F 的单调性以及 $u \in \mathcal{S}$ 可得

$$\begin{aligned} \|t_n - u\|^2 & \leqslant \|x_n - u\|^2 - \|x_n - t_n\|^2 + 2\lambda_n \langle F y_n, y_n - t_n\rangle \\ & = \|x_n - u\|^2 - \|x_n - y_n\|^2 - 2\langle x_n - y_n, y_n - t_n\rangle \end{aligned}$$

$$
\begin{aligned}
&-\|y_n-t_n\|^2+2\lambda_n\langle Fy_n, y_n-t_n\rangle \\
&=\|x_n-u\|^2-\|x_n-y_n\|^2-\|y_n-t_n\|^2 \\
&\quad+2\langle x_n-\lambda_n Fy_n-y_n, t_n-y_n\rangle.
\end{aligned}
$$

另一方面, 由钝角原理可得

$$
\begin{aligned}
&\langle x_n-\lambda_n Fy_n-y_n, t_n-y_n\rangle \\
&=\langle x_n-\lambda_n Fx_n-y_n, t_n-y_n\rangle+\langle \lambda_n Fx_n-\lambda_n Fy_n, t_n-y_n\rangle \\
&\leqslant \lambda_n\langle Fx_n-Fy_n, t_n-y_n\rangle \\
&\leqslant \lambda_n L\|x_n-y_n\|\cdot\|t_n-y_n\|.
\end{aligned}
$$

综合以上两式, 我们得到

$$
\begin{aligned}
\|t_n-u\|^2 &\leqslant \|x_n-u\|^2-\|x_n-y_n\|^2-\|y_n-t_n\|^2 \\
&\quad+2\lambda_n L\|x_n-y_n\|\cdot\|y_n-t_n\| \\
&\leqslant \|x_n-u\|^2-\|x_n-y_n\|^2-\|y_n-t_n\|^2 \\
&\quad+{\lambda_n}^2L^2\|x_n-y_n\|^2+\|y_n-t_n\|^2 \\
&=\|x_n-u\|^2+\left({\lambda_n}^2L^2-1\right)\|x_n-y_n\|^2.
\end{aligned}
$$

进而我们还可以得到

$$
\begin{aligned}
\|x_{n+1}-u\|^2 &= \|\alpha_n x_n+(1-\alpha_n)Vt_n-u\|^2 \\
&=\|\alpha_n(x_n-u)+(1-\alpha_n)(Vt_n-u)\|^2 \\
&=\alpha_n\|x_n-u\|^2+(1-\alpha_n)\|Vt_n-u\|^2 \\
&\quad-\alpha_n(1-\alpha_n)\|x_n-Vt_n\|^2 \\
&\leqslant \alpha_n\|x_n-u\|^2+(1-\alpha_n)\|t_n-u\|^2 \\
&\quad-\alpha_n(1-\alpha_n)\|x_n-Vt_n\|^2 \\
&\leqslant \|x_n-u\|^2-(1-\alpha_n)\left(1-{\lambda_n}^2L^2\right)\|x_n-y_n\|^2 \\
&\quad-\alpha_n(1-\alpha_n)\|x_n-Vt_n\|^2 \\
&\leqslant \|x_n-u\|^2.
\end{aligned}
$$

于是, 有

$$\begin{aligned}&(1-\alpha_n)\left(1-{\lambda_n}^2L^2\right)\|x_n-y_n\|^2+\alpha_n(1-\alpha_n)\|x_n-Vt_n\|^2\\ \leqslant\ &\|x_n-u\|^2-\|x_{n+1}-u\|^2.\end{aligned} \tag{6.18}$$

由 (6.18) 以及关于 $\{\lambda_n\}$, $\{\alpha_n\}$ 的已知条件可断定

$$\lim_{n\to\infty}\|x_n-u\|^2 \tag{6.19}$$

存在, 且有

$$x_n-y_n\to\mathbf{0}\quad(n\to\infty) \tag{6.20}$$

和

$$x_n-Vt_n\to\mathbf{0}\quad(n\to\infty). \tag{6.21}$$

进一步, 我们有

$$\|y_n-t_n\|=\|P_C(x_n-\lambda_nFy_n)-P_C(x_n-\lambda_nFx_n)\|\leqslant\lambda_nL\|y_n-x_n\|.$$

因此, 又可断言

$$y_n-t_n\to\mathbf{0}\quad(n\to\infty). \tag{6.22}$$

综合 (6.20)—(6.22) 易证

$$x_n-Vx_n\to\mathbf{0}\quad(n\to\infty). \tag{6.23}$$

由 (6.23) 和次闭原理可知

$$\omega_w(x_n)\subset\mathrm{Fix}(V).$$

我们再证 $\omega_w(x_n)\subset\mathcal{S}$. 任取定 $\xi\in\omega_w(x_n)$, 则存在子列 $\{x_{n_i}\}\subset\{x_n\}$, 使得 $x_{n_i}\rightharpoonup\xi$. 由 (6.20), (6.22) 可知 $y_{n_i}\rightharpoonup\xi$, $t_{n_i}\rightharpoonup\xi$. 令

$$Av=\begin{cases}Fv+N_C(v), & v\in C,\\ \varnothing, & v\notin C,\end{cases}$$

则由定理 6.7 知 A 是极大单调算子, 并且 $\mathbf{0}\in Av$ 当且仅当 $v\in\mathcal{S}$. 任取 $(v,\omega)\in\mathrm{gra}(A)$, 则有

$$\omega\in Av=Fv+N_C(v),$$

于是有

$$\omega - Fv \in N_C(v),$$

从而有

$$\langle \omega - Fv, v - u \rangle \geqslant 0, \quad \forall u \in C.$$

另一方面, 由 $t_n = P_C\left(x_n - \lambda_n F y_n\right)$ 以及 $v \in C$ 可得

$$\langle x_n - \lambda_n F y_n - t_n, t_n - v \rangle \geqslant 0,$$

因而有

$$\left\langle v - t_n, \frac{t_n - x_n}{\lambda_n} + F y_n \right\rangle \geqslant 0. \tag{6.24}$$

注意到 $\omega - Fv \in N_C\left(v\right)$, $t_{n_i} \in C$, 则由 (6.24) 以及 F 的单调性有

$$\begin{aligned}
\langle v - t_{n_i}, \omega \rangle \geqslant & \langle v - t_{n_i}, Fv \rangle \\
\geqslant & \langle v - t_{n_i}, Fv \rangle - \left\langle v - t_{n_i}, \frac{t_{n_i} - x_{n_i}}{\lambda_{n_i}} + F y_{n_i} \right\rangle \\
= & \langle v - t_{n_i}, Fv - F t_{n_i} \rangle + \langle v - t_{n_i}, F t_{n_i} - F y_{n_i} \rangle \\
& - \left\langle v - t_{n_i}, \frac{t_{n_i} - x_{n_i}}{\lambda_{n_i}} \right\rangle \\
\geqslant & \langle v - t_{n_i}, F t_{n_i} - F y_{n_i} \rangle - \left\langle v - t_{n_i}, \frac{t_{n_i} - x_{n_i}}{\lambda_{n_i}} \right\rangle .
\end{aligned} \tag{6.25}$$

由 (6.22) 以及 F 的 Lipschitz 连续性可得

$$F y_n - F t_n \to \mathbf{0} \quad (n \to \infty). \tag{6.26}$$

注意到 (6.20), (6.22) 以及 (6.26), 在 (6.25) 中令 $i \to \infty$ 得到

$$\langle v - \xi, \omega \rangle \geqslant 0. \tag{6.27}$$

因为 A 是极大单调算子, 所以 (6.27) 表明 $\mathbf{0} \in A\xi$ 或 $\xi \in A^{-1}\mathbf{0}$, 因此 $\xi \in \mathcal{S}$. 由 $\xi \in \omega_w(x_n)$ 的任意性可知 $\omega_w(x_n) \subset \mathcal{S}$ 成立, 进而有 $\omega_w(x_n) \subset \mathrm{Fix}(V) \cap \mathcal{S}$. 由 (6.19), 对 $\forall \xi \in \omega_w(x_n)$, $\lim\limits_{n\to\infty} \|x_n - \xi\|^2$ 存在, 所以由引理 2.5, $x_n \rightharpoonup \xi \in \mathrm{Fix}\left(V\right) \cap \mathcal{S}$.

令 $u_n = P_{\mathrm{Fix}(V)\cap\mathcal{S}}x_n$, 我们来证 $\lim\limits_{n\to\infty} u_n = \xi$. 事实上, 由于

$$u_n = P_{\mathrm{Fix}(V)\cap\mathcal{S}}x_n, \quad \xi \in \mathrm{Fix}(V)\cap\mathcal{S},$$

所以由钝角原理可得

$$\langle \xi - u_n, u_n - x_n\rangle \geqslant 0. \tag{6.28}$$

由引理 6.2, $\{u_n\}$ 强收敛于一点 $\xi_0 \in \mathrm{Fix}\,(V)\cap\mathcal{S}$, 在 (6.28) 中令 $n\to\infty$, 有

$$\langle \xi - \xi_0, \xi_0 - \xi\rangle \geqslant 0,$$

从而断定 $\xi_0 = \xi$. □

注 6.4 在格式 (6.17) 中, 若取 $V = I$, 则算法产生的序列 $\{x_n\}$ 弱收敛到 $\mathcal{S}$ 中某个点. 若取 $V = I$, $\alpha_n \equiv 0$, 则 (6.17) 成为外梯度方法, 由定理 6.8 的证明过程容易看出仍然可以证明 $\{x_n\}$ 弱收敛于 $\mathcal{S}$ 中某个点. 因此格式 (6.17) 是外梯度方法的一种推广.

以下结果可以作为定理 6.8 的一个应用.

定理 6.9[93] 设 $\mathcal{H}$ 是实 Hilbert 空间, $F:\mathcal{H}\to\mathcal{H}$ 是单调且 L-Lipschitz 连续的映像. 设 $V:\mathcal{H}\to\mathcal{H}$ 是非扩张映像, 并且 $\mathrm{Fix}(V)\cap F^{-1}(\mathbf{0}) \neq \varnothing$, 设序列 $\{x_n\}$ 由以下迭代格式产生: 任取定 $x_0 \in \mathcal{H}$,

$$\begin{cases} y_n = x_n - \lambda_n F x_n, & n \geqslant 0. \\ x_{n+1} = \alpha_n x_n + (1-\alpha_n)V(x_n - \lambda_n F y_n), & n \geqslant 0. \end{cases} \tag{6.29}$$

若参数序列 $\{\lambda_n\}$, $\{\alpha_n\}$ 满足定理 6.8 中相同条件, 则 $\{x_n\}$ 和 $\{y_n\}$ 弱收敛于某一点 $\xi \in \mathrm{Fix}(V)\cap F^{-1}(\mathbf{0})$, 并且 $\{P_{\mathrm{Fix}(V)\cap F^{-1}(\mathbf{0})}x_n\}$ 强收敛于 ξ.

证明 注意到 $F^{-1}(\mathbf{0}) = \mathrm{VI}(\mathcal{H}, F)$ 以及 $P_{\mathcal{H}} = I$, 则由定理 6.8 直接可证结论. □

注 6.5 注意到 $\mathrm{Fix}(V)\cap F^{-1}(\mathbf{0})$ 含于变分不等式 $\mathrm{VI}(\mathrm{Fix}(V), F)$ 的解集, 容易理解, 格式 (6.29) 可用于求解变分不等式 $\mathrm{VI}(\mathrm{Fix}(V), F)$. 这里的算法与 Deutsch 和 Yamada[33] 给出的当 $F:\mathcal{H}\to\mathcal{H}$ 是 Lipschitz 连续强单调算子时, 求解 $\mathrm{VI}(\mathrm{Fix}(V), F)$ 的混合最速下降算法不同.

6.3 单调变分不等式的次梯度外梯度方法

6.3.1 次梯度外梯度方法的提出动机

对于 Lipschitz 连续的单调变分不等式 $\mathrm{VI}(C, F)$, 虽然外梯度方法的收敛性已经得到证明, 但是外梯度方法的每步迭代需要计算两次关于 C 的度量投影. 如

果集合 C 足够简单, 投影算子 P_C 有显式表达式, 那么外梯度方法就很容易实现, 算法就非常有效. 然而如果 C 是一般闭凸集, 投影算子 P_C 没有显式表达式, 那么外梯度方法就不容易实现, 其有效性就会受到严重影响. 为此, 2010 年, Censor 等[28] 在欧氏空间框架下, 提出了求解 Lipschitz 连续单调变分不等式的次梯度外梯度方法. 该方法的核心是, 在每步迭代中,"预估步"(即 (6.16) 中第一个式子) 保持不变, 但把 "校正步"(即 (6.16) 中第二个式子) 中投影算子 P_C 用投影算子 P_{H_n} 代替, 这里 H_n 是半空间, 并且 $H_n \supset C$ 对一切 $n \geqslant 0$ 成立. 半空间 H_n 以自适应方式构造得到, 也就是说次梯度外梯度方法的核心是在每步迭代的 "校正步" 采用松弛投影技巧, 使得算法较易实现. 2011 年, Censor 等[27] 进一步把次梯度外梯度方法推广到一般 Hilbert 空间, 证明了算法的弱收敛定理.

但是, 次梯度外梯度方法只能说是部分地解决了投影算子 P_C 不易计算的问题, 因为次梯度外梯度方法在每次迭代时, 仅在 "校正步" 中采用了松弛投影技巧. 在 "预估步" 中, 投影算子 P_C 仍同外梯度方法一样, 原样保留. 为了克服这一缺陷, 2017 年, He 和 Wu[64] 提出了一种完全次梯度外梯度方法, 在每次迭代中, 无论是 "预估步" 还是 "校正步", 都采用松弛投影技巧, 彻底解决了投影算子 P_C 不易实现的困难. 由于完全次梯度外梯度方法的收敛性证明比较复杂, 并且需要对可行集 C 额外加一些条件, 所以本书中主要介绍 Censor 等在文献 [27] 中的结果.

6.3.2 次梯度外梯度方法

设 $\mathcal{H}$ 是实 Hilbert 空间, $C \subset \mathcal{H}$ 是非空闭凸集. $F : \mathcal{H} \to \mathcal{H}$ 是非线性算子. 本节我们恒设以下三个条件满足

(i) 变分不等式 $\mathrm{VI}(C, F)$ 有解, 即其解集 $\mathcal{S} \neq \varnothing$;

(ii) F 是 C 上的单调算子, 即

$$\langle Fx - Fy, x - y \rangle \geqslant 0, \quad \forall x, y \in C;$$

(iii) F 是 $\mathcal{H}$ 上的 L-Lipschitz 连续映像, 即

$$\|Fx - Fy\| \leqslant L\|x - y\|, \quad \forall x, y \in \mathcal{H}.$$

算法 6.1 (次梯度外梯度方法)

第 1 步: 任选迭代初始点 $x_0 \in \mathcal{H}$, 选取常数 $\tau > 0$ 并令 $n = 0$.

第 2 步: 对当前迭代 x_n, 计算

$$y_n = P_C(x_n - \tau F x_n). \tag{6.30}$$

若 $x_n = y_n$, 则迭代终止. 若 $x_n \neq y_n$, 则构造半空间

$$H_n := \{w \in \mathcal{H} : \langle (x_n - \tau F x_n) - y_n, w - y_n \rangle \leqslant 0\}, \tag{6.31}$$

并且计算下一迭代

$$x_{n+1} = P_{H_n}(x_n - \tau F y_n). \tag{6.32}$$

第 3 步: 令 $n \leftarrow n+1$ 并转向第 2 步.

注 6.6 每一个非空闭凸集 C 都可以表示为某个凸函数 $c : \mathcal{H} \to \mathbb{R}$ 的水平集, 即

$$C = \{x \in \mathcal{H} : c(x) \leqslant 0\}.$$

若函数 c 是可微的, 则

$$\{(x_n - \tau F x_n) - y_n\} = \partial c(y_n) = \{\nabla c(y_n)\}.$$

否则有 $(x_n - \tau F x_n) - y_n \in \partial c(y_n)$. 次梯度外梯度方法由此得名.

首先我们证明算法 6.1 第 2 步中迭代终止规则是合理的.

引理 6.3 若在算法 6.1 中 $x_n = y_n$, 则 $x_n \in \mathcal{S}$.

证明 若 $x_n = y_n$, 则由 (6.30) 可得 $x_n = P_C(x_n - \tau F x_n)$, 从而有 $x_n \in C$. 于是由投影算子钝角原理可得

$$\langle (x_n - \tau F x_n) - x_n, w - x_n \rangle \leqslant 0, \quad \forall w \in C,$$

即

$$\tau \langle F x_n, w - x_n \rangle \geqslant 0, \quad \forall w \in C.$$

由于 $\tau > 0$, 所以有

$$\langle F x_n, w - x_n \rangle \geqslant 0, \quad \forall w \in C,$$

这表明 x_n 是 $\mathrm{VI}(C, F)$ 的一个解, 即 $x_n \in \mathcal{S}$. □

引理 6.4 假设条件 (i)—(iii) 满足, 设 $\{x_n\}$ 和 $\{y_n\}$ 是由算法 6.1 产生的两个序列, 则对任取定的 $u \in \mathcal{S}$, 都有

$$\|x_{n+1} - u\|^2 \leqslant \|x_n - u\|^2 - (1 - \tau^2 L^2)\|y_n - x_n\|^2, \quad \forall n \geqslant 0. \tag{6.33}$$

证明 由 F 的单调性, $u \in \mathcal{S}$ 以及 $y_n \in C$ 易得

$$\langle F y_n, y_n - u \rangle \geqslant \langle F u, y_n - u \rangle \geqslant 0. \tag{6.34}$$

于是有

$$\langle Fy_n, x_{n+1} - u\rangle \geqslant \langle Fy_n, x_{n+1} - y_n\rangle. \tag{6.35}$$

由半空间 H_n 的定义以及 (6.32) 可得

$$\langle (x_n - \tau Fx_n) - y_n, x_{n+1} - y_n\rangle \leqslant 0, \quad \forall n \geqslant 0. \tag{6.36}$$

利用 (6.36), 得到

$$\begin{aligned}
&\langle x_{n+1} - y_n, (x_n - \tau Fy_n) - y_n\rangle \\
=& \langle x_{n+1} - y_n, (x_n - \tau Fx_n) - y_n\rangle + \tau\langle x_{n+1} - y_n, Fx_n - Fy_n\rangle \\
\leqslant& \tau\langle x_{n+1} - y_n, Fx_n - Fy_n\rangle.
\end{aligned} \tag{6.37}$$

另一方面, 由迭代格式以及投影算子的 firmly 非扩张性易得

$$\begin{aligned}
&\|x_{n+1} - u\|^2 \\
\leqslant& \|(x_n - \tau Fy_n) - u\|^2 - \|(x_n - \tau Fy_n) - x_{n+1}\|^2 \\
=& \|x_n - u\|^2 - \|x_n - x_{n+1}\|^2 + 2\tau\langle u - x_{n+1}, Fy_n\rangle \\
\leqslant& \|x_n - u\|^2 - \|x_n - x_{n+1}\|^2 + 2\tau\langle y_n - x_{n+1}, Fy_n\rangle,
\end{aligned} \tag{6.38}$$

其中最后一个不等式用到了 (6.35). 于是由 (6.37) 和 (6.38) 可得

$$\begin{aligned}
&\|x_{n+1} - u\|^2 \\
\leqslant& \|x_n - u\|^2 - \|x_n - x_{n+1}\|^2 + 2\tau\langle y_n - x_{n+1}, Fy_n\rangle \\
=& \|x_n - u\|^2 - \|(x_n - y_n) + (y_n - x_{n+1})\|^2 + 2\tau\langle y_n - x_{n+1}, Fy_n\rangle \\
\leqslant& \|x_n - u\|^2 - \|x_n - y_n\|^2 - \|y_n - x_{n+1}\|^2 \\
&+ 2\tau\langle x_{n+1} - y_n, Fx_n - Fy_n\rangle.
\end{aligned} \tag{6.39}$$

利用 Cauchy-Schwarz 不等式以及条件 (iii) 得到

$$\begin{aligned}
&2\tau\langle x_{n+1} - y_n, Fx_n - Fy_n\rangle \\
\leqslant& 2\tau L\|x_{n+1} - y_n\| \cdot \|x_n - y_n\| \\
\leqslant& \tau^2 L^2\|x_n - y_n\|^2 + \|x_{n+1} - y_n\|^2.
\end{aligned} \tag{6.40}$$

从而由 (6.39) 和 (6.40) 可得

$$\|x_{n+1}-u\|^2 \leqslant \|x_n-u\|^2-(1-\tau^2L^2)\|x_n-y_n\|^2. \qquad \square$$

基于引理 6.4, 容易得到如下收敛性定理.

定理 6.10 设条件 (i)—(iii) 都满足, 设常数 $\tau \in \left(0, \dfrac{1}{L}\right)$, 则由算法 6.1 产生的序列 $\{x_n\}$ 和 $\{y_n\}$ 弱收敛于 $\mathrm{VI}(C,F)$ 的同一个解 $\bar{x}$, 并且 $\{P_{\mathcal{S}}x_n\}$ 强收敛于 $\bar{x}$.

证明 任取定 $u \in \mathcal{S}$. 并记 $\rho := 1-\tau^2L^2$. 由于 $\tau < \dfrac{1}{L}$, 故有 $\rho \in (0,1)$. 利用 (6.33) 易得 $\{x_n\}$ 是有界的, 且 $\lim\limits_{n\to\infty}\|x_n-u\|$ 存在, 并且

$$\rho\sum_{n=0}^{\infty}\|x_n-y_n\|^2 \leqslant \|x_0-u\|^2,$$

进而有

$$\lim_{n\to\infty}\|x_n-y_n\|=0. \tag{6.41}$$

由于 $\{x_n\}$ 是有界集, 所以其弱极限点集 $\omega_w(x_n)\neq\varnothing$. 任取定 $\bar{x}\in\omega_w(x_n)$, 则存在子列 $\{x_{n_j}\}\subset\{x_n\}$ 使得

$$x_{n_j}\rightharpoonup\bar{x}, \quad y_{n_j}\rightharpoonup\bar{x}.$$

定义算子

$$Av=\begin{cases} Fv+N_C(v), & v\in C, \\ \varnothing, & v\notin C. \end{cases} \tag{6.42}$$

则 A 是极大单调算子, 并且 $A^{-1}(\mathbf{0})=\mathcal{S}$. 若 $(v,w)\in\mathrm{gra}(A)$, 由于 $w\in Av=Fv+N_C(v)$, 所以有 $w-Fv\in N_C(v)$, 于是

$$\langle w-Fv, v-y\rangle \geqslant 0, \quad \forall y\in C. \tag{6.43}$$

另一方面, 由 (6.30) 以及投影算子钝角原理得到

$$\langle x_n-\tau Fx_n-y_n, y_n-v\rangle \geqslant 0,$$

即

$$\left\langle \frac{y_n-x_n}{\tau}+Fx_n, v-y_n\right\rangle \geqslant 0, \quad \forall n\geqslant 0. \tag{6.44}$$

注意到 $\{y_n\} \subset C$, 由 (6.43) 可得

$$\langle w - Fv, v - y_{n_j} \rangle \geqslant 0, \tag{6.45}$$

由 (6.44) 和 (6.45) 可得

$$\begin{aligned}\langle w, v - y_{n_j} \rangle &\geqslant \langle Fv, v - y_{n_j} \rangle - \left\langle \frac{y_{n_j} - x_{n_j}}{\tau} + Fx_{n_j}, v - y_{n_j} \right\rangle \\ &= \langle Fv - Fy_{n_j}, v - y_{n_j} \rangle + \langle Fy_{n_j} - Fx_{n_j}, v - y_{n_j} \rangle \\ &\quad - \left\langle \frac{y_{n_j} - x_{n_j}}{\tau}, v - y_{n_j} \right\rangle \\ &\geqslant \langle Fy_{n_j} - Fx_{n_j}, v - y_{n_j} \rangle - \left\langle \frac{y_{n_j} - x_{n_j}}{\tau}, v - y_{n_j} \right\rangle.\end{aligned}$$

进而有

$$\langle w, v - y_{n_j} \rangle \geqslant \langle Fy_{n_j} - Fx_{n_j}, v - y_{n_j} \rangle - \left\langle \frac{y_{n_j} - x_{n_j}}{\tau}, v - y_{n_j} \right\rangle. \tag{6.46}$$

注意到 (6.41), 在 (6.46) 中令 $j \to \infty$ 得到

$$\langle \omega, v - \bar{x} \rangle \geqslant 0. \tag{6.47}$$

因为 A 是极大单调映像, 所以 (6.47) 表明 $\bar{x} \in A^{-1}(\mathbf{0}) = \mathcal{S}$. 由 $\bar{x} \in \omega_w(x_n)$ 的任意性可断言 $\omega_w(x_n) \subset \mathcal{S}$.

由于已证对任意 $u \in \mathcal{S}$, $\lim\limits_{n\to\infty} \|x_n - u\|$ 存在, 所以由引理 2.5, $x_n \rightharpoonup \bar{x}$ 以及 $y_n \rightharpoonup \bar{x}$ 成立.

最后, 令 $u_n = P_{\mathcal{S}} x_n$, 注意到 $\bar{x} \in \mathcal{S}$, 则由钝角原理可得

$$\langle \bar{x} - u_n, u_n - x_n \rangle \geqslant 0, \tag{6.48}$$

由引理 6.2 可知 $\{u_n\}$ 强收敛于某 $u^* \in \mathcal{S}$. 在 (6.48) 中令 $n \to \infty$ 可得

$$\langle \bar{x} - u^*, u^* - \bar{x} \rangle \geqslant 0,$$

于是可断定 $u^* = \bar{x}$. □

6.3.3 修正的次梯度外梯度方法

本小节给出一种修正的次梯度外梯度方法, 用于寻求变分不等式 VI(C, F) 的解集与一个非扩张映像不动点集的公共元素. 假设 $V : \mathcal{H} \to \mathcal{H}$ 是一个非扩张映像, 又设数列 $\{\alpha_n\} \subset [c, d]$, 这里常数 $c, d \in (0, 1)$.

算法 6.2 (修正的次梯度外梯度方法)

第 1 步: 任选定迭代初始点 $x_0 \in \mathcal{H}$ 以及常数 $\tau > 0$, 并令 $n = 0$.

第 2 步: 对当前迭代 x_n, 计算 $y_n = P_C(x_n - \tau F x_n)$, 构造半空间 H_n 与 (6.31) 中相同, 并计算下一迭代

$$x_{n+1} = \alpha_n x_n + (1 - \alpha_n) V P_{H_n}(x_n - \tau F y_n).$$

第 3 步: 令 $n \leftarrow n + 1$ 并转第 2 步.

在本节, 我们始终假设

(iv) $\mathrm{Fix}(V) \cap \mathcal{S} \neq \varnothing$, 其中 $\mathcal{S}$ 是变分不等式 $\mathrm{VI}(C, F)$ 的解集.

关于算法 6.2, 有如下收敛性结果.

定理 6.11 设条件 (ii)—(iv) 都满足, 常数 $\tau \in \left(0, \dfrac{1}{L}\right)$, 则由算法 6.2 产生的序列 $\{x_n\}$ 和 $\{y_n\}$ 弱收敛于同一解 $u^* \in \mathrm{Fix}(V) \cap \mathcal{S}$, 并且 $\{P_{\mathrm{Fix}(V) \cap \mathcal{S}} x_n\}$ 强收敛于 u^*.

证明 以定理 6.8 的证明为基本框架, 涉及松弛投影项的估计采用引理 6.4 和定理 6.10 证明中的基本分析技巧不难给出证明, 具体细节此处略去. □

6.4 练 习 题

练习 6.1 证明 $\mathbb{R}$ 上的单调不减连续函数是极大单调算子.

练习 6.2 证明: 函数

$$f(x) = \begin{cases} 0, & x \leqslant 0, \\ 1, & x > 0 \end{cases}$$

是单调算子, 但不是极大的. 试把 f 扩充为一个极大单调算子, 并用定理 6.1 证明你的结论.

练习 6.3 证明命题 6.2.

练习 6.4 证明命题 6.3.

练习 6.5 设

$$f(x) = \begin{cases} \dfrac{1}{2}x^2, & |x| \leqslant 1, \\ +\infty, & |x| > 1. \end{cases}$$

则 $f \in \Gamma_0(\mathbb{R})$. 计算 ∂f, 并利用定理 6.2 直接验证 ∂f 是极大单调算子.

练习 6.6 试完成定理 6.11 的详细证明.

第 7 章　凸优化问题解的迭代算法

7.1　二次规划问题的迭代算法

7.1.1　强凸二次规划问题的迭代算法

设 $\mathcal{H}$ 是实 Hilbert 空间, A 是 $\mathcal{H}$ 到自身的自共轭有界线性算子, 并且是强正的, 即存在常数 $r > 0$, 使得

$$\langle Ax, x \rangle \geqslant r\|x\|^2, \quad \forall\, x \in \mathcal{H}. \tag{7.1}$$

考虑凸优化问题:

$$\min_{x \in \mathrm{Fix}(T)} \frac{1}{2}\langle Ax, x \rangle - \langle x, u \rangle, \tag{7.2}$$

其中 $u \in \mathcal{H}$, $T : \mathcal{H} \to \mathcal{H}$ 为非扩张映像, 并且假设 $\mathrm{Fix}(T) \neq \varnothing$.

我们来考虑设计求解问题 (7.2) 的迭代算法. 我们的总体思路是: 首先把凸优化问题 (7.2) 转化为与之等价的变分不等式问题, 然后把变分不等式问题归结为某个适当的非线性算子的不动点问题, 最后基于不动点方程提出求解原问题 (7.2) 的迭代算法.

令

$$\varphi(x) = \frac{1}{2}\langle Ax, x \rangle - \langle x, u \rangle, \quad \forall\, x \in \mathcal{H},$$

则由例 4.3 有 $\nabla\varphi(x) = Ax - u, \forall\, x \in \mathcal{H}$. 于是由定理 4.7 可知, 凸优化问题 (7.2) 等价于变分不等式问题: 寻求 $x^* \in \mathrm{Fix}(T)$, 使得

$$\langle Ax^* - u, x - x^* \rangle \geqslant 0, \quad \forall\, x \in \mathrm{Fix}(T). \tag{7.3}$$

根据钝角原理, 显然问题 (7.3) 又等价于不动点问题: 寻求 $x^* \in \mathrm{Fix}(T)$, 使得

$$x^* = P_{\mathrm{Fix}(T)}((I - \lambda A)x^* + \lambda u), \tag{7.4}$$

其中 λ 可取任一正常数. 最后由粘滞迭代收敛性定理 (定理 3.7) 可知, 如果能够适当取 λ 的值, 使得 $I - \lambda A$ 能够成为一个压缩映像的话, 那么我们就可以设计一种粘滞迭代算法求解问题 (7.3), 也就是求解原问题 (7.2).

引理 7.1 对任何常数 $\lambda \in \left(0, \dfrac{1}{\|A\|}\right)$, 有

$$\|I - \lambda A\| \leqslant 1 - \lambda r.$$

证明 首先证明 $I - \lambda A$ 是正算子, 即成立

$$\langle (I - \lambda A)x, x\rangle \geqslant 0, \quad \forall x \in \mathcal{H}.$$

事实上, 注意到 $\lambda \in \left(0, \dfrac{1}{\|A\|}\right)$, 有

$$\langle (I - \lambda A)x, x\rangle = \|x\|^2 - \lambda\langle Ax, x\rangle \geqslant (1 - \lambda\|A\|)\|x\|^2 \geqslant 0.$$

另一方面, 由 A 之强正性 (7.1) 可得

$$\begin{aligned}\|I - \lambda A\| &= \sup_{\|x\|=1} \langle (I - \lambda A)x, x\rangle \\ &= \sup_{\|x\|=1} (1 - \lambda\langle Ax, x\rangle) \\ &\leqslant 1 - \lambda r.\end{aligned}$$

□

注 7.1 上述证明中已用到公式 $\|B\| = \sup\limits_{\|x\|=1} |\langle Bx, x\rangle|$, 其中 B 为 $\mathcal{H}$ 到自身的有界线性算子, 其证明见 [114].

定理 7.1 任取定 $x_0 \in \mathcal{H}$, 迭代序列 $\{x_n\}$ 产生于计算格式:

$$x_{n+1} = \lambda_n\left((I - \lambda A)x_n + \lambda u\right) + (1 - \lambda_n)Tx_n, \quad n \geqslant 0, \tag{7.5}$$

其中参数序列 $\{\lambda_n\} \subset (0,1)$, 常数 $\lambda \in \left(0, \dfrac{1}{\|A\|}\right)$. 若 $\{\lambda_n\}$ 满足条件

(i) $\lambda_n \to 0\,(n \to \infty)$;

(ii) $\sum\limits_{n=0}^{\infty} \lambda_n = +\infty$;

(iii) $\sum\limits_{n=0}^{\infty} |\lambda_{n+1} - \lambda_n| < +\infty$, 或 $\lim\limits_{n\to\infty} \dfrac{\lambda_n}{\lambda_{n+1}} = 1$,

则有 $x_n \to x^*\,(n \to \infty)$, 其中 x^* 表示凸优化问题 (7.2) 的唯一解.

证明 由引理 7.1 可断定映像 $I - \lambda A + \lambda u : \mathcal{H} \to \mathcal{H}$ 是一个压缩映像, 压缩常数是 $1 - \lambda r$. 于是明显 $P_{\mathrm{Fix}(T)}\left((I - \lambda A) + \lambda u\right) : \mathrm{Fix}(T) \to \mathrm{Fix}(T)$ 也是压缩映像. 由压缩映像原理, 问题 (7.4) 有唯一解, 记为 x^*. 由等价性, x^* 也是问题 (7.2) 的唯一解. 由定理 3.7 可知本定理结论成立. □

注 7.2 Xu[117] 给出了如下求解问题 (7.2) 的唯一解的迭代算法:

$$x_{n+1} = (I - \lambda_n A)Tx_n + \lambda_n u, \quad n \geqslant 0, \tag{7.6}$$

其中 $x_0 \in \mathcal{H}$ 任意给定, 并在 $\{\lambda_n\}$ 满足定理 7.1 中同样条件下, 证明了算法的收敛性. 实际上, 虽然算法 (7.6) 与算法 (7.5) 不同, 但 (7.6) 的收敛性也可以完全类似于算法 (7.5) 纳入粘滞迭代算法的框架下直接得到, 证明细节此处略去, 留给读者作为练习.

7.1.2 最小二乘问题的迭代算法

设 $\mathcal{H}_1$ 和 $\mathcal{H}_2$ 是两个 Hilbert 空间, $A : \mathcal{H}_1 \to \mathcal{H}_2$ 是有界线性算子, $b \in \mathcal{H}_2$, $K \subset \mathcal{H}_1$ 是非空闭凸集. 考虑带有凸性约束条件的线性逆问题:

$$Ax = b, \quad x \in K.$$

在实际应用中, K 往往为半空间, 或几个半空间的交集. 但是上述问题未必有解. 另一方面, 即便问题有解, 但由于 b 是观察值, b 本身有误差, 也可能使所考虑问题无解. 因此转而考虑最小二乘问题:

$$\min_{x \in K} \frac{1}{2}\|Ax - b\|^2. \tag{7.7}$$

注意问题 (7.7) 也未必有解. 以 $\mathcal{S}_b$ 表示最小二乘问题 (7.7) 的解集, 因为目标函数连续的凸优化问题的解集一定是闭凸集, 所以当 $\mathcal{S}_b \neq \varnothing$ 时, $\mathcal{S}_b$ 是非空闭凸集, 因而必存在唯一的 $x^\dagger \in \mathcal{S}_b$, 使得

$$x^\dagger = \arg\min_{x \in \mathcal{S}_b} \|x\|,$$

即 $x^\dagger$ 是问题 (7.7) 的最小范数解.

定义 7.1 称映射 $A_K^\dagger : \mathrm{dom}(A_K^\dagger) \to \mathcal{H}_1$:

$$A_K^\dagger(b) = x^\dagger, \quad \forall\, b \in \mathrm{dom}(A_K^\dagger)$$

为 A 的 K-约束伪逆, 其中 $\mathrm{dom}(A_K^\dagger) = \{b \in \mathcal{H}_2 : \mathcal{S}_b \neq \varnothing\}$.

注 7.3 值得指出, 我们不可以把最小二乘问题 (7.7) 转化为问题:

$$\min_{y \in A(K)} \frac{1}{2}\|y - b\|^2.$$

这是因为 K 闭凸能保证 $A(K)$ 是凸集, 但 $A(K)$ 未必是闭集. 事实上, 因为

$$\min_{x \in K} \frac{1}{2}\|Ax - b\|^2 = \min_{y \in \overline{A(K)}} \frac{1}{2}\|y - b\|^2 = \frac{1}{2}\|P_{\overline{A(K)}}(b) - b\|^2,$$

但是 $P_{\overline{A(K)}}(b)$ 未必属于 $A(K)$, 这是问题本质所在.

下面, 我们利用前面讲过的最小范数不动点迭代方法求解问题 (7.7). 令

$$\varphi(x) = \frac{1}{2}\|Ax - b\|^2, \quad \forall x \in \mathcal{H}_1.$$

则由例 4.2 有

$$\nabla\varphi(x) = A^*(Ax - b), \quad \forall x \in \mathcal{H}_1,$$

这里 A^* 表示 A 的 Hilbert 共轭算子. 设 $x^* \in K$, 则由定理 4.7 可知, x^* 是凸优化问题 (7.7) 之解当且仅当 x^* 是变分不等式问题:

$$\langle A^*(Ax^* - b), x - x^*\rangle \geqslant 0, \quad \forall x \in K \tag{7.8}$$

之解. 根据钝角原理, x^* 是变分不等式问题 (7.8) 的解的充要条件是: x^* 是算子 $P_K(I - rA^*A + rA^*b)$ 的不动点, 亦即

$$x^* = P_K(x^* - rA^*(Ax^* - b)), \tag{7.9}$$

其中 r 是任一正常数. 至此我们已经把一个凸优化问题转化为一个不动点问题. 基于问题 (7.9), 如果我们能够适当选取 r, 使得 $P_K(I - rA^*A)$ 是非扩张映像的话, 那么利用前面最小范数不动点迭代算法的已有结果, 我们可以给出求解问题 (7.7) 的迭代算法并证明算法的收敛性. 事实上, 我们有下面的结果.

定理 7.2 设 $b \in \mathrm{dom}(A_K^\dagger)$, $0 < r < \dfrac{2}{\|A\|^2}$, $f: K \to \mathcal{H}_1$ 是压缩映像. 设序列 $\{x_n\}$ 产生于计算格式:

$$x_{n+1} = P_K\left(t_n f(x_n) + (1 - t_n)P_K(x_n - rA^*(Ax_n - b))\right). \tag{7.10}$$

若参数序列 $\{t_n\} \subset (0,1)$ 满足条件:

(i) $t_n \to 0\,(n \to \infty)$;

(ii) $\sum\limits_{n=0}^{\infty} t_n = +\infty$;

(iii) $\sum\limits_{n=0}^{\infty} |t_{n+1} - t_n| < +\infty$, 或 $\lim\limits_{n\to\infty} \dfrac{t_n}{t_{n+1}} = 1$,

则 $\{x_n\}$ 强收敛于 $\hat{x} \in \mathcal{S}_b$, 并且 $\hat{x}$ 是如下变分不等式的唯一解:

$$\langle (I - f)\hat{x}, x - \hat{x}\rangle \geqslant 0, \quad \forall x \in \mathcal{S}_b.$$

特别地, 若取 $f \equiv \mathbf{0}$, 则 $\{x_n\}$ 强收敛于 $A_K^\dagger(b)$.

证明　由命题 5.3 可知, A^*A 是 $\frac{1}{\|A\|^2}$-反强单调映像, 因而 rA^*A 是 $\frac{1}{r\|A\|^2}$-反强单调映像, 若 $\frac{1}{r\|A\|^2} > \frac{1}{2}$, 即当 $0 < r < \frac{2}{\|A\|^2}$ 时, $I - rA^*A$ 是平均映像, 因此, $P_K(I - rA^*A)$ 也是平均映像, 从而是非扩张映像. 由定理 3.9 可知本定理结论成立. □

7.2　凸优化问题的邻近梯度算法

7.2.1　邻近算子

本小节我们讨论邻近算子的概念及其基本性质, 为给出一般凸优化问题的邻近梯度算法做准备.

定义 7.2　假设 $\varphi \in \Gamma_0(\mathcal{H})$, 常数 $\lambda > 0$, 称算子 $\mathrm{Prox}_{\lambda\varphi} : \mathcal{H} \to \mathcal{H}$:

$$\mathrm{Prox}_{\lambda\varphi}(x) := \arg\min_{y\in\mathcal{H}} \left\{ \varphi(y) + \frac{1}{2\lambda}\|y - x\|^2 \right\}, \quad \forall x \in \mathcal{H} \tag{7.11}$$

为 φ 的邻近算子.

我们先来解释定义 7.2 的合理性. 对任给定的 $x \in \mathcal{H}$, 令

$$\psi(y) = \varphi(y) + \frac{1}{2\lambda}\|y - x\|^2, \quad \forall y \in \mathcal{H},$$

则显然 $\psi \in \Gamma_0(\mathcal{H})$, 并且 ψ 是强凸的、强制的函数, 因此凸优化问题:

$$\min_{y\in\mathcal{H}} \psi(y) \tag{7.12}$$

一定有唯一解. 另外, 明显问题 (7.12) 是问题 $\min\limits_{y\in\mathcal{H}} \varphi(y)$ 的正则化, 因此邻近算子的概念可以理解为源于正则化思想.

邻近算子具有如下基本性质.

命题 7.1　(i) 设 $C \subset \mathcal{H}$ 为任一非空闭凸集, 则对于其指示函数

$$\iota_C(x) = \begin{cases} 0, & x \in C, \\ +\infty, & x \notin C, \end{cases}$$

以及任意 $\lambda > 0$, 成立

$$\mathrm{Prox}_{\lambda\iota_C}(x) = P_C(x), \quad \forall x \in \mathcal{H}.$$

(ii) 设 $\varphi \in \Gamma_0(\mathcal{H})$, 则对任意 $\lambda > 0$, 成立

$$\operatorname{Prox}_{\lambda\varphi}(x) = J_\lambda^{\partial\varphi}(x), \quad \forall x \in \mathcal{H}.$$

(iii) 设 $\varphi \in \Gamma_0(\mathcal{H})$, 则对任意 $\lambda > 0$, $p = \operatorname{Prox}_{\lambda\varphi}(x)$ 的充要条件是 $\dfrac{x-p}{\lambda} \in \partial\varphi(p)$.

证明 (i) 事实上, 对任意 $x \in \mathcal{H}$, 显然有

$$\begin{aligned}
\operatorname{Prox}_{\lambda\iota_C}(x) &= \arg\min_{y\in\mathcal{H}} \left\{ \iota_C(y) + \frac{1}{2\lambda}\|y-x\|^2 \right\} \\
&= \arg\min_{y\in C} \left\{ \frac{1}{2\lambda}\|y-x\|^2 \right\} \\
&= P_C(x).
\end{aligned}$$

(ii) 记 $p = \operatorname{Prox}_{\lambda\varphi}(x)$, 则由邻近算子定义以及命题 6.3 可得

$$\begin{aligned}
\mathbf{0} &\in \partial\left(\varphi(y) + \frac{1}{2\lambda}\|y-x\|^2 \right)\Bigg|_{y=p} \\
&= \partial\varphi(p) + \frac{1}{\lambda}(p-x),
\end{aligned}$$

于是有

$$\mathbf{0} \in \lambda\partial\varphi(p) + (p-x), \tag{7.13}$$

从而 $x \in (I+\lambda\partial\varphi)p$, 即 $p = (I+\lambda\partial\varphi)^{-1}x = J_\lambda^{\partial\varphi}(x)$.

(iii) 由 (7.13) 可知 $p = \operatorname{Prox}_{\lambda\varphi}(x)$ 当且仅当 $x-p \in \lambda\partial\varphi(p)$, 即 $\dfrac{x-p}{\lambda} \in \partial\varphi(p)$. □

注 7.4 命题 7.1(i) 告诉我们, 邻近算子也可以看作度量投影算子的一种推广. 命题 7.1(ii) 表明 φ 的邻近算子实际上是极大单调算子 $\partial\varphi$ 的预解式, 因此利用预解式的性质可以直接导出邻近算子的某些性质.

命题 7.2 (i) 邻近算子是 firmly 非扩张映像, 即对任意 $\varphi \in \Gamma_0(\mathcal{H})$ 以及任意常数 $\lambda > 0$, 成立

$$\langle \operatorname{Prox}_{\lambda\varphi}x - \operatorname{Prox}_{\lambda\varphi}y, x-y \rangle \geqslant \|\operatorname{Prox}_{\lambda\varphi}x - \operatorname{Prox}_{\lambda\varphi}y\|^2, \quad \forall x, y \in \mathcal{H}.$$

(ii) 对任意常数 $\lambda, \mu > 0$, 成立

$$\mathrm{Prox}_{\lambda\varphi}x = \mathrm{Prox}_{\mu\varphi}\left(\frac{\mu}{\lambda}x + \left(1 - \frac{\mu}{\lambda}\right)\mathrm{Prox}_{\lambda\varphi}x\right), \quad \forall x \in \mathcal{H}.$$

邻近算子还具有如下运算性质.

命题 7.3 假设 $\varphi \in \Gamma_0(\mathcal{H})$, $u \in \mathcal{H}$.

(i) 令 $\psi(x) = \varphi(x) + \dfrac{1}{2}\alpha\|x\|^2 + \langle x, u\rangle + \beta, \forall x \in \mathcal{H}$, 其中 $\alpha \geqslant 0, \beta \in \mathbb{R}$, 则

$$\mathrm{Prox}_{\psi}(x) = \mathrm{Prox}_{\frac{1}{1+\alpha}\varphi}\left(\frac{x-u}{1+\alpha}\right), \quad \forall x \in \mathcal{H}.$$

(ii) 令 $\psi(x) = \varphi(x-u), \forall x \in \mathcal{H}$, 则有

$$\mathrm{Prox}_{\psi}(x) = u + \mathrm{Prox}_{\varphi}(x-u), \quad \forall x \in \mathcal{H}.$$

(iii) 令 $\psi(x) = \varphi\left(\dfrac{x}{\rho}\right), \forall x \in \mathcal{H}$, 其中 $\rho \neq 0$, $\rho \in \mathbb{R}$, 则有

$$\mathrm{Prox}_{\psi}(x) = \rho\mathrm{Prox}_{\frac{1}{\rho^2}\varphi}\left(\frac{x}{\rho}\right), \quad \forall x \in \mathcal{H}.$$

证明 (i) 注意到对任取定的 $x \in \mathcal{H}$, $\|x\|^2$ 以及 $\|x-u\|^2$ 均可视为常数, 而目标函数中增加或去掉一个常数, 不影响目标函数的最小值点, 所以有

$$\begin{aligned}
\mathrm{Prox}_{\psi}(x) &= \arg\min_{y\in\mathcal{H}}\left\{\psi(y) + \frac{1}{2}\|y-x\|^2\right\} \\
&= \arg\min_{y\in\mathcal{H}}\left\{\varphi(y) + \frac{1}{2}\alpha\|y\|^2 + \langle y, u\rangle + \beta + \frac{1}{2}\|y-x\|^2\right\} \\
&= \arg\min_{y\in\mathcal{H}}\left\{\varphi(y) + \frac{1}{2}\alpha\|y\|^2 + \langle y, u\rangle + \frac{1}{2}\|y\|^2 - \langle y, x\rangle\right\} \\
&= \arg\min_{y\in\mathcal{H}}\left\{\varphi(y) + \frac{1}{2}[(1+\alpha)\|y\|^2 + 2\langle y, u-x\rangle]\right\} \\
&= \arg\min_{y\in\mathcal{H}}\left\{\varphi(y) + \frac{1}{2(1+\alpha)^{-1}}\left\|y - \frac{1}{1+\alpha}(x-u)\right\|^2\right\} \\
&= \mathrm{Prox}_{\frac{1}{1+\alpha}\varphi}\left(\frac{x-u}{1+\alpha}\right).
\end{aligned}$$

(ii) 由邻近算子定义可知

$$\begin{aligned}
\operatorname{Prox}_{\psi}(x) &= \arg\min_{y\in\mathcal{H}}\left\{\psi(y)+\frac{1}{2}\|y-x\|^2\right\}\\
&= \arg\min_{y\in\mathcal{H}}\left\{\varphi(y-u)+\frac{1}{2}\|y-x\|^2\right\}\\
&= u+\arg\min_{z\in\mathcal{H}}\left\{\varphi(z)+\frac{1}{2}\|z-(x-u)\|^2\right\}\\
&= u+\operatorname{Prox}_{\varphi}(x-u).
\end{aligned}$$

(iii) 由邻近算子定义可知

$$\begin{aligned}
\operatorname{Prox}_{\psi}(x) &= \arg\min_{y\in\mathcal{H}}\left\{\psi(y)+\frac{1}{2}\|y-x\|^2\right\}\\
&= \arg\min_{y\in\mathcal{H}}\left\{\varphi\left(\frac{y}{\rho}\right)+\frac{1}{2}\|y-x\|^2\right\}\\
&= \rho\arg\min_{z\in\mathcal{H}}\left\{\varphi(z)+\frac{1}{2\rho^{-2}}\left\|z-\frac{x}{\rho}\right\|^2\right\}\\
&= \rho\operatorname{Prox}_{\frac{1}{\rho^2}\varphi}\left(\frac{x}{\rho}\right).
\end{aligned}$$

□

注 7.5 命题 7.3 也可以利用命题 7.1(iii) 中等价性证明.

在实际计算中, 邻近算子必须能够给出显式表达式. 下例中给出若干凸函数的邻近算子的表达式, 请读者作为练习自己推导出结果来.

例 7.1 (i) 对于 $\mathbb{R}$ 上绝对值函数: $|x|, \forall x\in\mathbb{R}$, 成立

$$\operatorname{Prox}_{\lambda|\cdot|}(x)=\operatorname{sign}(x)\max\{|x|-\lambda,0\},\quad \forall x\in\mathbb{R}.$$

(ii) 对于 $\mathbb{R}^m$ 上 1-范数函数: $\|x\|_1=\sum\limits_{i=1}^{m}|x_i|, \forall x=(x_1,x_2,\cdots,x_m)^{\mathrm{T}}\in\mathbb{R}^m$, 成立

$$\operatorname{Prox}_{\lambda\|\cdot\|_1}(x)=(\operatorname{Prox}_{\lambda|\cdot|}(x_1),\operatorname{Prox}_{\lambda|\cdot|}(x_2),\cdots,\operatorname{Prox}_{\lambda|\cdot|}(x_m))^{\mathrm{T}},$$

其中 $\operatorname{Prox}_{\lambda|\cdot|}(x_i)=\operatorname{sign}(x_i)\max\{|x_i|-\lambda,0\},\ i=1,2,\cdots,m$.

(iii) 对一般实 Hilbert 空间 $\mathcal{H}$ 上的 2-范数函数: $\|x\|, \forall x\in\mathcal{H}$, 成立

$$\operatorname{Prox}_{\lambda\|\cdot\|}(x)=\begin{cases}\mathbf{0}, & \|x\|\leqslant\lambda,\\ \left(1-\dfrac{\lambda}{\|x\|}\right)x, & \|x\|>\lambda.\end{cases}$$

(iv) 设 $C \subset \mathcal{H}$ 是非空闭凸集, 则

$$\mathrm{Prox}_{\lambda \mathrm{d}_C^2(\cdot)}(x) = x + \frac{2\lambda}{2\lambda+1}(P_C x - x), \quad \forall x \in \mathcal{H},$$

$$\mathrm{Prox}_{\lambda \mathrm{d}_C(\cdot)}(x) = \begin{cases} x + \dfrac{\lambda}{\mathrm{d}_C(x)}(P_C x - x), & \mathrm{d}_C(x) > \lambda, \\ P_C(x), & \mathrm{d}_C(x) \leqslant \lambda, \end{cases}$$

其中 $\mathrm{d}_C(x) = \mathrm{dist}(x, C) := \inf\limits_{y \in C} \|x - y\|$, $\forall x \in \mathcal{H}$.

7.2.2　邻近梯度算法

考虑凸优化问题

$$\min_{x \in \mathcal{H}} \{f(x) + g(x)\}, \tag{7.14}$$

其中 $f, g \in \Gamma_0(\mathcal{H})$.

首先我们把问题 (7.14) 转化为等价的非线性算子的不动点问题.

命题 7.4　假设 f 是可微的, 则 $x^* \in \mathcal{H}$ 是凸优化问题 (7.14) 的一个解的充要条件是

$$x^* = \mathrm{Prox}_{\lambda g}(I - \lambda \nabla f)x^*, \tag{7.15}$$

其中 $\lambda > 0$ 为任一常数.

证明　明显, 如下一系列命题都是等价的.

$$\begin{aligned} x^* \text{是 (7.14) 之解} &\Leftrightarrow \mathbf{0} \in \partial(f+g)x^* = \nabla f(x^*) + \partial g(x^*) \\ &\Leftrightarrow \mathbf{0} \in \lambda \nabla f(x^*) - x^* + x^* + \lambda \partial g(x^*) \\ &\Leftrightarrow x^* - \lambda \nabla f(x^*) \in (I + \lambda \partial g)x^* \\ &\Leftrightarrow x^* = (I + \lambda \partial g)^{-1}(I - \lambda \nabla f)x^* \\ &\Leftrightarrow x^* = \mathrm{Prox}_{\lambda g}(I - \lambda \nabla f)x^*. \end{aligned}$$

□

基于不动点方程 (7.15), 我们可以导出求解凸优化问题 (7.14) 的邻近梯度算法.

算法 7.1 (邻近梯度算法)　任取定迭代初始点 $x_0 \in \mathcal{H}$, 按格式:

$$x_{n+1} = \mathrm{Prox}_{\lambda_n g}(I - \lambda_n \nabla f)x_n, \quad n \geqslant 0 \tag{7.16}$$

产生迭代序列 $\{x_n\}$, 其中 $\{\lambda_n\}$ 为正实数序列.

注 7.6 算法 7.1又被称为向前向后分裂算法. 特别地, 当 $f \equiv 0$ 时, 格式 (7.16) 成为

$$x_{n+1} = \mathrm{Prox}_{\lambda_n g}(x_n), \tag{7.17}$$

算法 (7.17) 称为邻近算法.

邻近梯度算法有如下收敛性结果.

定理 7.3 假设凸优化问题 (7.14) 有解. 如果

(i) ∇f 是 $\mathcal{H}$ 上的 Lipschitz 连续映像, 即存在 $L > 0$, 使得

$$\|\nabla f(x) - \nabla f(y)\| \leqslant L\|x - y\|, \quad \forall x, y \in \mathcal{H};$$

(ii) $0 < \varliminf_{n\to\infty} \lambda_n \leqslant \varlimsup_{n\to\infty} \lambda_n < \dfrac{2}{L}$,

那么由算法 7.1 产生的序列 $\{x_n\}$ 弱收敛于问题 (7.14) 的一个解.

证明 我们用 $\mathcal{S}$ 表示问题 (7.14) 的解集, 由假设 $\mathcal{S} \neq \varnothing$. 显然, 由引理 2.5 可知, 为证定理结论成立, 只需证明: 对任意 $x^* \in \mathcal{S}$, $\lim\limits_{n\to\infty} \|x_n - x^*\|$ 存在以及 $\omega_w(x_n) \subset \mathcal{S}$ 成立. 令

$$T_n = \mathrm{Prox}_{\lambda_n g}(I - \lambda_n \nabla f), \quad n \geqslant 0.$$

由假设条件 (ii), 我们不妨假设存在 $a, b \in \left(0, \dfrac{2}{L}\right)$, 使对一切 $n \geqslant 0$, 成立 $0 < a \leqslant \lambda_n \leqslant b < \dfrac{2}{L}$. 由于 ∇f 是 L-Lipschitz 连续映像, 所以由引理 4.3 可知 ∇f 是 $\dfrac{1}{L}$-反强单调映像, 从而由命题 5.3 可知 $\lambda_n \nabla f$ 是 $\dfrac{1}{\lambda_n L}$-反强单调映像, 进而有 $I - \lambda_n \nabla f$ 是 $\dfrac{\lambda_n L}{2}$-平均映像. 另一方面, 由命题 7.2 可知 $\mathrm{Prox}_{\lambda_n g}$ 是 firmly 非扩张映像, 因而是 $\dfrac{1}{2}$-平均映像, 于是由命题 5.4 我们断言 T_n 是 $\dfrac{1}{2} + \dfrac{\lambda_n L}{2} - \dfrac{\lambda_n L}{4} = \dfrac{2 + \lambda_n L}{4}$ 平均映像. 记 $\mu_n = \dfrac{2 + \lambda_n L}{4}$, 则 T_n 可改写为如下形式:

$$T_n = (1 - \mu_n) I + \mu_n G_n, \quad n \geqslant 0,$$

其中 $G_n : \mathcal{H} \to \mathcal{H}$ 是非扩张映像. 任取定 $x^* \in \mathcal{S}$, 则由命题 7.4 可知 $x^* \in \mathrm{Fix}(T_n) = \mathrm{Fix}(G_n), n \geqslant 0$. 再注意到格式 (7.16) 可改写为 $x_{n+1} = T_n x_n, n \geqslant 0$, 则有

$$\begin{aligned}\|x_{n+1} - x^*\|^2 &= \|(1 - \mu_n)(x_n - x^*) + \mu_n(G_n x_n - x^*)\|^2 \\ &= (1 - \mu_n)\|x_n - x^*\|^2 + \mu_n\|G_n x_n - G_n x^*\|^2\end{aligned}$$

$$
\begin{aligned}
&- \mu_n(1-\mu_n)\|x_n - G_n x_n\|^2 \\
&\leqslant \|x_n - x^*\|^2 - \mu_n(1-\mu_n)\|x_n - G_n x_n\|^2.
\end{aligned} \tag{7.18}
$$

由 (7.18) 可知 $\{\|x_n - x^*\|^2\}$ 为单调不增序列, 因而极限 $\lim\limits_{n\to\infty}\|x_n - x^*\|^2$ 存在, 并且 $\{x_n\}$ 是有界序列.

此外, 由 (7.18) 可知 $\sum\limits_{n=0}^{\infty}\mu_n(1-\mu_n)\|x_n - G_n x_n\|^2 < +\infty$, 注意到 $\mu_n \in \left[\dfrac{2+aL}{4}, \dfrac{2+bL}{4}\right] \subset (0,1), n \geqslant 0$, 可断言 $\sum\limits_{n=0}^{\infty}\|x_n - G_n x_n\|^2 < +\infty$, 从而有 $\lim\limits_{n\to\infty}\|x_n - G_n x_n\| = 0$. 再由迭代格式 $x_{n+1} - x_n = -\mu_n(x_n - G_n x_n)$ 可进一步得到

$$
\lim_{n\to\infty}\|x_{n+1} - x_n\| = 0. \tag{7.19}
$$

由于 $\{x_n\}$ 有界, 所以 $\omega_w(x_n) \neq \varnothing$, 任取定 $\overline{x} \in \omega_w(x_n)$, 则存在子列 $\{x_{n_j}\} \subset \{x_n\}$, 使得 $x_{n_j} \rightharpoonup \overline{x}\ (j\to\infty)$. 不妨设 $\lim\limits_{j\to\infty}\lambda_{n_j} = \overline{\lambda} \in [a,b] \subset \left(0, \dfrac{2}{L}\right)$. 令

$$
\begin{aligned}
y_j &= x_{n_j} - \lambda_{n_j}\nabla f(x_{n_j}), \\
z_j &= x_{n_j} - \overline{\lambda}\nabla f(x_{n_j}), \\
T_{\overline{\lambda}} &= \mathrm{Prox}_{\overline{\lambda}g}(I - \overline{\lambda}\nabla f),
\end{aligned}
$$

显然有 $\lim\limits_{j\to\infty}\|y_j - z_j\| = 0$. 利用命题 7.2 (ii) 得到

$$
\begin{aligned}
\|x_{n_j+1} - T_{\overline{\lambda}}x_{n_j}\| &= \|\mathrm{Prox}_{\lambda_{n_j}g}(y_j) - \mathrm{Prox}_{\overline{\lambda}g}(z_j)\| \\
&= \left\|\mathrm{Prox}_{\overline{\lambda}g}\left(\frac{\overline{\lambda}}{\lambda_{n_j}}y_j + \left(1 - \frac{\overline{\lambda}}{\lambda_{n_j}}\right)\mathrm{Prox}_{\lambda_{n_j}g}(y_j)\right) - \mathrm{Prox}_{\overline{\lambda}g}(z_j)\right\| \\
&\leqslant \frac{\overline{\lambda}}{\lambda_{n_j}}\|y_j - z_j\| + \left|1 - \frac{\overline{\lambda}}{\lambda_{n_j}}\right| \|\mathrm{Prox}_{\lambda_{n_j}g}(y_j) - z_j\|.
\end{aligned} \tag{7.20}
$$

又因为 $\{\|\mathrm{Prox}_{\lambda_{n_j}g}(y_j) - z_j\|\}$ 是有界量, 并且 $\lim\limits_{j\to\infty}\left|1 - \dfrac{\overline{\lambda}}{\lambda_{n_j}}\right| = 0$, 所以由 (7.20) 可断定

$$
\lim_{j\to\infty}\|x_{n_j+1} - T_{\overline{\lambda}}x_{n_j}\| = 0. \tag{7.21}
$$

综合 (7.19) 和 (7.21) 得到

$$\lim_{j\to\infty} \|x_{n_j} - T_{\overline{\lambda}} x_{n_j}\| = 0. \tag{7.22}$$

由 (7.22) 以及次闭原理可知 $\overline{x} \in \mathrm{Fix}(T_{\overline{\lambda}}) = \mathcal{S}$, 由 $\overline{x} \in \omega_w(x_n)$ 的任意性可知 $\omega_w(x_n) \subset \mathcal{S}$. □

注 7.7 上述定理证明属于 Xu[119], 该证明充分运用了非线性算子理论, 比原始证明更为简洁明了.

7.3 Kaczmarz 算法及其对偶算法

7.3.1 Kaczmarz 算法

在诸如医学图像或信号处理等实际应用领域中, 经常会碰到方程个数和未知数个数有几万个甚至更大规模的所谓大型或超大型线性方程组的求解问题. 在本节, 我们专门讨论常用于求解大型或超大型线性方程组的一类投影算法——Kaczmarz 算法及其对偶算法. 最近, 人们发现 Kaczmarz 算法在机器学习中也有重要应用 (例如, 见 [6], [80], [84]).

以 $\mathbb{R}^n$ 表示 n 维实列向量空间, 其通常内积以及由内积导出的范数分别表示为 $\langle\cdot,\cdot\rangle$ 和 $\|\cdot\|$, $\mathbb{R}^{m\times n}$ 表示 $m\times n$ 实矩阵空间. 我们考虑线性方程组:

$$Ax = b, \tag{7.23}$$

其中系数矩阵 $A \in \mathbb{R}^{m\times n}$ 和右端向量 $b \in \mathbb{R}^m$ 已知, $x \in \mathbb{R}^n$ 为未知向量. 我们以 $a_i^{\mathrm{T}} (i = 1, 2, \cdots, m)$ 表示系数矩阵 A 的行向量组, 则线性方程组(7.23)中的 m 个方程可以表示为 $a_i^{\mathrm{T}} x = b_i$ (或者 $\langle a_i, x\rangle = b_i$), $i = 1, 2, \cdots, m$. 我们将恒设系数矩阵 A 的行向量都不是零向量. 众所周知, 每一个方程 $a_i^{\mathrm{T}} x = b_i$ 在几何上表示 $\mathbb{R}^n$ 中的一个超平面:

$$H_i = \{x \in \mathbb{R}^n : a_i^{\mathrm{T}} x = b_i\}, \quad i = 1, 2, \cdots, m.$$

今后, 我们将把方程 $a_i^{\mathrm{T}} x = b_i$ 和超平面 H_i 视为同义语. 此外, 为符号简单起见, 我们今后把关于超平面 H_i 的正交投影算子 $P_{H_i} : \mathbb{R}^n \to H_i$ 简记为 P_i.

我们还要用到如下符号:

- $\mathcal{I}$ 表示指标集 $\{1, 2, \cdots, m\}$.
- $\lambda_{\min}$ 表示 $A^{\mathrm{T}} A$ 的最小非零特征值.
- $\|A\|_F$ 表示 A 的 Frobenius 范数, 即 $\|A\|_F = \sqrt{\sum_{i=1}^{m} \|a_i\|^2}$.

- $\alpha_F(A) = \max\limits_{i \in \mathcal{I}} \{\|A\|_F^2 - \|a_i\|^2\}$.
- $x^\dagger$ 表示问题 (7.23) 的最小范数解.
- $\mathbb{E}[\cdot]$ 和 $\mathbb{E}[\cdot\,|\,\cdot]$ 分别表示一个随机变量的期望和条件期望.

Kaczmarz 算法 (例如见 [74], [18, 第 8 章]) 是求解线性方程组问题 (7.23) 常用的算法之一. 利用投影算子族 $\{P_i\}_{i=1}^m$, 我们可以把 Kaczmarz 算法简洁地表示为: 任取定 $x^0 \in \mathbb{R}^n$,

$$x^{k+1} = P_{i(k)} x^k, \quad k \geqslant 0, \tag{7.24}$$

其中 $i(k) = (k \mod m) + 1$. 因为 Kaczmarz 算法在每一步迭代中仅使用一个方程, 所以 Kaczmarz 算法又被称为行处理法 [17], [22] 或序贯法. 关于 Kaczmarz 算法的收敛性, 有如下基本结果.

定理 7.4[18] 如果线性方程组 (7.23) 是相容的, 即线性方程组 (7.23) 的解集 $\mathcal{S} \neq \varnothing$, 则由 Kaczmarz 算法 (7.24) 产生的序列 $\{x^k\}$ 收敛到距离迭代初始点 x^0 最近的解 $P_{\mathcal{S}} x^0$.

证明 为符号简单起见, 以下把 $i(k)$ 简记为 i. 对任取定的 $x^* \in \mathcal{S}$, 注意到

$$x^{k+1} = x^k - \frac{\langle a_i, x^k \rangle - b_i}{\|a_i\|^2} a_i, \tag{7.25}$$

以及 $\langle a_i, x^* \rangle = b_i$, 直接计算可得

$$\begin{aligned}
&\|x^{k+1} - x^*\|^2 \\
&= \left\| x^k - x^* - \frac{\langle a_i, x^k \rangle - b_i}{\|a_i\|^2} a_i \right\|^2 \\
&= \|x^k - x^*\|^2 + \frac{|\langle a_i, x^k \rangle - b_i|^2}{\|a_i\|^2} - 2 \left\langle x^k - x^*, \frac{\langle a_i, x^k \rangle - b_i}{\|a_i\|^2} a_i \right\rangle \\
&= \|x^k - x^*\|^2 - \frac{|\langle a_i, x^k \rangle - b_i|^2}{\|a_i\|^2}.
\end{aligned} \tag{7.26}$$

由 (7.26) 容易看出如下结论成立:

(i) $\{\|x^k - x^*\|^2\}$ 单调不增, $\lim\limits_{k\to\infty} \|x^k - x^*\|^2$ 存在;

(ii) $\{x^k\}$ 有界;

(iii) $\lim\limits_{k\to\infty} \dfrac{|\langle a_i, x^k \rangle - b_i|^2}{\|a_i\|^2} = 0$.

利用 (7.25) 和结论 (iii) 又可断定

(iv) $\lim\limits_{k\to\infty} \|x^{k+1} - x^k\|^2 = 0$.

记 $k_l = lm+1, l=0,1,2,\cdots$. 则由 Kaczmarz 算法格式可知 $\{x^{k_l}\} \subset H_1$, 从而

$$a_1^{\mathrm{T}} x^{k_l} = b_1, \quad l = 0,1,2,\cdots. \tag{7.27}$$

由结论 (ii) 知 $\{x^{k_l}\}$ 有界, 从而必有 $\{x^{k_l}\}$ 的某子列收敛到 $\mathbb{R}^n$ 中某向量 $\hat{x}$. 不妨设 $x^{k_l} \to \hat{x}\,(l\to\infty)$, 于是在 (7.27) 中令 $l\to\infty$ 得到 $a_1^{\mathrm{T}}\hat{x} = b_1$. 由结论 (iv) 可知 $x^{k_l+1} \to \hat{x}\,(l\to\infty)$, 仍由计算格式可知

$$a_2^{\mathrm{T}} x^{k_l+1} = b_2, \quad l = 0,1,2,\cdots,$$

令 $l\to\infty$ 可得 $a_2^{\mathrm{T}}\hat{x} = b_2$, 如此讨论下去, 容易看出 $a_i^{\mathrm{T}}\hat{x} = b_i$, $i=1,2,\cdots,m$, 即 $\hat{x}\in\mathcal{S}$ 成立. 由结论 (i), $\lim\limits_{k\to\infty}\|x^k-\hat{x}\|^2$ 存在, 由于已证其子列 $\lim\limits_{l\to\infty}\|x^{k_l}-\hat{x}\|^2 = 0$, 所以可断定 $\lim\limits_{k\to\infty}\|x^k-\hat{x}\|^2 = 0$, 即 $\{x^k\}$ 收敛于 $\hat{x}\in\mathcal{S}$.

最后我们来证 $\hat{x} = P_{\mathcal{S}}x^0$. 事实上, 由 (7.25) 和 (7.26) 可得

$$\|x^k - x^*\|^2 = \|x^{k+1}-x^*\|^2 + \|x^{k+1}-x^k\|^2, \quad \forall x^*\in\mathcal{S}.$$

从而有

$$\|x^0 - x^*\|^2 = \|\hat{x}-x^*\|^2 + \sum_{k=0}^{\infty}\|x^{k+1}-x^k\|^2, \quad \forall x^*\in\mathcal{S}, \tag{7.28}$$

在 (7.28) 中取 $x^* = \hat{x}$, 得到

$$\|x^0-\hat{x}\|^2 = \sum_{k=0}^{\infty}\|x^{k+1}-x^k\|^2 \leqslant \|x^0-x^*\|^2, \quad \forall x^*\in\mathcal{S}.$$

由此可断定 $\hat{x} = P_{\mathcal{S}}x^0$ 成立. □

7.3.2 随机 Kaczmarz 算法

Kaczmarz 算法是按照线性方程组中方程的某种固定的排列次序进行逐次投影, 它的收敛速度严重依赖于方程的排列次序. 最糟糕的情形是超平面 H_i 与 H_{i+1} 几乎是平行的, 这从几何直观上也容易看出. 因此在排列方程次序时, 很要紧的一件事情是避免这种糟糕的情形出现[56]. 另外, 估计 Kaczmarz 算法的收敛速度也是比较困难的.

为了克服上述困难, Strohmer 和 Vershynin [111] 提出了如下随机 Kaczmarz 算法.

算法 7.2 (随机 Kaczmarz 算法)

第 0 步: 输入 A, b 和 x^0, 令 $k=0$.

第 1 步: 对当前 x^k, 按照概率 $\dfrac{\|a_{i_k}\|^2}{\|A\|_F^2}$ 选取 $i_k \in \{1,2,\cdots,m\}$, 计算 $x^{k+1} = P_{i_k}x^k$.

第 2 步: 令 $k \leftarrow k+1$, 并转向第 1 步.

Strohmer 和 Vershynin[111] 证明了当线性方程组 (7.23) 相容, $m \geqslant n$, 并且 A 是列满秩矩阵时, 随机 Kaczmarz 算法在期望意义下以线性收敛速度收敛到线性方程组 (7.23) 的唯一解. 稍后, Ma 等[88] 证明, 当迭代初始点属于 $\mathrm{span}\{a_1, a_2, \cdots, a_m\}$ 时, 无论矩阵 A 满足条件 $m \geqslant n$ 且列满秩, 还是满足条件 $m < n$ 且行满秩, 随机 Kaczmarz 算法都在期望意义下以线性收敛速度收敛到线性方程组 (7.23) 的最小范数解. 而 Gower 和 Richtárik [48] 则进一步证明即使去掉强加于矩阵 A 的列满秩或行满秩假设, 随机 Kaczmarz 算法的上述收敛性结果仍然成立. 确切地说, 以上学者们的收敛性结果可概括如下.

定理 7.5[48] 设线性方程组 (7.23) 是相容的. 如果初始点 x^0 从 $\mathrm{span}\{a_1, a_2, \cdots, a_m\}$ 中任意选定, 那么由随机 Kaczmarz 算法产生的序列 $\{x^k\}$ 在期望意义下以线性收敛速度收敛到线性方程组 (7.23) 的最小范数解 $x^\dagger$, 即

$$\mathbb{E}\left[\|x^k - x^\dagger\|^2\right] \leqslant \left(1 - \frac{\lambda_{\min}}{\|A\|_F^2}\right)^k \|x^0 - x^\dagger\|^2, \quad \forall k \geqslant 1. \tag{7.29}$$

下面我们将给出定理 7.5 的另外一种直接证明, 为此我们先证明三个引理作为定理证明的基本工具. 这三个引理在后续内容中还要用到.

引理 7.2 映 $\mathbb{R}^n$ 入 $\mathbb{R}^m$ 的线性算子

$$A: x \to Ax, \quad \forall x \in \mathbb{R}^n$$

在 $V = \mathrm{span}\{a_1, a_2, \cdots, a_m\}$ 上的限制是单射, 即 $A: V \to A(V)$ 是一一对应.

证明 $A: V \to A(V)$ 显然为满射, 为证其为单射, 只需证明若 $x \in V$ 使得 $Ax = \mathbf{0}$, 则必有 $x = \mathbf{0}$. 事实上, 由 $Ax = \mathbf{0}$ 可断定 $x \perp a_i$, $i = 1, 2, \cdots, m$, 因此必有 $x \in V^\perp$, 这里 $V^\perp$ 表示 V 的正交补子空间, 又因为 $x \in V$, 所以有 $x \in V \cap V^\perp = \{\mathbf{0}\}$, 从而有 $x = \mathbf{0}$. □

引理 7.3 设线性方程组 (7.23) 是相容的, 即其解集 $\mathcal{S} \neq \varnothing$, 则 $\mathcal{S} \cap V = \{x^\dagger\}$, 这里 $x^\dagger$ 为线性方程组 (7.23) 之最小范数解, 即 $x^\dagger = P_{\mathcal{S}}\mathbf{0}$. 此外, 还成立

$$x^\dagger = P_{\mathcal{S}} z, \quad \forall z \in V,$$

其中 $V = \mathrm{span}\{a_1, a_2, \cdots, a_m\}$.

证明 由于 $\mathcal{S}$ 是非空闭凸集, 所以度量投影 $P_{\mathcal{S}}\mathbf{0}$ 有意义, $P_{\mathcal{S}}\mathbf{0}$ 即为 $Ax = b$ 之最小范数解, 记之为 $x^\dagger$.

先证 $x^\dagger \in V$. 任取 $x^* \in \mathcal{S}$, 由投影定理可知 x^* 可作正交分解

$$x^* = \hat{x} + \bar{x},$$

其中 $\hat{x} \in V$, $\bar{x} \in V^\perp$. 注意到 $A\bar{x} = \mathbf{0}$, 所以有

$$A\hat{x} = A(\hat{x} + \bar{x}) = Ax^* = b,$$

这表明 $\hat{x} \in \mathcal{S}$, 因此 $\hat{x} \in \mathcal{S} \cap V$. 再由引理 7.2 可断定 $\mathcal{S} \cap V$ 必为独点集, 所以必然有 $\mathcal{S} \cap V = \{\hat{x}\}$.

另一方面, 由 $\|x^*\|^2 = \|\hat{x}\|^2 + \|\bar{x}\|^2 \geqslant \|\hat{x}\|^2$ 以及 $x^* \in \mathcal{S}$ 的任意性可知 $\hat{x} = x^\dagger$, 从而有 $\mathcal{S} \cap V = \{x^\dagger\}$.

最后来证对任意 $z \in V$, 成立 $x^\dagger = P_{\mathcal{S}} z$. 为此只需证

$$\langle z - x^\dagger, x^* - x^\dagger \rangle = 0, \quad \forall x^* \in \mathcal{S}.$$

事实上, 因为 $z, x^\dagger \in V$, 所以有 $z - x^\dagger \in V$, 另一方面, 上述讨论已证明 $x^\dagger = P_V x^*$, 因此 $x^* - x^\dagger = \bar{x} \in V^\perp$, 从而必有

$$\langle z - x^\dagger, x^* - x^\dagger \rangle = 0.$$

□

引理 7.4 对任意 $x \in V = \mathrm{span}\{a_1, a_2, \cdots, a_m\}$ 成立不等式

$$\|Ax\|^2 \geqslant \lambda_{\min} \|x\|^2.$$

证明 记 A 的秩为 r, 则显然 $A^{\mathrm{T}}A$ 的秩也是 r. 由于 $A^{\mathrm{T}}A$ 为实对称矩阵, 所以存在正交矩阵 Q 使得 $Q^{\mathrm{T}}A^{\mathrm{T}}AQ = \Lambda$ 为对角矩阵, 其中

$$\Lambda = \begin{bmatrix} \lambda_1 & & & & & & \\ & \lambda_2 & & & & \text{\huge 0} & \\ & & \ddots & & & & \\ & & & \lambda_r & & & \\ & & & & 0 & & \\ & \text{\huge 0} & & & & \ddots & \\ & & & & & & 0 \end{bmatrix}, \tag{7.30}$$

$\lambda_1, \lambda_2, \cdots, \lambda_r$ 是 $A^{\mathrm{T}}A$ 的所有非零特征值. 由于 $A^{\mathrm{T}}A$ 是半正定矩阵, 所以 $\lambda_i > 0, i = 1, 2, \cdots, r$, 记 Q 的列向量为 $q_1, q_2, \cdots, q_n$, 可断定

$$V = \mathrm{span}\{q_1, q_2, \cdots, q_r\}. \tag{7.31}$$

事实上, 由 $A^{\mathrm{T}}AQ = Q\Lambda$ 可得

$$A^{\mathrm{T}}Aq_i = \lambda_i q_i, \quad i = 1, 2, \cdots, r.$$

从而有

$$q_i = A^{\mathrm{T}}A\left(\frac{1}{\lambda_i}q_i\right), \quad i = 1, 2, \cdots, r. \tag{7.32}$$

(7.32) 表明 $q_i \in V, i = 1, 2, \cdots, r$. 另一方面, $q_1, q_2, \cdots, q_r$ 是线性无关向量组, 并且 V 是 $\mathbb{R}^n$ 的 r 维线性子空间, 所以 (7.31) 必成立. 由 (7.31) 可知, 任取 $x \in V$, 存在常数 $y_1, y_2, \cdots, y_r$, 使得

$$x = \sum_{i=1}^{r} y_i q_i, \tag{7.33}$$

注意到 Q 是正交矩阵, 由 (7.33) 可得

$$y := Q^{\mathrm{T}}x = Q^{\mathrm{T}}\left(\sum_{i=1}^{r} y_i q_i\right) = (y_1, y_2, \cdots, y_r, 0, \cdots, 0)^{\mathrm{T}} \tag{7.34}$$

以及

$$\|x\| = \|y\|. \tag{7.35}$$

于是由 (7.34) 和 (7.35) 可得

$$\begin{aligned}
\|Ax\|^2 &= x^{\mathrm{T}}A^{\mathrm{T}}Ax = (Qy)^{\mathrm{T}}A^{\mathrm{T}}A(Qy) \\
&= y^{\mathrm{T}}Q^{\mathrm{T}}A^{\mathrm{T}}AQy = y^{\mathrm{T}}\Lambda y = \sum_{i=1}^{r}\lambda_i y_i^2 \\
&\geqslant \lambda_{\min}\sum_{i=1}^{r} y_i^2 \\
&= \lambda_{\min}\|y\|^2 \\
&= \lambda_{\min}\|x\|^2.
\end{aligned}$$

□

证明 (定理 7.5 的证明) 假设 x^k 已得到, 与 (7.26) 同理, 由迭代算法格式直接计算可得

$$\|x^{k+1}-x^\dagger\|^2=\|x^k-x^\dagger\|^2-\frac{|\langle a_{i_k},x^k\rangle-b_{i_k}|^2}{\|a_{i_k}\|^2}. \tag{7.36}$$

于是在 x^k 已知的条件下, 随机变量 $\|x^{k+1}-x^\dagger\|^2$ 的条件期望

$$\begin{aligned}\mathbb{E}\left[\|x^{k+1}-x^\dagger\|^2 \mid x^k\right]&=\|x^k-x^\dagger\|^2-\sum_{i=1}^m\frac{\|a_i\|^2}{\|A\|_F^2}\frac{|\langle a_i,x^k\rangle-b_i|^2}{\|a_i\|^2}\\&=\|x^k-x^\dagger\|^2-\frac{1}{\|A\|_F^2}\sum_{i=1}^m|\langle a_i,x^k\rangle-b_i|^2\\&=\|x^k-x^\dagger\|^2-\frac{1}{\|A\|_F^2}\|Ax^k-b\|^2\\&=\|x^k-x^\dagger\|^2-\frac{1}{\|A\|_F^2}\|A(x^k-x^\dagger)\|^2. \end{aligned}\tag{7.37}$$

注意到 $x^0\in\operatorname{span}\{a_1,a_2,\cdots,a_m\}$, 则由投影公式容易发现 $\{x^k\}\subset\operatorname{span}\{a_1,a_2,\cdots,a_m\}$, 再由引理 7.3 可知 $x^\dagger\in\operatorname{span}\{a_1,a_2,\cdots,a_m\}$, 从而可断定 $\{x^k-x^\dagger\}\subset\operatorname{span}\{a_1,a_2,\cdots,a_m\}$. 利用 (7.37) 以及引理 7.4 可得

$$\mathbb{E}\left[\|x^{k+1}-x^\dagger\|^2\,|\,x^k\right]\leqslant\left(1-\frac{\lambda_{\min}}{\|A\|_F^2}\right)\|x^k-x^\dagger\|^2. \tag{7.38}$$

在 (7.38) 两端取全期望可得

$$\mathbb{E}\left[\|x^{k+1}-x^\dagger\|^2\right]\leqslant\left(1-\frac{\lambda_{\min}}{\|A\|_F^2}\right)\mathbb{E}[\|x^k-x^\dagger\|^2],\quad k\geqslant 0. \tag{7.39}$$

由 (7.39) 归纳可得

$$\begin{aligned}\mathbb{E}\left[\|x^{k+1}-x^\dagger\|^2\right]&\leqslant\left(1-\frac{\lambda_{\min}}{\|A\|_F^2}\right)^{k+1}\mathbb{E}\left[\|x^0-x^\dagger\|^2\right]\\&=\left(1-\frac{\lambda_{\min}}{\|A\|_F^2}\right)^{k+1}\|x^0-x^\dagger\|^2,\quad\forall\, k\geqslant 0.\end{aligned}\tag{7.40}$$

□

7.3.3 惯性随机 Kaczmarz 算法

在本小节, 我们介绍 He 等的新近结果——惯性随机 Kaczmarz 算法[62]. 该算法旨在采用惯性方法修正随机 Kaczmarz 算法, 加快随机 Kaczmarz 算法的收敛速度. 理论分析和数值计算结果均表明, 该算法对于解决系数矩阵高度相关的线性方程组问题非常有效.

在解决工程实际问题时常常会遇到高度相关的线性方程组. 所谓高度相关是指方程相应的超平面之间的夹角都比较小. 通常用数量

$$\delta(A) = \min_{i\neq j;\, 1\leqslant i,\ j\leqslant m} \left|\left\langle \frac{a_i}{\|a_i\|}, \frac{a_j}{\|a_j\|} \right\rangle\right|$$

来度量矩阵 A 的行向量间的相关性. $\delta(A)$ 越大, A 的行向量间的相关性就越强. 今后, 我们称 $\delta(A)$ 为 A 的相关性常数. 若 $\delta(A) > 0$, 则称线性方程组(7.23)是相关的. 容易理解, 当 $\delta(A)$ 很大时, 超平面间夹角都很小, 无论 Kaczmarz 算法还是随机 Kaczmarz 算法, 收敛速度都是很慢的. 因此, 设计随机 Kaczmarz 算法的加速算法以便有效地解决高度相关的线性方程组问题是一个有重要意义的课题.

惯性插值方法最初是由 Polyak[100] 提出的. 由于采用惯性插值技巧后算法每步迭代额外增加的计算工作量很小, 所以惯性插值方法被广泛用于许多迭代算法的加速收敛 (例如见 [37] 和 [47]). 为了说明什么是惯性方法, 我们从术语“**基本算法**”谈起. 假设 $\Psi : \mathbb{R}^n \to \mathbb{R}^n$ 是一个算法算子, 该算子逐次作用产生迭代算法格式:

$$x^{k+1} = \Psi(x^k), \quad \forall k \geqslant 0. \tag{7.41}$$

如果我们称格式 (7.41) 是一种基本算法, 那么基本算法(7.41)的惯性型算法形如:

$$x^{k+1} = \Psi(x^k + \alpha_k(x^k - x^{k-1})), \quad \forall k \geqslant 1, \tag{7.42}$$

其中 $\alpha_k(x^k - x^{k-1})$ 称为惯性项, α_k 称为惯性参数. 惯性算法的核心是: 为了构造下一迭代项 x^{k+1}, 不仅要用到当前迭代项 x^k, 而且还要用到前一步迭代项 x^{k-1}. 惯性参数序列 $\{\alpha_k\}$ 的选取对于惯性型算法有效性的影响是至关重要的, 恰当的惯性参数序列的选取可以使得很多凸优化问题的一阶迭代算法关于目标函数的收敛速度从 $O(1/k)$ 提高到 $O(1/k^2)$ 或 $o(1/k^2)$ (详细分析见 [5, 10, 95]). 为了进一步加快算法的收敛速度, Liang[82] 最近提出多步惯性方法, 该方法在每步迭代中要用到之前已有的更多数目的迭代项.

2021 年, He 等基于惯性方法修正随机 Kaczmarz 算法的思想, 提出一种适合解决高度相关线性方程组问题的新算法——惯性随机 Kaczmarz 算法.

算法 7.3 (惯性随机 Kaczmarz 算法[62])

输入: A 和 b.

第 0 步: 任取 $x^0 \in \text{span}\{a_1, a_2, \cdots, a_m\}$, 设 $w^0 = x^0$, 按照概率 $p_{i_0} = \dfrac{\|a_{i_0}\|^2}{\|A\|_F^2}$ 选取 $i_0 \in \{1, 2, \cdots, m\}$.

计算

$$x^1 = P_{i_0} w^0. \tag{7.43}$$

令 $k = 1$.

第 1 步: 按照概率 $p_{i_k} = \dfrac{\|a_{i_k}\|^2}{\|A\|_F^2 - \|a_{i_{k-1}}\|^2}$ 选取 $i_k \in \{1, 2, \cdots, m\} - \{i_{k-1}\}$.

第 2 步: 令

$$\gamma_k = \frac{(a_{i_k}^{\mathrm{T}} x^k - b_{i_k})\langle a_{i_{k-1}}, a_{i_k}\rangle}{\|a_{i_{k-1}}\|^2 \|a_{i_k}\|^2 - \langle a_{i_{k-1}}, a_{i_k}\rangle^2}, \tag{7.44}$$

$$w^k = x^k + \gamma_k a_{i_{k-1}}, \tag{7.45}$$

计算

$$x^{k+1} = P_{i_k} w^k. \tag{7.46}$$

第 3 步: 令 $k \leftarrow k + 1$, 转为第 1 步.

注 7.8 算法 7.3 的两点说明:

(i) 算法 7.3 本质上是一种惯性算法. 事实上, 对于任意 $k \geqslant 1$, 注意到 $x^k = P_{i_{k-1}} w^{k-1}$, 我们可得

$$x^k - w^{k-1} = -\frac{a_{i_{k-1}}^{\mathrm{T}} w^{k-1} - b_{i_{k-1}}}{\|a_{i_{k-1}}\|^2} a_{i_{k-1}}. \tag{7.47}$$

由 (7.45) 和 (7.47) 很容易看出, 在 $x^k \neq w^{k-1}$ 情况下, (7.45) 能被重写成如下形式:

$$w^k = x^k + \gamma_k'(x^k - w^{k-1}), \tag{7.48}$$

其中

$$\gamma_k' = -\frac{(a_{i_k}^{\mathrm{T}} x^k - b_{i_k})\langle a_{i_{k-1}}, a_{i_k}\rangle \|a_{i_{k-1}}\|^2}{(a_{i_{k-1}}^{\mathrm{T}} w^{k-1} - b_{i_{k-1}})[\|a_{i_{k-1}}\|^2 \|a_{i_k}\|^2 - \langle a_{i_{k-1}}, a_{i_k}\rangle^2]}. \tag{7.49}$$

因此 (7.46) 具有如下形式:

$$x^{k+1} = P_{i_k}(x^k + \gamma_k'(x^k - w^{k-1})). \tag{7.50}$$

由 (7.50) 可知, 构造 x^{k+1} 时涉及 $x^0, x^1, \cdots, x^k$, 因此算法 7.3 是一种惯性算法 (例如可参考 [37]).

(ii) 若 A 是已经规范化的, 即满足条件 $\|a_i\| = 1$, $i = 1, 2, \cdots, m$, 则我们可以设 $\mu_k = \langle a_{i_{k-1}}, a_{i_k} \rangle$, $r^k = a_{i_k}^{\mathrm{T}} x^k - b_{i_k}$, 把算法 7.3 中的 (7.44)—(7.46) 表示为如下更为简洁的公式:

$$x^{k+1} = x^k + \frac{r^k \mu_k}{1-\mu_k^2} a_{i_{k-1}} - \frac{r^k}{1-\mu_k^2} a_{i_k}. \tag{7.51}$$

利用 (7.51) 实施算法 7.3 更加方便.

引理 7.5 (7.44) 给出的惯性参数序列在如下意义下是最佳的: 对于每一个 $k \geqslant 1$, γ_k 使得对每个 $x^* \in \mathcal{S}$, $\|x^{k+1} - x^*\|^2$ 取得最小值.

证明 对于任一 $k \geqslant 0$, 由 (7.43), (7.46), (2.30) 以及 $a_{i_k}^{\mathrm{T}} x^* = b_{i_k}$ 可得

$$\begin{aligned}
&\|x^{k+1} - x^*\|^2 \\
=& \|P_{i_k} w^k - x^*\|^2 \\
=& \left\| w^k - x^* - \frac{a_{i_k}^{\mathrm{T}} w^k - b_{i_k}}{\|a_{i_k}\|^2} a_{i_k} \right\|^2 \\
=& \|w^k - x^*\|^2 - 2\left\langle w^k - x^*, \frac{a_{i_k}^{\mathrm{T}} w^k - b_{i_k}}{\|a_{i_k}\|^2} a_{i_k} \right\rangle + \frac{|a_{i_k}^{\mathrm{T}} w^k - b_{i_k}|^2}{\|a_{i_k}\|^2} \\
=& \|w^k - x^*\|^2 - \frac{|a_{i_k}^{\mathrm{T}} w^k - b_{i_k}|^2}{\|a_{i_k}\|^2}.
\end{aligned} \tag{7.52}$$

对于任一 $k \geqslant 1$, 注意到 $a_{i_{k-1}}^{\mathrm{T}} x^* = b_{i_{k-1}}$, 由 (7.47) 可得

$$\langle x^k - x^*, a_{i_{k-1}} \rangle = 0. \tag{7.53}$$

因此, 有

$$\|w^k - x^*\|^2 = \|x^k - x^* + \gamma_k a_{i_{k-1}}\|^2 = \|x^k - x^*\|^2 + \gamma_k^2 \|a_{i_{k-1}}\|^2, \quad \forall k \geqslant 1. \tag{7.54}$$

于是可得

$$\begin{aligned}
&|a_{i_k}^{\mathrm{T}} w^k - b_{i_k}|^2 \\
=& |a_{i_k}^{\mathrm{T}} (x^k + \gamma_k a_{i_{k-1}}) - b_{i_k}|^2 \\
=& |a_{i_k}^{\mathrm{T}} x^k - b_{i_k}|^2 + \gamma_k^2 \langle a_{i_{k-1}}, a_{i_k} \rangle^2 + 2\gamma_k \langle a_{i_{k-1}}, a_{i_k} \rangle (a_{i_k}^{\mathrm{T}} x^k - b_{i_k}), \quad \forall k \geqslant 1.
\end{aligned} \tag{7.55}$$

结合 (7.52), (7.54) 和 (7.55), 可得

$$\begin{aligned}&\|x^{k+1}-x^*\|^2\\=&\|x^k-x^*\|^2-\frac{|a_{i_k}^{\mathrm{T}}x^k-b_{i_k}|^2}{\|a_{i_k}\|^2}+\gamma_k^2\left(\|a_{i_{k-1}}\|^2-\frac{\langle a_{i_{k-1}},a_{i_k}\rangle^2}{\|a_{i_k}\|^2}\right)\\&-2\gamma_k\frac{\langle a_{i_{k-1}},a_{i_k}\rangle(a_{i_k}^{\mathrm{T}}x^k-b_{i_k})}{\|a_{i_k}\|^2},\quad \forall k\geqslant 1.\end{aligned}\tag{7.56}$$

注意到对于任意取定的 $x^*\in\mathcal{S}$, 在当前迭代 x^k 已经获得, 向量 a_{i_k} 由随机选取方式确定之后,

$$\|x^k-x^*\|^2-\frac{|a_{i_k}^{\mathrm{T}}x^k-b_{i_k}|^2}{\|a_{i_k}\|^2},$$

$$\|a_{i_{k-1}}\|^2-\frac{\left\langle a_{i_{k-1}},a_{i_k}\right\rangle^2}{\|a_{i_k}\|^2},$$

以及

$$\frac{\left\langle a_{i_{k-1}},a_{i_k}\right\rangle\left(a_{i_k}^{\mathrm{T}}x^k-b_{i_k}\right)}{\|a_{i_k}\|^2}$$

均为确定常数, 因此 (7.56) 之右端实际上是关于 γ_k 的二次多项式函数. 容易验证, 当 γ_k 按照 (7.44) 取值时, 这个二次多项式函数达到其最小值, 也就是 $\|x^{k+1}-x^*\|^2$ 达到最小值, 这表明在这一意义之下, (7.44) 给出的惯性参数选取方式是最佳的. □

引理 7.6 令 $\{x^k\}$ 是由算法 7.3 所产生的序列, 则对于任给 $k\geqslant 1$ 和 $x^*\in\mathcal{S}$, 如下结论成立:

(i)

$$\|x^{k+1}-x^*\|^2=\|x^k-x^*\|^2-\frac{|a_{i_k}^{\mathrm{T}}x^k-b_{i_k}|^2}{\|a_{i_k}\|^2}\cdot\frac{1}{1-\left\langle\frac{a_{i_{k-1}}}{\|a_{i_{k-1}}\|},\frac{a_{i_k}}{\|a_{i_k}\|}\right\rangle^2}.\tag{7.57}$$

(ii)

$$\|x^{k+1}-x^k\|^2=\frac{|a_{i_k}^{\mathrm{T}}x^k-b_{i_k}|^2}{\|a_{i_k}\|^2}\cdot\frac{1}{1-\left\langle\frac{a_{i_{k-1}}}{\|a_{i_{k-1}}\|},\frac{a_{i_k}}{\|a_{i_k}\|}\right\rangle^2}.\tag{7.58}$$

证明 (i) 显然, 把 (7.44) 代入 (7.56) 可知 (7.57) 成立.

(ii) 由 (7.45) 和 (7.46), 我们有

$$x^{k+1} - x^k = \gamma_k \left(a_{i_{k-1}} - \frac{\langle a_{i_{k-1}}, a_{i_k} \rangle}{\|a_{i_k}\|^2} a_{i_k} \right) - \frac{a_{i_k}^{\mathrm{T}} x^k - b_{i_k}}{\|a_{i_k}\|^2} a_{i_k}.$$

注意到

$$\left\langle a_{i_{k-1}} - \frac{\langle a_{i_{k-1}}, a_{i_k} \rangle}{\|a_{i_k}\|^2} a_{i_k}, a_{i_k} \right\rangle = 0,$$

我们有

$$\|x^{k+1} - x^k\|^2 = \frac{|a_{i_k}^{\mathrm{T}} x^k - b_{i_k}|^2}{\|a_{i_k}\|^2} + \gamma_k^2 \left(\|a_{i_{k-1}}\|^2 - \frac{\langle a_{i_{k-1}}, a_{i_k} \rangle^2}{\|a_{i_k}\|^2} \right). \tag{7.59}$$

因此, 把 (7.44) 代入 (7.59) 可知 (7.58) 成立. □

定理 7.6 任取定 $x^0 \in \operatorname{span}\{a_1, a_2, \cdots, a_m\}$, 令 $\{x^k\}$ 是由算法 7.3 所产生的序列, 则 $\{x^k\}$ 线性收敛于线性方程组 (7.23) 的最小范数解 $x^\dagger$. 确切地说, 对于所有 $k \geqslant 1$, 下式成立:

$$\mathbb{E}\left[\|x^{k+1} - x^\dagger\|^2\right] \leqslant \left(1 - \frac{\lambda_{\min}}{\alpha_F(A)(1 - \delta^2(A))}\right)^k \left(1 - \frac{\lambda_{\min}}{\|A\|_F^2}\right) \|x^0 - x^\dagger\|^2. \tag{7.60}$$

证明 注意到 $w^0 = x^0$, 我们由 (7.43), (7.52) 和 (2.30) 可得

$$\|x^1 - x^\dagger\|^2 = \|x^0 - x^\dagger\|^2 - \frac{|a_{i_0}^{\mathrm{T}} x^0 - b_{i_0}|^2}{\|a_{i_0}\|^2}.$$

由于 $x^0 - x^\dagger \in \operatorname{span}\{a_1, a_2, \cdots, a_m\}$, 根据引理 7.4 可得

$$\begin{aligned}
\mathbb{E}\left[\|x^1 - x^\dagger\|^2\right] &= \|x^0 - x^\dagger\|^2 - \sum_{i_0 \in \mathcal{I}} \frac{\|a_{i_0}\|^2}{\|A\|_F^2} \frac{|a_{i_0}^{\mathrm{T}} x^0 - b_{i_0}|^2}{\|a_{i_0}\|^2} \\
&= \|x^0 - x^\dagger\|^2 - \sum_{i_0 \in \mathcal{I}} \frac{\|a_{i_0}\|^2}{\|A\|_F^2} \frac{|a_{i_0}^{\mathrm{T}} (x^0 - x^\dagger)|^2}{\|a_{i_0}\|^2} \\
&= \|x^0 - x^\dagger\|^2 - \frac{1}{\|A\|_F^2} \|A(x^0 - x^\dagger)\|^2 \\
&\leqslant \left(1 - \frac{\lambda_{\min}}{\|A\|_F^2}\right) \|x^0 - x^\dagger\|^2.
\end{aligned} \tag{7.61}$$

对任一 $k \geqslant 1$, 由 (7.57), 有

$$\|x^{k+1} - x^\dagger\|^2 \leqslant \|x^k - x^\dagger\|^2 - \frac{|a_{i_k}^{\mathrm{T}} x^k - b_{i_k}|^2}{\|a_{i_k}\|^2} \cdot \frac{1}{1 - \delta^2(A)}. \tag{7.62}$$

由算法 7.3 的第 1 步和 (7.62), 可得

$$
\begin{aligned}
&\mathbb{E}\left[\|x^{k+1}-x^\dagger\|^2 \mid x^k\right] \\
\leqslant\ &\|x^k-x^\dagger\|^2-\frac{1}{1-\delta^2(A)}\sum_{i_k\in\mathcal{I}-\{i_{k-1}\}}\frac{\|a_{i_k}\|^2}{\|A\|_F^2-\|a_{i_{k-1}}\|^2}\cdot\frac{|a_{i_k}^{\mathrm{T}}x^k-b_{i_k}|^2}{\|a_{i_k}\|^2} \\
\leqslant\ &\|x^k-x^\dagger\|^2-\frac{1}{\alpha_F(A)(1-\delta^2(A))}\sum_{i_k\in\mathcal{I}-\{i_{k-1}\}}|a_{i_k}^{\mathrm{T}}x^k-b_{i_k}|^2.
\end{aligned}\tag{7.63}
$$

另一方面, 由 (7.53), 可得 $a_{i_{k-1}}^{\mathrm{T}}x^k-b_{i_{k-1}}=0$, 再根据引理 7.4 可得

$$
\begin{aligned}
&\sum_{i_k\in\mathcal{I}-\{i_{k-1}\}}|a_{i_k}^{\mathrm{T}}x^k-b_{i_k}|^2 \\
=\ &\sum_{i_k\in\mathcal{I}}|a_{i_k}^{\mathrm{T}}x^k-b_{i_k}|^2=\sum_{i_k\in\mathcal{I}}|a_{i_k}^{\mathrm{T}}(x^k-x^\dagger)|^2=\|A(x^k-x^\dagger)\|^2 \\
\geqslant\ &\lambda_{\min}\|x^k-x^\dagger\|^2.
\end{aligned}\tag{7.64}
$$

结合 (7.63) 和 (7.64), 得

$$
\mathbb{E}\left[\|x^{k+1}-x^\dagger\|^2 \mid x^k\right]\leqslant\left(1-\frac{\lambda_{\min}}{\alpha_F(A)(1-\delta^2(A))}\right)\|x^k-x^\dagger\|^2.\tag{7.65}
$$

在 (7.65) 两端取全期望, 我们有

$$
\mathbb{E}\left[\|x^{k+1}-x^\dagger\|^2\right]\leqslant\left(1-\frac{\lambda_{\min}}{\alpha_F(A)(1-\delta^2(A))}\right)\mathbb{E}\left[\|x^k-x^\dagger\|^2\right].\tag{7.66}
$$

由数学归纳法, (7.61) 和 (7.66) 可得 (7.60). □

7.3.4 对偶 Kaczmarz 算法

在本小节, 我们介绍 He 等[61] 于 2022 年提出的对偶随机 Kaczmarz 算法.

我们回顾一下用 Kaczmarz 算法、随机 Kaczmarz 算法以及惯性随机 Kaczmarz 算法求线性方程组问题 (7.23) 最小范数解的实现过程, 容易发现从任意选定的迭代初始点 $x^0\in\mathrm{span}\{a_1,a_2,\cdots,a_m\}$ 出发, 用上述任一种算法产生的迭代序列 $\{x^k\}$ 中的每一项都是向量组 a_i $(i=1,2,\cdots,m)$ 的线性组合, 即 x^k 必然具有形式

$$
x^k=\sum_{i=1}^m\alpha_i^k a_i.\tag{7.67}
$$

因此 x^k 可由向量 $\alpha^k = (\alpha_1^k, \alpha_2^k, \cdots, \alpha_m^k)^{\mathrm{T}}$ 确定, 今后我们将称 α^k 为 x^k 的组合系数向量. 基于这一简单事实, 为了节省随机 Kaczmarz 算法的计算工作量, 从而进一步加快随机 Kaczmarz 算法的收敛速度, He 等[61] 提出了对偶随机 Kaczmarz 算法, 其基本思想是除最后一步迭代外, 每步迭代只更新 x^k 的组合系数向量 α^k 而不是更新向量 x^k 本身, 只在最后一步迭代完成之后, 才算出迭代向量 x^K, 这里 K 表示迭代次数. 他们证明对相同的迭代次数 K, 对偶随机 Kaczmarz 算法与随机 Kaczmarz 算法每步迭代所需平均计算工作量之比为

$$\kappa := \frac{1}{4}\left(\frac{2m+1}{n} + \frac{2m-1}{K}\right).$$

这表明只要 $\kappa < 1$, 对偶随机 Kaczmarz 算法就比随机 Kaczmarz 算法更加有效. 特别地, 对于欠定的线性方程组, 对偶随机 Kaczmarz 算法的优势更加明显, 数值结果也显示对偶随机 Kaczmarz 算法的优越性[61].

在本小节, 我们始终假设:

(1) 线性方程组 (7.23) 已经做过规范化处理, 即满足条件 $\|a_i\| = 1, i = 1, 2, \cdots, m$.

(2) Gram 矩阵 $W = (\langle a_i, a_j\rangle)_{m\times m}$ 已经事先算出.

显然假设 (1) 并不失一般性, 此假设只是为了讨论方便, 记号简洁. 至于假设 (2) 主要是为了避免大量重复性计算, 因为在对偶随机 Kaczmarz 算法实现过程中, Gram 矩阵将会被反复多次调用.

为了给出对偶随机 Kaczmarz 算法的格式, 我们需要首先导出相邻两个迭代向量 x^k 和 $x^{k+1}(k \geqslant 0)$ 的组合系数向量的递推关系. 为此, 我们分析采用随机 Kaczmarz 算法求线性方程组 (7.23) 最小范数解的迭代过程, 任取定向量 $\alpha^0 = (\alpha_1^0, \alpha_2^0, \cdots, \alpha_m^0)^{\mathrm{T}} \in \mathbb{R}^m$, 以 $x^0 = \sum_{i=1}^m \alpha_i^0 a_i$ 为迭代初始向量开始实施随机 Kaczmarz 算法. 假设 $x^k(k \geqslant 0)$ 已经得到并且具有形式 (7.67), 由随机 Kaczmarz 迭代格式, 以概率 $\frac{\|a_j\|^2}{\|A\|_F^2}$ 随机选取 $j \in \{1, 2, \cdots, m\}$, 则有

$$\begin{aligned} x^{k+1} &= \sum_{i=1}^m \alpha_i^k a_i - \left(\left\langle a_j, \sum_{i=1}^m \alpha_i^k a_i\right\rangle - b_j\right) a_j \\ &= \sum_{i=1}^m \alpha_i^k a_i - \left(\sum_{i=1}^m \alpha_i^k \langle a_j, a_i\rangle - b_j\right) a_j. \end{aligned} \tag{7.68}$$

于是对 $l=1,2,\cdots,m$, 成立

$$\alpha_l^{k+1}=\begin{cases}\alpha_l^k, & l\neq j,\\ \alpha_j^k-\left(\sum_{i=1}^{m}\alpha_i^k\langle a_j,a_i\rangle-b_j\right), & l=j.\end{cases}\tag{7.69}$$

基于 (7.69), 我们给出对偶随机 Kaczmarz 算法.

算法 7.4 (对偶随机 Kaczmarz 算法)

输入: A, b, W 和 K(迭代次数).

输出: x^K.

第 0 步: 任意选择 $\alpha^0=(\alpha_1^0,\alpha_2^0,\cdots,\alpha_m^0)^{\mathrm{T}}\in\mathbb{R}^m$, 并令 $k=0$.

第 1 步: 对当前 $\alpha^k=(\alpha_1^k,\alpha_2^k,\cdots,\alpha_m^k)^{\mathrm{T}}$, 以概率 $p_j=\dfrac{\|a_j\|^2}{\|A\|_F^2}$ 随机选取 $j\in\{1,2,\cdots,m\}$, 并通过公式 (7.69) 计算向量 $\alpha^{k+1}=(\alpha_1^{k+1},\alpha_2^{k+1},\cdots,\alpha_m^{k+1})^{\mathrm{T}}$.

第 2 步: 若 $k+1<K$, 则令 $k\leftarrow k+1$ 并转向第 1 步. 若 $k+1=K$, 则计算

$$x^K=\sum_{i=1}^{m}\alpha_i^K a_i,$$

并终止迭代.

接下来, 我们分析在什么情况下, 对偶随机 Kaczmarz 算法比随机 Kaczmarz 算法更为有效, 为此, 我们比较两种算法的计算复杂度. 对于随机 Kaczmarz 算法, 在每步迭代中计算一次投影需要进行 $4n$ 次运算, 包括 $2n$ 次乘法运算和 $2n$ 次加法运算. 对于对偶随机 Kaczmarz 算法, 在第 2 步中计算 x^K 需要进行 $(2m-1)n$ 次运算, 其中包括 mn 次乘法运算和 $(m-1)n$ 次加法运算, 而在第 1 步中更新一个组合系数向量的分量则需要 $2m+1$ 次运算的工作量, 其中包括 m 次乘法运算和 $m+1$ 次加法运算. 很明显, 对偶随机 Kaczmarz 算法的主要计算工作量发生在第 2 步中.

以 K 表示迭代次数, 则对偶随机 Kaczmarz 算法所需总计算工作量为 $(2m+1)K+(2m-1)n$ 次运算. 因此, 对偶随机 Kaczmarz 算法每次迭代所需平均计算工作量为 $(2m+1)+(2m-1)\dfrac{n}{K}$ 次运算. 容易理解, 只要

$$(2m+1)+(2m-1)\frac{n}{K}<4n,$$

那么对偶随机 Kaczmarz 算法就比随机 Kaczmarz 算法更为有效.

于是得到下述结果.

定理 7.7 设 $\kappa=\frac{1}{4}\left(\frac{2m+1}{n}+\frac{2m-1}{K}\right)$ 表示对偶随机 Kaczmarz 算法与随机 Kaczmarz 算法每步迭代所需平均计算工作量之比, 则只要 $\kappa<1$, 对偶随机 Kaczmarz 算法比随机 Kaczmarz 算法更为有效.

我们再对对偶随机 Kaczmarz 算法作一些简单讨论. 由于我们面对的是大型或超大型线性方程组的求解问题, m,n 都比较大, 另外, 一般而言迭代次数 $K\gg m$, 所以

$$\kappa\approx\frac{m}{2n}\left(1+\frac{n}{K}\right), \tag{7.70}$$

由 (7.70) 可知, 如果 $m<2n, K\gg n$ 或者 $m\leqslant n, K>n$, 那么对偶随机 Kaczmarz 算法优于随机 Kaczmarz 算法. 特别地, 对于欠定线性方程组, 对偶随机 Kaczmarz 算法的优势更为明显. 例如, 如果 $\frac{m}{n}=\frac{2}{3},\frac{n}{K}=1$, 那么 $\kappa=\frac{2}{3}$, 这就意味着采用对偶随机 Kaczmarz 算法会比采用随机 Kaczmarz 算法节省三分之一的计算工作量.

以上我们详细讨论了对偶随机 Kaczmarz 算法, 原则上讲, 任何一种 Kaczmarz 型算法都可以写出其对偶形式. 例如, 由于经典 Kaczmarz 算法与随机 Kaczmarz 算法的区别仅仅在于每次迭代方程选取方式不同, 所需计算工作量完全相同, 因此很显然上述关于对偶随机 Kaczmarz 算法的结论对于经典 Kaczmarz 算法的对偶形式同样成立.

在本小节最后, 我们给出惯性随机 Kaczmarz 算法的对偶形式, 并比较对偶形式与原始算法的计算复杂度.

首先由惯性算法 7.3 及其注 7.8 可知, 惯性算法 7.3 可以改写为便于实施的如下更为简洁的形式.

算法 7.5 (惯性随机 Kaczmarz 算法另一形式)

输入: A, b 和 W.

第 0 步: 任选 $x^0\in\operatorname{span}\{a_1,a_2,\cdots,a_m\}$, 按概率 $p_{i_0}=\frac{\|a_{i_0}\|^2}{\|A\|_F^2}$ 随机选取 $i_0\in\{1,2,\cdots,m\}$.

计算

$$x^1=P_{i_0}x^0,$$

并令 $k=1$.

第 1 步: 按概率 $p_{i_k}=\frac{\|a_{i_k}\|^2}{\|A\|_F^2-\|a_{i_{k-1}}\|^2}$ 随机选取 $i_k\in\{1,2,\cdots,m\}-\{i_{k-1}\}$.

计算

$$r^k=\langle a_{i_k},x^k\rangle-b_{i_k},$$

$$x^{k+1}=x^k+\frac{r^k}{1-\langle a_{i_{k-1}},a_{i_k}\rangle^2}\left(\langle a_{i_{k-1}},a_{i_k}\rangle a_{i_{k-1}}-a_{i_k}\right).$$

第 2 步: 令 $k\leftarrow k+1$ 并转向第 1 步.

经过类似于对偶随机 Kaczmarz 算法的讨论, 容易给出惯性随机 Kaczmarz 算法的对偶形式如下.

算法 7.6 (惯性随机 Kaczmarz 算法的对偶形式)

输入: A, b, W 以及 K(迭代次数).

第 0 步: 任取 $\alpha^0=(\alpha_1^0,\alpha_2^0,\cdots,\alpha_m^0)^{\mathrm{T}}\in\mathbb{R}^m$, 按概率 $p_{i_0}=\dfrac{\|a_{i_0}\|^2}{\|A\|_F^2}$ 随机选取 $i_0\in\{1,2,\cdots,m\}$, 计算

$$\alpha_l^1=\begin{cases}\alpha_l^0, & l\neq i_0,\\ \alpha_{i_0}^0-\left(\sum\limits_{i=1}^{m}\alpha_i^0\langle a_{i_0},a_i\rangle-b_{i_0}\right), & l=i_0,\end{cases}\tag{7.71}$$

其中 $l=1,2,\cdots,m$.

第 1 步: 对 $k=1,2,\cdots,K-1$, 按概率 $p_{i_k}=\dfrac{\|a_{i_k}\|^2}{\|A\|_F^2-\|a_{i_{k-1}}\|^2}$ 随机选取 $i_k\in\{1,2,\cdots,m\}-\{i_{k-1}\}$, 并计算

$$\alpha_l^{k+1}=\begin{cases}\alpha_l^k, & l\neq i_{k-1},\ i_k,\\ \alpha_{i_{k-1}}^k+\dfrac{\left(\sum_{i=1}^m\alpha_i^k\langle a_{i_k},a_i\rangle-b_{i_k}\right)\langle a_{i_{k-1}},a_{i_k}\rangle}{1-\langle a_{i_{k-1}},a_{i_k}\rangle^2}, & l=i_{k-1},\\ \alpha_{i_k}^k-\dfrac{\sum_{i=1}^m\alpha_i^k\langle a_{i_k},a_i\rangle-b_{i_k}}{1-\langle a_{i_{k-1}},a_{i_k}\rangle^2}, & l=i_k,\end{cases}\tag{7.72}$$

其中 $l=1,2,\cdots,m$.

第 2 步: 若 $k=K$, 则计算

$$x^K=\sum_{i=1}^m\alpha_i^Ka_i,$$

算法终止.

我们现在估计惯性随机 Kaczmarz 算法及其对偶算法的计算工作量.

对于惯性随机 Kaczmarz 算法, 第 0 步所需计算工作量为 $4n$ 次运算, 其中包括 $2n$ 次乘法运算和 $2n$ 次加法运算. 在第 1 步中, 每次迭代所需计算工作量约为

$6n$ 次运算, 其中包括约 $3n$ 次乘法运算和 $3n$ 次加法运算. 由于第 0 步仅实施一次, 所以我们可以认为每次迭代所需计算工作量为 $6n$ 次运算.

对于惯性随机 Kaczmarz 对偶算法, 第 0 步需要 $2m+1$ 次运算, 包括 m 次乘法运算和 $m+1$ 次加法运算. 由于第 0 步仅实施一次, 所以我们主要估计第 1 步与第 2 步所需计算工作量即可. 第 1 步中每次迭代需要 $2m+6$ 次运算, 包括 $m+3$ 次乘法运算和 $m+3$ 次加法运算. 第 2 步中计算 x^K 所需计算工作量为 $(2m-1)n$ 次运算, 其中包括 mn 次乘法运算和 $(m-1)n$ 次加法运算. 于是每次迭代所需平均计算工作量为 $(2m+6)+(2m-1)\dfrac{n}{K}$. 因此, 只要

$$(2m+6)+(2m-1)\frac{n}{K}<6n,$$

那么惯性随机 Kaczmarz 算法的对偶形式就比原始算法更为有效.

我们还发现, 惯性随机 Kaczmarz 算法每次迭代所需计算工作量比随机 Kaczmarz 算法增加了 50%(由 $4n$ 增加到 $6n$), 而惯性随机 Kaczmarz 算法的对偶算法每步迭代所需平均计算工作量几乎与对偶随机 Kaczmarz 算法相同 $\left(\text{由}(2m+1)+(2m-1)\dfrac{n}{K}\ \text{增加到}\ (2m+6)+(2m-1)\dfrac{n}{K}\right)$.

7.4 选择性投影方法

7.4.1 凸可行问题的选择性投影方法

本小节我们介绍 He 等[60] 提出的凸可行问题的选择性投影方法.

凸可行问题是多集分裂可行问题的一种特殊情形. 设 $\mathcal{H}$ 是实 Hilbert 空间, 其内积和范数分别表示为 $\langle\cdot,\cdot\rangle$ 和 $\|\cdot\|$, 设 m 是一个正整数, $\{C^i\}_{i=1}^m$ 是 $\mathcal{H}$ 的一个有限闭凸子集族, 并且假设其交集 $C:=\bigcap_{i=1}^m C^i\neq\varnothing$. 所谓凸可行问题 ([8], [12], [32], [49], [97]) 就是要寻求一个向量 x^* 使得

$$x^*\in C:=\bigcap_{i=1}^m C^i. \tag{7.73}$$

凸可行问题研究始于 von Neumann[97]. 凸可行问题在影像科学、工程设计、医疗以及统计学等许多领域有广泛的应用 (例如见 [25], [32], [40], [110]). 凸可行问题的求解方法主要有投影方法, 许多已有的计算方法, 在每次迭代中往往涉及每个

投影算子 $P_{C^i}(i=1,2,\cdots,m)$ 的计算问题 (例如见 [12],[49],[69],[97]). 2018 年, He 等提出求解 (7.73) 的选择性投影方法, 该方法在每次迭代中先按某种规则选出 $\{C^i\}_{i=1}^m$ 中的一个闭凸集, 然后做一次关于选出闭凸集的投影计算, 从而使该算法更为简洁, 在一定程度上节省部分计算工作量.

下面我们给出选择性投影方法, 用于求解问题 (7.73), 其中每个凸集是一个凸函数的水平集. 更确切说, 我们考虑凸可行问题:

$$\text{寻求 } x^* \text{ 满足 } \ x^* \in C := \bigcap_{i=1}^m C^i, \tag{7.74}$$

其中

$$C^i = \{x \in \mathcal{H} : c_i(x) \leqslant 0\}, \quad i=1,2,\cdots,m,$$

对每个 $i=1,2,\cdots,m$, $c_i:\mathcal{H}\to\mathbb{R}$ 是一个凸函数. 此外, 我们恒设 $C\neq\varnothing$.

解决问题 (7.74) 的选择性投影方法如下.

算法 7.7 (凸可行问题的选择性投影方法)

第 1 步: 任取定 $x^0\in\mathcal{H}$, 并令 $k=0$.

第 2 步: 对当前迭代 x^k, 如果 $x^k\in C$, 即 $c_i(x^k)\leqslant 0$, $i=1,2,\cdots,m$, 停止迭代, x^k 是问题 (7.74) 的解. 否则选择 $i_k\in\{1,2,\cdots,m\}$ 使得

$$c_{i_k}(x^k) = \max_{1\leqslant i\leqslant m}\{c_i(x^k)\}. \tag{7.75}$$

第 3 步: 计算新迭代

$$x^{k+1} = P_{C^{i_k}}(x^k).$$

令 $k\leftarrow k+1$ 并返回第 2 步.

定理 7.8 假设对每个 $i=1,2,\cdots,m$, $c_i:\mathcal{H}\to\mathbb{R}$ 是一个有界一致连续函数 (也就是说在每一个 $\mathcal{H}$ 中的有界子集上一致连续), 则算法 7.7 产生的序列 $\{x^k\}$ 弱收敛到问题 (7.74) 的一个解.

证明 不失一般性, 我们假设对于所有的 $k\geqslant 0$, 有 $x^k\notin C$. 对任意 $x^*\in C$, 根据命题 2.10(i) 有

$$\begin{aligned} \|x^{k+1}-x^*\|^2 &= \|P_{C^{i_k}}x^k - P_{C^{i_k}}x^*\|^2 \\ &\leqslant \|x^k-x^*\|^2 - \|x^k-x^{k+1}\|^2. \end{aligned} \tag{7.76}$$

由 (7.76) 可知 $\{\|x^k-x^*\|\}$ 是单调不增的, 因此 $\{x^k\}$ 是有界的并且极限 $\lim\limits_{k\to\infty}\|x^k-x^*\|^2$ 存在. 此外, 我们得到

$$\sum_{k=0}^{\infty}\|x^k-x^{k+1}\|^2 < +\infty.$$

特别地, 有 $\|x^k - x^{k+1}\| \to 0\ (k \to \infty)$. 由引理 2.5 可知, 为证结论成立, 我们只需证明 $\omega_w(x^k) \subset C$. 任取 $\hat{x} \in \omega_w(x^k)$, 则存在 $\{x^k\}$ 的子序列 $\{x^{k_j}\}$ 弱收敛到 $\hat{x}$. 注意到 $x^{k+1} \in C^{i_k}$, 得到

$$c_{i_k}(x^{k+1}) \leqslant 0. \tag{7.77}$$

由 (7.75) 和 (7.77) 我们断定对于任意的 $i \in \{1, 2, \cdots, m\}$ 有

$$c_i(x^{k_j}) \leqslant c_{i_{k_j}}(x^{k_j}) \leqslant c_{i_{k_j}}(x^{k_j}) - c_{i_{k_j}}(x^{k_j+1}). \tag{7.78}$$

注意到 $x^{k_j} \rightharpoonup \hat{x}$, $\|x^{k_j} - x^{k_j+1}\| \to 0$, 以及 c_i 是弱下半连续和有界一致连续的函数, 我们对 (7.78), 令 $j \to \infty$ 两端取极限得到 $c_i(\hat{x}) \leqslant 0$. 因此 $\hat{x} \in C$, 从而有 $\omega_w(x^k) \subset C$. □

注 7.9 当投影算子 $\{P_{C^i}\}_{i=1}^m$ 没有显式表达式时, 选择性投影方法不易实现, 为克服这一困难, He 等[60] 采用松弛投影技巧提出了选择性松弛投影方法, 证明了算法的弱收敛性.

7.4.2 多集分裂可行问题的选择性投影方法

本小节我们介绍 He 等[60] 提出的多集分裂可行问题的选择性投影方法.

假设 $\mathcal{H}_1$ 和 $\mathcal{H}_2$ 是两个实的 Hilbert 空间, 其内积和范数不加区分地分别表示为 $\langle \cdot, \cdot \rangle$ 和 $\|\cdot\|$. 设 t 和 r 是两个正整数, $\{C^i\}_{i=1}^t$ 和 $\{Q^j\}_{j=1}^r$ 分别为 $\mathcal{H}_1$ 和 $\mathcal{H}_2$ 中的两个有限非空闭凸子集族. 所谓多集分裂可行问题[25] 的一般提法是: 寻求向量 x^* 满足条件:

$$x^* \in \bigcap_{i=1}^t C^i \quad \text{以及} \quad Ax^* \in \bigcap_{j=1}^r Q^j, \tag{7.79}$$

其中 A 是映 $\mathcal{H}_1$ 入 $\mathcal{H}_2$ 的一个有界线性算子.

多集分裂可行问题可以模拟强度调制放射治疗[23]. 当 $t = r = 1$ 时, 问题 (7.79) 称为分裂可行问题[24]. 分裂可行问题是为了描述相位恢复反问题, 由 Censor 和 Elfving[24] 于 1994 年提出的. 与凸可行问题类似, 许多已有多集分裂可行问题的迭代算法, 每次迭代往往需要计算所有 $r+t$ 个投影算子 $\{P_{C^i}\}_{i=1}^t \cup \{P_{Q^j}\}_{j=1}^r$. 基于凸可行问题选择性投影算法的基本思想, He 等[60] 提出用于求解 $\{C^i\}_{i=1}^t$ 和 $\{Q^j\}_{j=1}^r$ 分别为 $\mathcal{H}_1$ 和 $\mathcal{H}_2$ 上有限凸函数水平集族情形下的多集分裂可行问题.

我们考虑多集分裂可行问题 (7.79), 其中

$$C^i = \{x \in \mathcal{H}_1 : c_i(x) \leqslant 0\}, \quad i = 1, 2, \cdots, t,$$

$$Q^j = \{y \in \mathcal{H}_2 : q_j(y) \leqslant 0\}, \quad j = 1, 2, \cdots, r,$$

$c_i : \mathcal{H}_1 \to \mathbb{R}(i = 1, 2, \cdots, t)$ 和 $q_j : \mathcal{H}_2 \to \mathbb{R}(j = 1, 2, \cdots, r)$ 均为凸函数. 我们用 A^* 表示有界线性算子 A 的 Hilbert 共轭算子, 我们总是假设所考虑的多集分裂可行问题有解, 并用 $\mathcal{S}$ 表示其解集.

算法 7.8 (多集分裂可行问题的选择性投影方法)

第 1 步: 任取定 $x^0 \in \mathcal{H}_1$, 并令 $k = 0$.

第 2 步: 对当前迭代 x^k, 选择 $i_k \in \{1, 2, \cdots, t\}$ 和 $j_k \in \{1, 2, \cdots, r\}$ 使得

$$c_{i_k}(x^k) = \max_{1 \leqslant i \leqslant t}\{c_i(x^k)\} \tag{7.80}$$

和

$$q_{j_k}(Ax^k) = \max_{1 \leqslant j \leqslant r}\{q_j(Ax^k)\}. \tag{7.81}$$

第 3 步: 计算新的迭代

$$x^{k+1} = P_{C^{i_k}}(x^k + \omega_k \gamma_k d_k), \tag{7.82}$$

其中 $0 < \underline{\omega} \leqslant \omega_k \leqslant \overline{\omega} < 2$, $d_k = A^*(P_{Q^{j_k}} - I)Ax^k$ 以及

$$\gamma_k = \begin{cases} 0, & \|d_k\| = 0, \\ \dfrac{\|(P_{Q^{j_k}} - I)Ax^k\|^2}{\|A^*(P_{Q^{j_k}} - I)Ax^k\|^2}, & \|d_k\| \neq 0. \end{cases} \tag{7.83}$$

令 $k \leftarrow k + 1$ 并转向第 2 步.

定理 7.9 假设对于任意 $i = 1, 2, \cdots, t$ 和 $j = 1, 2, \cdots, r$, $c_i : \mathcal{H}_1 \to \mathbb{R}$ 和 $q_j : \mathcal{H}_2 \to \mathbb{R}$ 是一个有界一致连续函数 (分别在每一个 $\mathcal{H}_1$ 或 $\mathcal{H}_2$ 中的有界子集上一致连续). 则算法 7.8 产生的序列 $\{x^k\}$ 弱收敛到问题 (7.79) 的某个解.

证明 任取定 $x^* \in \mathcal{S}$, 因为投影算子是 firmly 非扩张映像, 所以我们从 (7.82) 和 (2.24) 可知

$$\begin{aligned} \|x^{k+1} - x^*\|^2 &= \|P_{C^{i_k}}(x^k + \omega_k \gamma_k d_k) - P_{C^{i_k}} x^*\|^2 \\ &\leqslant \|x^k - x^* + \omega_k \gamma_k d_k\|^2 - \|x^k - x^{k+1} + \omega_k \gamma_k d_k\|^2 \\ &= \|x^k - x^*\|^2 + 2\omega_k \gamma_k \langle x^k - x^*, d_k \rangle + {\omega_k}^2 {\gamma_k}^2 \|d_k\|^2 \\ &\quad - \|x^k - x^{k+1} + \omega_k \gamma_k d_k\|^2. \end{aligned} \tag{7.84}$$

因为 $Ax^* \in Q^{j_k}$, 由投影算子的特征不等式 (命题 2.9), 我们得到

$$\langle x^* - x^k, d_k \rangle = \langle x^* - x^k, A^*(P_{Q^{j_k}} - I)Ax^k \rangle$$

$$
\begin{aligned}
&= \langle Ax^* - Ax^k, P_{Q^{j_k}}(Ax^k) - Ax^k \rangle \\
&= \langle Ax^* - P_{Q^{j_k}}(Ax^k) + P_{Q^{j_k}}(Ax^k) - Ax^k, P_{Q^{j_k}}(Ax^k) - Ax^k \rangle \\
&= \|P_{Q^{j_k}}(Ax^k) - Ax^k\|^2 + \langle Ax^* - P_{Q^{j_k}}(Ax^k), P_{Q^{j_k}}(Ax^k) - Ax^k \rangle \\
&\geqslant \|P_{Q^{j_k}}(Ax^k) - Ax^k\|^2.
\end{aligned} \tag{7.85}
$$

根据 γ_k 的定义 (7.83), 我们有

$$
\|P_{Q^{j_k}}(Ax^k) - Ax^k\|^2 = \gamma_k \|d_k\|^2. \tag{7.86}
$$

于是, 不等式 (7.85) 可以被重新写成

$$
\gamma_k \|d_k\|^2 \leqslant \langle x^* - x^k, d_k \rangle. \tag{7.87}
$$

把 (7.87) 代入 (7.84), 我们得到

$$
\begin{aligned}
\|x^{k+1} - x^*\|^2 &\leqslant \|x^k - x^*\|^2 - (2 - \omega_k)\omega_k {\gamma_k}^2 \|d_k\|^2 - \|x^k - x^{k+1} + \omega_k \gamma_k d_k\|^2 \\
&\leqslant \|x^k - x^*\|^2 - (2 - \overline{\omega})\underline{\omega} {\gamma_k}^2 \|d_k\|^2 - \|x^k - x^{k+1} + \omega_k \gamma_k d_k\|^2.
\end{aligned} \tag{7.88}
$$

这表明 $\{x^k\}$ 是有界的, $\lim\limits_{k\to\infty} \|x^k - x^*\|^2$ 存在, 并且

$$
\sum_{k=0}^{\infty} \left((2 - \overline{\omega})\underline{\omega} {\gamma_k}^2 \|d_k\|^2 + \|x^k - x^{k+1} + \omega_k \gamma_k d_k\|^2 \right) < +\infty. \tag{7.89}
$$

从 (7.89) 可知

$$
\gamma_k \|d_k\| \to 0 \ \ (k \to \infty) \tag{7.90}
$$

和

$$
\|x^k - x^{k+1} + \omega_k \gamma_k d_k\|^2 \to 0 \ \ (k \to \infty). \tag{7.91}
$$

从而, 综合 (7.90) 和 (7.91) 得到

$$
\|x^k - x^{k+1}\| \to 0 \ \ (k \to \infty). \tag{7.92}
$$

注意到 d_k 的有界性, 根据 (7.90) 知

$$
\|P_{Q^{j_k}}(Ax^k) - Ax^k\| \to 0 \ \ (k \to \infty). \tag{7.93}
$$

现在我们证明 $\omega_w(x^k)\subset\mathcal{S}$. 对于任意 $\hat{x}\in\omega_w(x^k)$, 选择子序列 $\{x^{k_l}\}\subset\{x^k\}$ 使得 $x^{k_l}\rightharpoonup\hat{x}$, 由 (7.92) 知 $x^{k_l+1}\rightharpoonup\hat{x}$. 对每个 $i=1,2,\cdots,t$, 利用 (7.80) 和 $c_{i_{k_l}}(x^{k_l+1})\leqslant 0$ (由 (7.82) 可知 $x^{k_l+1}\in C^{i_{k_l}}$), 我们有

$$c_i(x^{k_l})\leqslant c_{i_{k_l}}(x^{k_l})\leqslant c_{i_{k_l}}(x^{k_l})-c_{i_{k_l}}(x^{k_l+1}). \tag{7.94}$$

在 (7.94) 中令 $l\to\infty$, 由 (7.92) 以及 c_i 的有界一致连续性, 我们得到

$$c_i(\hat{x})\leqslant 0,\quad i=1,2,\cdots,t. \tag{7.95}$$

这意味着 $\omega_w(x^k)\in\bigcap\limits_{i=1}^{t}C^i$.

另一方面, 注意到明显的事实 $q_{j_{k_l}}(P_{Q^{j_{k_l}}}(Ax^{k_l}))\leqslant 0$, 从 (7.81) 知, 对每个 $j=1,2,\cdots,r$,

$$q_j(Ax^{k_l})\leqslant q_{j_{k_l}}(Ax^{k_l})\leqslant q_{j_{k_l}}(Ax^{k_l})-q_{j_{k_l}}(P_{Q^{j_{k_l}}}(Ax^{k_l})). \tag{7.96}$$

利用 (7.93) 以及 q_j 的有界一致连续性, 由 (7.96) 可断定

$$q_j(A\hat{x})\leqslant 0,\quad j=1,2,\cdots,r, \tag{7.97}$$

即 $A\hat{x}\in\bigcap\limits_{j=1}^{r}Q^j$. 因此, 我们证明 $\omega_w(x^k)\subset\mathcal{S}$. 应用引理 2.5, 我们断言 $\{x^k\}$ 弱收敛到问题 (7.79) 的一个解. □

注 7.10 当投影算子 $\{P_{C^i}\}_{i=1}^{t}$ 和 $\{P_{Q^j}\}_{j=1}^{r}$ 没有显式表达式时, 多集分裂可行问题的选择性投影方法不易实现, 为了克服这一困难, He 等[60] 提出选择性松弛投影方法, 并证明了算法的弱收敛性.

7.5 单调变分包含问题的多步惯性邻近收缩算法

本小节我们介绍 Zhang 等[128] 提出的单调变分包含问题的多步惯性邻近收缩算法.

在科学和工程领域中, 例如反问题、信号与图像处理、机器学习中有许多问题最后都归结为求解如下凸优化问题:

$$\min_{x\in\mathcal{H}}\{f(x)+g(x)\}, \tag{7.98}$$

其中 $\mathcal{H}$ 为 Hilbert 空间, $f,g \in \Gamma_0(\mathcal{H})$. 若 f 是可微的, 则 $x^* \in \mathcal{H}$ 是凸优化问题 (7.98) 的解的充分必要条件是

$$\mathbf{0} \in \nabla f(x^*) + \partial g(x^*), \tag{7.99}$$

就是说求解凸优化问题 (7.98) 等价于求算子 $\nabla f + \partial g$ 的零点, 也就可以归结为如下更为一般的单调变分包含问题: 寻找 $x \in \mathcal{H}$, 使得

$$\mathbf{0} \in A(x) + h(x), \tag{7.100}$$

其中 $A: \mathcal{H} \to 2^{\mathcal{H}}$ 是极大单调算子, $h: \mathcal{H} \to \mathcal{H}$ 是单值、单调映像. 再假设 h 是 L-Lipschitz 连续映像且所考虑的单调变分包含问题 (7.100) 有解, 并用 $\mathcal{S}$ 表示其解集, 即 $\mathcal{S} \neq \varnothing$.

算法 7.9 (单调变分包含问题的多步惯性邻近收缩算法)

第 1 步: 任取定正整数 t, 任取 $x_0 \in \mathcal{H}$, 令对于 $i \in \{1,2,\cdots,t\}$, $x_{-i} = x_0$, 并令 $k = 0$.

第 2 步: 对当前迭代 x_k, 计算

$$w_k = x_k + \sum_{i=1}^{t} \alpha_{i,k}(x_{k-i+1} - x_{k-i}) \tag{7.101}$$

和

$$y_k = J_{\lambda_k}^A(\omega_k - \lambda_k h(\omega_k)), \tag{7.102}$$

其中 $\alpha_{i,k} \in (-1,1)$, $i = 1,2,\cdots,t$.

如果 $\omega_k - y_k = 0$: 停止迭代.

第 3 步: 计算

$$d_k = (\omega_k - y_k) - \lambda_k(h(\omega_k) - h(y_k))$$

和

$$x_{k+1} = \omega_k - \gamma\beta_k d_k,$$

其中 $\gamma \in (0,2)$,

$$\beta_k := \begin{cases} \dfrac{\langle \omega_k - y_k, d_k \rangle}{\|d_k\|^2}, & \|d_k\| \neq 0, \\ c, & \|d_k\| = 0, \end{cases} \tag{7.103}$$

其中 $c > 1$ 为任一常数, 令 $k \leftarrow k+1$ 并转向第 2 步.

注 7.11 (i) 若 $t=1$, 记 $\alpha_{1,k}=\alpha_k$, 则算法 7.9 转化为如下单步惯性邻近收缩算法:

$$\begin{cases}\omega_k = x_k + \alpha_k(x_k - x_{k-1}),\\ y_k = J^A_{\lambda_k}(\omega_k - \lambda_k h(\omega_k)),\\ d_k = (\omega_k - y_k) - \lambda_k(h(\omega_k) - h(y_k)),\\ x_{k+1} = \omega_k - \gamma\beta_k d_k.\end{cases} \tag{7.104}$$

(ii) 若对于任一个迭代步 k 以及对于任一 $i\in\{1,2,\cdots,t\}$, $\alpha_{i,k}\equiv 0$, 则算法 7.9 转化为如下邻近收缩算法[129]:

$$\begin{cases}y_k = J^A_{\lambda_k}(x_k - \lambda_k h(x_k)),\\ d_k = (x_k - y_k) - \lambda_k(h(x_k) - h(y_k)),\\ x_{k+1} = x_k - \gamma\beta_k d_k.\end{cases}$$

设 $c_1,\ c_2\in(0,1)$, 下面给出算法 7.9 中的步长 $\{\lambda_k\}$ 需要满足的条件:

$$\langle \omega_k - y_k, d_k\rangle \geqslant c_1\|\omega_k - y_k\|^2, \tag{7.105}$$

$$\beta_k \geqslant c_2, \tag{7.106}$$

以及

$$\inf_{k\geqslant 0}\{\lambda_k\} \geqslant \underline{\lambda} > 0. \tag{7.107}$$

注 7.12 若序列 $\{x_k\}$ 是由算法 7.9 产生的, 满足上述的步长条件的 $\{\lambda_k\}$ 是可以取到的[107, 126]. 事实上, 当 $\{\lambda_k\}$ 按照如下两种情形之一选取时, $\{\lambda_k\}$ 都满足步长条件 (7.105)—(7.107):

(1) $\lambda_k\in[a,b]\subset\left(0,\dfrac{1}{L}\right)$;

(2) λ_k 是自适应选取的, $\lambda_k=\sigma\eta^{m_k}$, $\sigma>0$, $\eta\in(0,1)$, 其中 m_k 是使得如下不等式成立的最小非负整数

$$\lambda_k\|h(\omega_k)-h(y_k)\| \leqslant \nu\|\omega_k - y_k\|, \tag{7.108}$$

其中 $\nu\in(0,1)$ 是任意给定的.

引理 7.7 设 $\{\lambda_k\}$ 满足 (7.105) 和 (7.106), $x^*\in\mathcal{S}$, 则由算法 7.9 产生的序列 $\{x_k\}$ 满足如下结论:

(i)

$$\|x_{k+1} - x^*\|^2 \leqslant \|\omega_k - x^*\|^2 - \frac{2-\gamma}{\gamma}\|\omega_k - x_{k+1}\|^2. \tag{7.109}$$

(ii)

$$\|\omega_k - y_k\|^2 \leqslant \frac{1}{c_1 c_2 \gamma^2}\|\omega_k - x_{k+1}\|^2. \tag{7.110}$$

证明　(i) 由 x_{k+1} 的定义, 我们有

$$\begin{aligned}\|x_{k+1} - x^*\|^2 &= \|\omega_k - x^* - \gamma\beta_k d_k\|^2 \\ &= \|\omega_k - x^*\|^2 - 2\gamma\beta_k\langle\omega_k - x^*, d_k\rangle + \gamma^2\beta_k^2\|d_k\|^2.\end{aligned} \tag{7.111}$$

由 $J_{\lambda_k}^A$ 的 firmly 非扩张性, 可得

$$\begin{aligned}&\langle J_{\lambda_k}^A(I-\lambda_k h)\omega_k - J_{\lambda_k}^A(I-\lambda_k h)x^*, (I-\lambda_k h)\omega_k - (I-\lambda_k h)x^*\rangle \\ \geqslant&\|J_{\lambda_k}^A(I-\lambda_k h)\omega_k - J_{\lambda_k}^A(I-\lambda_k h)x^*\|^2 = \|y_k - x^*\|^2.\end{aligned} \tag{7.112}$$

由 (7.112), 可得

$$\begin{aligned}&\langle y_k - x^*, \omega_k - y_k - \lambda_k h(\omega_k)\rangle \\ =& \langle J_{\lambda_k}^A(I-\lambda_k h)\omega_k - J_{\lambda_k}^A(I-\lambda_k h)x^*, \quad (I-\lambda_k h)\omega_k - y_k\rangle \\ \geqslant& \|y_k - x^*\|^2 + \langle y_k - x^*, x^* - y_k\rangle + \langle y_k - x^*, \quad -\lambda_k h(x^*)\rangle \\ =& -\langle y_k - x^*, \quad \lambda_k h(x^*)\rangle.\end{aligned}$$

因此, 有

$$\langle y_k - x^*, \quad \omega_k - y_k - \lambda_k(h(\omega_k) - h(x^*))\rangle \geqslant 0. \tag{7.113}$$

又由 h 的单调性以及 $\lambda_k > 0$, 我们有

$$\langle y_k - x^*, \lambda_k h(y_k) - \lambda_k h(x^*)\rangle \geqslant 0. \tag{7.114}$$

结合 (7.113) 和 (7.114), 得

$$\langle y_k - x^*, d_k\rangle = \langle y_k - x^*, \quad \omega_k - y_k - \lambda_k h(\omega_k) + \lambda_k h(y_k)\rangle \geqslant 0.$$

于是可得

$$\langle \omega_k - x^*, d_k\rangle = \langle \omega_k - y_k, d_k\rangle + \langle y_k - x^*, d_k\rangle$$

$$\geqslant \langle \omega_k - y_k, d_k \rangle. \tag{7.115}$$

将 (7.115) 代入 (7.111), 可得

$$\begin{aligned} \|x_{k+1} - x^*\|^2 &\leqslant \|\omega_k - x^*\|^2 - 2\gamma\beta_k\langle \omega_k - y_k, d_k\rangle + \gamma^2\beta_k\langle \omega_k - y_k, d_k\rangle \\ &= \|\omega_k - x^*\|^2 - \gamma(2-\gamma)\beta_k\langle \omega_k - y_k, d_k\rangle. \end{aligned} \tag{7.116}$$

再由 x_{k+1} 的定义, 我们注意到

$$\beta_k\langle \omega_k - y_k, d_k\rangle = \|\beta_k d_k\|^2 = \frac{1}{\gamma^2}\|\omega_k - x_{k+1}\|^2. \tag{7.117}$$

结合 (7.116) 和 (7.117), 可得 (7.109).

(ii) 由 (7.117) 和 (7.106), 可得

$$\langle \omega_k - y_k, d_k\rangle = \frac{1}{\beta_k\gamma^2}\|\omega_k - x_{k+1}\|^2 \leqslant \frac{1}{c_2\gamma^2}\|\omega_k - x_{k+1}\|^2. \tag{7.118}$$

再结合 (7.118) 和 (7.105), 可得

$$\|\omega_k - y_k\|^2 \leqslant \frac{1}{c_1}\langle \omega_k - y_k, d_k\rangle \leqslant \frac{1}{c_1c_2\gamma^2}\|\omega_k - x_{k+1}\|^2.$$

□

定理 7.10 设 $\{\lambda_k\}$ 满足步长条件 (7.105)—(7.107). 设 $\sum_{i=1}^{t}\overline{\alpha}_i < 1$, 其中 $\overline{\alpha}_i := \sup_{k\geqslant 0}|\alpha_{i,k}|$. 若

$$\sum_{k=0}^{\infty}\left(\max_{1\leqslant i\leqslant t}|\alpha_{i,k}|\sum_{i=1}^{t}\|x_{k-i+1} - x_{k-i}\|^2\right) < +\infty \tag{7.119}$$

成立, 则由算法 7.9 产生的序列 $\{x_k\}$ 弱收敛到单调变分包含问题 (7.100) 的一个解.

证明 任取定 $x^* \in \mathcal{S}$, 由 ω_k 的定义, 可得

$$\begin{aligned} &\|x_{k+1} - x^*\|^2 - \|x_k - x^*\|^2 \\ &= -\|x_{k+1} - x_k\|^2 - 2\langle x_{k+1} - x^*, x_k - x_{k+1}\rangle \\ &= -\|x_{k+1} - x_k\|^2 - 2\langle x_{k+1} - x^*, \omega_k - x_{k+1}\rangle + 2\langle x_{k+1} - x^*, \omega_k - x_k\rangle \\ &= -\|x_{k+1} - x_k\|^2 - 2\langle x_{k+1} - x^*, \omega_k - x_{k+1}\rangle \end{aligned}$$

$$+ 2\sum_{i=1}^{t}\alpha_{i,k}\langle x_{k+1}-x^*, x_{k-i+1}-x_{k-i}\rangle. \tag{7.120}$$

对任意向量 $p_1, p_2, p_3 \in \mathcal{H}$, 容易验证如下恒等式成立:

$$2\langle p_1-p_2, p_1-p_3\rangle = \|p_1-p_2\|^2+\|p_1-p_3\|^2-\|p_2-p_3\|^2, \tag{7.121}$$

利用 (7.121), 我们注意到

$$\begin{aligned}
&\langle x_{k-i+1}-x_{k-i}, x_{k+1}-x^*\rangle\\
=&\langle x_{k-i+1}-x_{k-i}, x_{k+1}-x_k+x_k-x_{k-i+1}\rangle+\langle x_{k-i+1}-x_{k-i}, x_{k-i+1}-x^*\rangle\\
=&\langle x_{k-i+1}-x_{k-i}, x_{k+1}-x_k\rangle+\frac{1}{2}(\|x_k-x_{k-i}\|^2-\|x_k-x_{k-i+1}\|^2)\\
&+\frac{1}{2}(\|x_{k-i+1}-x^*\|^2-\|x_{k-i}-x^*\|^2)
\end{aligned} \tag{7.122}$$

和

$$\langle x_{k+1}-x^*, \omega_k-x_{k+1}\rangle=\frac{1}{2}(\|\omega_k-x^*\|^2-\|\omega_k-x_{k+1}\|^2-\|x_{k+1}-x^*\|^2). \tag{7.123}$$

于是由 (7.109) 和 (7.123), 可得

$$\langle x_{k+1}-x^*, \omega_k-x_{k+1}\rangle \geqslant \frac{1-\gamma}{\gamma}\|\omega_k-x_{k+1}\|^2. \tag{7.124}$$

再结合 (7.120), (7.122) 和 (7.124), 可得

$$\begin{aligned}
&\|x_{k+1}-x^*\|^2-\|x_k-x^*\|^2\\
\leqslant&-\|x_{k+1}-x_k\|^2-\frac{2(1-\gamma)}{\gamma}\|\omega_k-x_{k+1}\|^2\\
&+2\left\langle x_{k+1}-x_k, \sum_{i=1}^{t}\alpha_{i,k}(x_{k-i+1}-x_{k-i})\right\rangle\\
&+\sum_{i=1}^{t}\alpha_{i,k}(\|x_k-x_{k-i}\|^2-\|x_k-x_{k-i+1}\|^2)\\
&+\sum_{i=1}^{t}\alpha_{i,k}(\|x_{k-i+1}-x^*\|^2-\|x_{k-i}-x^*\|^2),
\end{aligned} \tag{7.125}$$

于是

$$\begin{aligned}
&\|x_{k+1}-x^*\|^2-\|x_k-x^*\|^2-\sum_{i=1}^{t}\alpha_{i,k}(\|x_{k-i+1}-x^*\|^2-\|x_{k-i}-x^*\|^2)\\
\leqslant&-\|x_{k+1}-x_k\|^2-\frac{2(1-\gamma)}{\gamma}\|\omega_k-x_{k+1}\|^2\\
&+2\left\langle x_{k+1}-x_k,\sum_{i=1}^{t}\alpha_{i,k}(x_{k-i+1}-x_{k-i})\right\rangle\\
&+\sum_{i=1}^{t}\alpha_{i,k}(\|x_k-x_{k-i}\|^2-\|x_k-x_{k-i+1}\|^2). \qquad (7.126)
\end{aligned}$$

由于

$$\begin{aligned}
\|x_{k+1}-\omega_k\|^2&=\|x_{k+1}-x_k-\sum_{i=1}^{t}\alpha_{i,k}(x_{k-i+1}-x_{k-i})\|^2\\
&=\|x_{k+1}-x_k\|^2+\left\|\sum_{i=1}^{t}\alpha_{i,k}(x_{k-i+1}-x_{k-i})\right\|^2\\
&\quad-2\sum_{i=1}^{t}\alpha_{i,k}\langle x_{k+1}-x_k,x_{k-i+1}-x_{k-i}\rangle, \qquad (7.127)
\end{aligned}$$

结合 (7.126) 和 (7.127), 可得

$$\begin{aligned}
&\|x_{k+1}-x^*\|^2-\|x_k-x^*\|^2-\sum_{i=1}^{t}\alpha_{i,k}(\|x_{k-i+1}-x^*\|^2-\|x_{k-i}-x^*\|^2)\\
\leqslant&-\|x_{k+1}-x_k\|^2-\frac{2(1-\gamma)}{\gamma}\left(\|x_{k+1}-x_k\|^2-2\sum_{i=1}^{t}\alpha_{i,k}\langle x_{k+1}-x_k,x_{k-i+1}-x_{k-i}\rangle\right.\\
&\left.+\left\|\sum_{i=1}^{t}\alpha_{i,k}(x_{k-i+1}-x_{k-i})\right\|^2\right)+2\left\langle x_{k+1}-x_k,\sum_{i=1}^{t}\alpha_{i,k}(x_{k-i+1}-x_{k-i})\right\rangle\\
&+\sum_{i=1}^{t}\alpha_{i,k}(\|x_k-x_{k-i}\|^2-\|x_k-x_{k-i+1}\|^2)\\
=&-\frac{2-\gamma}{\gamma}\|x_{k+1}-x_k\|^2-\frac{2(1-\gamma)}{\gamma}\left\|\sum_{i=1}^{t}\alpha_{i,k}(x_{k-i+1}-x_{k-i})\right\|^2
\end{aligned}$$

$$
+\sum_{i=1}^{t}\alpha_{i,k}(\|x_k-x_{k-i}\|^2-\|x_k-x_{k-i+1}\|^2)
$$

$$
+\frac{2(2-\gamma)}{\gamma}\left\langle x_{k+1}-x_k,\sum_{i=1}^{t}\alpha_{i,k}(x_{k-i+1}-x_{k-i})\right\rangle. \tag{7.128}
$$

接下来, 我们应用文献 [82] 中的一些证明技巧. 令

$$
\beta=\frac{2-\gamma}{\gamma}\quad \text{和}\quad \nu_k=x_{k+1}-x_k-\sum_{i=1}^{t}\alpha_{i,k}(x_{k-i+1}-x_{k-i}).
$$

则我们有

$$
\|x_{k+1}-x^*\|^2-\|x_k-x^*\|^2-\sum_{i=1}^{t}\alpha_{i,k}(\|x_{k-i+1}-x^*\|^2-\|x_{k-i}-x^*\|^2)
$$

$$
\leqslant -\beta\|x_{k+1}-x_k\|^2+\sum_{i=1}^{t}\alpha_{i,k}(\|x_k-x_{k-i}\|^2-\|x_k-x_{k-i+1}\|^2)
$$

$$
+(1-\beta)\left\|\sum_{i=1}^{t}\alpha_{i,k}(x_{k-i+1}-x_{k-i})\right\|^2+2\beta\left\langle x_{k+1}-x_k,\sum_{i=1}^{t}\alpha_{i,k}(x_{k-i+1}-x_{k-i})\right\rangle.
$$

于是

$$
\|x_{k+1}-x^*\|^2-\|x_k-x^*\|^2-\sum_{i=1}^{t}\alpha_{i,k}(\|x_{k-i+1}-x^*\|^2-\|x_{k-i}-x^*\|^2)
$$

$$
\leqslant -\beta\|\nu_k\|^2+\left\|\sum_{i=1}^{t}\alpha_{i,k}(x_{k-i+1}-x_{k-i})\right\|^2
$$

$$
+\sum_{i=1}^{t}|\alpha_{i,k}|(\|x_k-x_{k-i}\|^2+\|x_k-x_{k-i+1}\|^2). \tag{7.129}
$$

下面, 我们定义序列 $\{\delta_k\}$ 如下:

$$
\delta_k=\left\|\sum_{i=1}^{t}\alpha_{i,k}(x_{k-i+1}-x_{k-i})\right\|^2+\sum_{i=1}^{t}|\alpha_{i,k}|(\|x_k-x_{k-i}\|^2+\|x_k-x_{k-i+1}\|^2).
$$

因此

$$
\delta_k\leqslant\left(\sum_{i=1}^{t}|\alpha_{i,k}|\|x_{k-i+1}-x_{k-i}\|\right)^2+\sum_{i=1}^{t}|\alpha_{i,k}|(\|x_k-x_{k-i}\|^2+\|x_k-x_{k-i+1}\|^2)
$$

$$
\begin{aligned}
&\leqslant \sum_{i=1}^{t}|\alpha_{i,k}|\sum_{i=1}^{t}|\alpha_{i,k}|\|x_{k-i+1}-x_{k-i}\|^2+2t\sum_{i=1}^{t}|\alpha_{i,k}|\sum_{i=1}^{t}\|x_{k-i+1}-x_{k-i}\|^2\\
&\leqslant t\max_{1\leqslant i\leqslant t}|\alpha_{i,k}|\sum_{i=1}^{t}\|x_{k-i+1}-x_{k-i}\|^2+2t^2\max_{1\leqslant i\leqslant t}|\alpha_{i,k}|\sum_{i=1}^{t}\|x_{k-i+1}-x_{k-i}\|^2\\
&=(t+2t^2)\max_{1\leqslant i\leqslant t}|\alpha_{i,k}|\sum_{i=1}^{t}\|x_{k-i+1}-x_{k-i}\|^2. \qquad (7.130)
\end{aligned}
$$

由于 $t+2t^2$ 是常数, 因此由条件 (7.119), 可得 $\{\delta_k\}$ 是可和的. 接下来我们定义 $\theta_k := \|x_k - x^*\|^2 - \|x_{k-1} - x^*\|^2$, 于是由 (7.129), 可得

$$
\theta_{k+1} \leqslant -\beta\|\nu_k\|^2 + \sum_{i=1}^{t}\alpha_{i,k}\theta_{k-i+1} + \delta_k. \qquad (7.131)
$$

令 $[\theta]_+ = \max\{\theta, 0\}$, 则由 (7.131), 可得

$$
\begin{aligned}
[\theta_{k+1}]_+ &\leqslant \sum_{i=1}^{t}|\alpha_{i,k}|[\theta_{k-i+1}]_+ + \delta_k\\
&\leqslant \sum_{i=1}^{t}\overline{\alpha}_i[\theta_{k-i+1}]_+ + \delta_k.
\end{aligned}
$$

由于 $\theta_0 = \theta_{-1} = \theta_{-2} = \cdots = \theta_{-t+1} = 0$, 所以对上式两边求和可得

$$
\begin{aligned}
\sum_{k=0}^{\infty}[\theta_{k+1}]_+ &\leqslant \sum_{k=0}^{\infty}\sum_{i=1}^{t}\overline{\alpha}_i[\theta_{k-i+1}]_+ + \sum_{k=0}^{\infty}\delta_k\\
&\leqslant \sum_{i=1}^{t}\overline{\alpha}_i\sum_{k=0}^{\infty}[\theta_k]_+ + \sum_{k=0}^{\infty}\delta_k.
\end{aligned}
$$

于是

$$
\left(1-\sum_{i=1}^{t}\overline{\alpha}_i\right)\sum_{k=0}^{\infty}[\theta_k]_+ \leqslant \sum_{k=0}^{\infty}\delta_k.
$$

由 $\sum_{i=1}^{t}\overline{\alpha}_i < 1$ 可得 $\{[\theta_k]_+\}$ 是可和的, 于是

$$\|x_{k+1}-x^*\|^2-\sum_{j=0}^{k+1}[\theta_j]_+\leqslant\|x_{k+1}-x^*\|^2-\theta_{k+1}-\sum_{j=0}^{k}[\theta_j]_+$$
$$=\|x_k-x^*\|^2-\sum_{j=0}^{k}[\theta_j]_+.$$

因此序列 $\left\{\|x_k-x^*\|^2-\sum_{j=0}^{k}[\theta_j]_+\right\}$ 单调不增且下有界, 所以 $\left\{\|x_k-x^*\|^2-\sum_{j=0}^{k}[\theta_j]_+\right\}$ 收敛, 从而有 $\{\|x_k-x^*\|\}$ 收敛, 故 $\{x_k\}$ 有界.

由假设 (7.119) 可知对于任一 $i\in\{1,2,\cdots,t\}$,

$$\lim_{k\to\infty}|\alpha_{i,k}|\|x_{k-i+1}-x_{k-i}\|=0. \tag{7.132}$$

由 (7.131) 可得

$$\sum_{k=0}^{\infty}\|\nu_k\|^2\leqslant\frac{1}{\beta}\left(\|x_0-x^*\|^2+\sum_{k=0}^{\infty}\left(\sum_{i=1}^{t}\overline{\alpha}_i[\theta_{k-i+1}]_++\delta_k\right)\right)<+\infty,$$

故 $\lim\limits_{k\to\infty}\|\nu_k\|=0$. 由 (7.132) 可得 $\lim\limits_{k\to\infty}\|x_{k+1}-x_k\|=0$, 又由于

$$\|x_{k+1}-\omega_k\|\leqslant\|x_{k+1}-x_k\|+\sum_{i=1}^{t}|\alpha_{i,k}|\|x_{k-i+1}-x_{k-i}\|,$$

因此 $\lim\limits_{k\to\infty}\|x_{k+1}-\omega_k\|=0$. 于是由 (7.110) 可得 $\lim\limits_{k\to\infty}\|y_k-\omega_k\|=0$.

由于 $\{x_{k+1}\}$ 有界, 所以存在子序列 $\{x_{k_j+1}\}\subset\{x_{k+1}\}$, 使得 $x_{k_j+1}\rightharpoonup\hat{x}\,(j\to\infty)$. 于是 $\omega_{k_j}\rightharpoonup\hat{x}\,(j\to\infty)$ 以及 $y_{k_j}\rightharpoonup\hat{x}\,(j\to\infty)$. 接下来我们证明 $\hat{x}\in\mathcal{S}$.

由于 h 是 Lipschitz 连续, 所以 $A+h$ 是极大单调算子 (见文献 [13], 引理 2.4). 任取 $(v,w)\in\operatorname{gra}(A+h)$, 即 $w-h(v)\in A(v)$. 由 $y_{k_j}=J^A_{\lambda_{k_j}}(\omega_{k_j}-\lambda_{k_j}h(\omega_{k_j}))$, 可得

$$\omega_{k_j}-\lambda_{k_j}h(\omega_{k_j})\in(I+\lambda_{k_j}A)(y_{k_j}),$$

亦即

$$\frac{\omega_{k_j}-y_{k_j}-\lambda_{k_j}h(\omega_{k_j})}{\lambda_{k_j}}\in Ay_{k_j}. \tag{7.133}$$

由 A 的单调性, 可得

$$\left\langle v-y_{k_j},w-h(v)-\frac{\omega_{k_j}-y_{k_j}-\lambda_{k_j}h(\omega_{k_j})}{\lambda_{k_j}}\right\rangle\geqslant 0.$$

因此

$$\begin{aligned}\langle v-y_{k_j},w\rangle &\geqslant \left\langle v-y_{k_j},h(v)+\frac{\omega_{k_j}-y_{k_j}-\lambda_{k_j}h(\omega_{k_j})}{\lambda_{k_j}}\right\rangle\\&=\left\langle v-y_{k_j},h(v)-h(y_{k_j})+h(y_{k_j})-h(\omega_{k_j})+\frac{\omega_{k_j}-y_{k_j}}{\lambda_{k_j}}\right\rangle\\&\geqslant\langle v-y_{k_j},h(y_{k_j})-h(\omega_{k_j})\rangle+\left\langle v-y_{k_j},\frac{\omega_{k_j}-y_{k_j}}{\lambda_{k_j}}\right\rangle.\end{aligned}$$

利用 $\lim\limits_{k\to\infty}\|y_k-\omega_k\|=0$ 以及 h 的 Lipschitz 连续性, 可得 $\lim\limits_{j\to\infty}\|h(y_{k_j})-h(\omega_{k_j})\|=0$. 注意到 $\inf\limits_{k\geqslant 0}\{\lambda_k\}\geqslant\underline{\lambda}>0$, 则

$$\lim_{j\to\infty}\langle v-y_{k_j},w\rangle=\langle v-\hat{x},w\rangle\geqslant 0.$$

再由 $A+h$ 的极大单调性可知, $0\in(A+h)(\hat{x})$, 即 $\hat{x}\in\mathcal{S}$. 应用引理 2.5, 序列 $\{x_k\}$ 弱收敛于单调变分包含问题 (7.100) 的一个解. □

注 7.13 如果惯性参数 $\alpha_{i,k}$ 在 $[0,1)$ 中选取, 条件 (7.119) 可以简化为

$$\sum_{k=1}^{\infty}\left(\max_{1\leqslant i\leqslant s}\alpha_{i,k}\sum_{i=1}^{t}\|x_{k-i+1}-x_{k-i}\|^2\right)<+\infty, \tag{7.134}$$

这个条件 (7.134) 的满足可通过一种简单实时更新规则来实施, 如对于每一个 $i\in\{1,2,\cdots,t\}$, $\alpha_i\in[0,1)$, 令

$$\alpha_{i,k}=\min\{\alpha_i,c_{i,k}\}, \tag{7.135}$$

其中 $c_{i,k}$ 和 $\max\limits_{i\geqslant 0}\{c_{i,k}\}\sum\limits_{i=1}^{t}\|x_{k-i+1}-x_{k-i}\|^2$ 都是可和的. 例如可以选择

$$c_{i,k}=\frac{c_i}{k^{1+\delta}\sum\limits_{i=1}^{t}\|x_{k-i+1}-x_{k-i}\|^2},\quad c_i>0,\ \delta>0.$$

由定理 7.10, 我们可以得到单步惯性邻近收缩算法 (7.104) 的收敛性.

推论 7.1 (有可和条件约束的收敛性) 设 $\{\lambda_k\}$ 满足条件 (7.105)—(7.107). 设 $\alpha_k\in(-1,1)$, 且 $\sup\limits_{k\geqslant 0}|\alpha_k|<1$. 若

$$\sum_{k=0}^{\infty}|\alpha_k|\|x_k-x_{k-1}\|^2<+\infty \tag{7.136}$$

成立, 则由算法 (7.104) 产生的序列 $\{x_k\}$ 弱收敛到单调变分包含问题 (7.100) 的一个解.

在推论 7.1 中, 惯性参数 $\{\alpha_k\}$ 是依赖于迭代序列 $\{x_k\}$. 实际上惯性参数 $\{\alpha_k\}$ 可以不依赖于迭代序列 $\{x_k\}$ 而提前选取, 同样可以保证算法 (7.104) 的收敛性.

定理 7.11 (无可和条件约束的收敛性) 设 $\{\lambda_k\}$ 满足条件 (7.105), (7.106) 和 (7.107). 设 $\{\alpha_k\}$ 是单调不减的且满足 $\alpha_1 = 0$ 和 $0 \leqslant \alpha_k \leqslant \alpha < 1$, $\sigma, \delta > 0$ 满足条件

$$\delta > \frac{\alpha^2(1+\alpha)+\alpha\sigma}{1-\alpha^2}, \quad 0 < \gamma \leqslant \frac{2\left(\delta - \alpha(\alpha(1+\alpha)+\alpha\delta+\sigma)\right)}{\delta\left(1+\alpha(1+\alpha)+\alpha\delta+\sigma\right)}, \tag{7.137}$$

则由算法 (7.104) 生成的序列 $\{x_k\}$ 弱收敛到单调变分包含问题 (7.100) 的一个解.

证明 任意取定 $x^* \in \mathcal{S}$, 由命题 2.7, 我们有

$$\begin{aligned}\|\omega_k - x^*\|^2 &= \|(1+\alpha_k)(x_k - x^*) - \alpha_k(x_{k-1} - x^*)\|^2 \\ &= (1+\alpha_k)\|x_k - x^*\|^2 - \alpha_k\|x_{k-1} - x^*\|^2 + \alpha_k(1+\alpha_k)\|x_k - x_{k-1}\|^2.\end{aligned} \tag{7.138}$$

由 (7.109), 可得

$$\begin{aligned}&\|x_{k+1} - x^*\|^2 - (1+\alpha_k)\|x_k - x^*\|^2 + \alpha_k\|x_{k-1} - x^*\|^2 \\ &\leqslant -\frac{2-\gamma}{\gamma}\|\omega_k - x_{k+1}\|^2 + \alpha_k(\alpha_k+1)\|x_k - x_{k-1}\|^2.\end{aligned} \tag{7.139}$$

又注意到

$$\begin{aligned}&\|x_{k+1} - \omega_k\|^2 \\ =\ &\|(x_{k+1} - x_k) - \alpha_k(x_k - x_{k-1})\|^2 \\ =\ &\|x_{k+1} - x_k\|^2 + \alpha_k^2\|x_k - x_{k-1}\|^2 - 2\alpha_k\langle x_{k+1} - x_k, x_k - x_{k-1}\rangle \\ \geqslant\ &\|x_{k+1} - x_k\|^2 + \alpha_k^2\|x_k - x_{k-1}\|^2 + \alpha_k\left(-\rho_k\|x_{k+1} - x_k\|^2 - \frac{1}{\rho_k}\|x_k - x_{k-1}\|^2\right) \\ =\ &(1-\alpha_k\rho_k)\|x_{k+1} - x_k\|^2 + \frac{\alpha_k(\alpha_k\rho_k - 1)}{\rho_k}\|x_k - x_{k-1}\|^2,\end{aligned} \tag{7.140}$$

其中 $\rho_k = \dfrac{2}{2\alpha_k + \delta\gamma}$. 结合 (7.139) 和 (7.140), 可得

$$\|x_{k+1} - x^*\|^2 - (1+\alpha_k)\|x_k - x^*\|^2 + \alpha_k\|x_{k-1} - x^*\|^2$$

$$\leqslant -\frac{2-\gamma}{\gamma}(1-\alpha_k\rho_k)\|x_{k+1}-x_k\|^2+\tau_k\|x_k-x_{k-1}\|^2, \tag{7.141}$$

其中

$$\tau_k=\alpha_k(1+\alpha_k)+\frac{(2-\gamma)\alpha_k(1-\alpha_k\rho_k)}{\gamma\rho_k}. \tag{7.142}$$

由于 $\alpha_k\rho_k<1$ 以及 $\gamma\in(0,2)$, 所以 $\tau_k\geqslant 0$. 由 ρ_k 的选法, 我们得到

$$\delta=\frac{2(1-\rho_k\alpha_k)}{\rho_k\gamma}.$$

于是

$$\tau_k=\alpha_k(1+\alpha_k)+\left(1-\frac{\gamma}{2}\right)\alpha_k\delta\leqslant\alpha(1+\alpha)+\alpha\delta.$$

对于所有的 $k\geqslant 1$, 定义序列 $\{\phi_k\}$ 和 $\{\xi_k\}$ 如下:

$$\phi_k=\|x_k-x^*\|^2,\quad \xi_k=\phi_k-\alpha_k\phi_{k-1}+\tau_k\|x_k-x_{k-1}\|^2.$$

由 $\phi_k\geqslant 0$ 且 $\{\alpha_k\}$ 是单调不减的, 我们可得

$$\xi_{k+1}-\xi_k\leqslant\phi_{k+1}-(1+\alpha_k)\phi_k+\alpha_k\phi_{k-1}+\tau_{k+1}\|x_{k+1}-x_k\|^2-\tau_k\|x_k-x_{k-1}\|^2.$$

再由 (7.141), 可得

$$\xi_{k+1}-\xi_k\leqslant\left(\frac{(2-\gamma)(\alpha_k\rho_k-1)}{\gamma}+\tau_{k+1}\right)\|x_{k+1}-x_k\|^2. \tag{7.143}$$

现在我们断定

$$\frac{(2-\gamma)(\alpha_k\rho_k-1)}{\gamma}+\tau_{k+1}\leqslant-\sigma \tag{7.144}$$

成立. 若 (7.144) 不成立, 则

$$\begin{aligned}
&\frac{(2-\gamma)(\alpha_k\rho_k-1)}{\gamma}+\tau_{k+1}>-\sigma\\
&\Leftrightarrow \gamma(\tau_{k+1}+\sigma)+(2-\gamma)(\alpha_k\rho_k-1)>0\\
&\Leftrightarrow \gamma(\tau_{k+1}+\sigma)-\frac{\delta\gamma(2-\gamma)}{2\alpha_k+\delta\gamma}>0\\
&\Leftrightarrow (2\alpha_k+\delta\gamma)(\tau_{k+1}+\sigma)+\delta\gamma>2\delta.
\end{aligned} \tag{7.145}$$

而由 (7.137), 可得

$$(2\alpha_k+\delta\gamma)(\tau_{k+1}+\sigma)+\delta\gamma\leqslant(2\alpha+\delta\gamma)(\alpha(1+\alpha)+\alpha\delta+\sigma)+\delta\gamma\leqslant 2\delta.$$

故产生矛盾, 因此 (7.144) 是成立的. 于是由 (7.143) 和 (7.144) 可得

$$\xi_{k+1}-\xi_k\leqslant-\sigma\|x_{k+1}-x_k\|^2\leqslant 0, \tag{7.146}$$

这表明 $\{\xi_k\}$ 是单调不增的. 由 $\phi_k\geqslant 0$, $\alpha_k\leqslant\alpha$, $\tau_k\geqslant 0$ 以及 $\{\xi_k\}$ 的定义, 可得对于一切 $k\geqslant 1$,

$$-\alpha\phi_{k-1}\leqslant\phi_k-\alpha\phi_{k-1}\leqslant\phi_k-\alpha_k\phi_{k-1}+\tau_k\|x_k-x_{k-1}\|^2=\xi_k\leqslant\xi_1. \tag{7.147}$$

从而有

$$\phi_k\leqslant\alpha^k\phi_0+\xi_1\sum_{i=0}^{k-1}\alpha^i\leqslant\alpha^k\phi_0+\frac{\xi_1}{1-\alpha}.$$

由于 $\alpha_1=0$, 我们注意到 $\xi_1=\phi_1\geqslant 0$. 结合 (7.146) 和 (7.147), 可得

$$\begin{aligned}\sigma\sum_{i=1}^{k}\|x_{i+1}-x_i\|^2&\leqslant\xi_1-\xi_{k+1}\leqslant\xi_1+\alpha\phi_k\\&\leqslant\alpha^{k+1}\phi_0+\frac{\xi_1}{1-\alpha}\leqslant\phi_0+\frac{\phi_1}{1-\alpha}.\end{aligned} \tag{7.148}$$

从而有

$$\sum_{k=1}^{\infty}\|x_{k+1}-x_k\|^2<+\infty, \tag{7.149}$$

进而有 $\lim\limits_{k\to\infty}\|x_{k+1}-x_k\|=0$. 由 (7.104), 可得

$$\|x_{k+1}-\omega_k\|\leqslant\|x_{k+1}-x_k\|+\alpha_k\|x_k-x_{k-1}\|\leqslant\|x_{k+1}-x_k\|+\alpha\|x_k-x_{k-1}\|. \tag{7.150}$$

所以 $\lim\limits_{k\to\infty}\|x_{k+1}-\omega_k\|=0$. 再由 (7.110), 可得

$$\lim_{k\to\infty}\|y_k-\omega_k\|=0.$$

根据定理 7.10 的类似证明易得 $\omega_w(x_k)\subset\mathcal{S}$. 应用引理 2.5, 序列 $\{x_k\}$ 弱收敛到单调变分包含问题 (7.100) 的一个解. □

7.6 练 习 题

练习 7.1 把算法 (7.6) 设法纳入粘滞迭代框架, 直接给出算法的强收敛性证明.

练习 7.2 推导例 7.1 中各个凸函数的邻近算子的表达式.

(iv) 的证明提示: 设 $\mathrm{Prox}_{\lambda \mathrm{d}_C^2(\cdot)}(x) = p$, 设法利用钝角原理证明 $P_C p = P_C x$. 设 $\mathrm{Prox}_{\lambda \mathrm{d}_C(\cdot)}(x) = q$, 分 $q \in C$ 和 $q \notin C$ 两种情况讨论, 分别证明 $q = P_C x$ 和 $P_C q = P_C x$.

练习 7.3 假设线性方程组 (7.23) 有解, $D \subset \mathbb{R}^m$ 为非空闭凸集, 并且 $\mathcal{S} \cap D \neq \varnothing$, 其中 $\mathcal{S}$ 表示问题 (7.23) 之解集. 考虑迭代格式:

$$
\begin{cases}
\text{任取定} x^0 \in \mathbb{R}^m, \\
y^k = x^k - \dfrac{\langle a_i, x^k \rangle - b_i}{\|a_i\|^2} a_i, \ k \geqslant 0, \\
i = i(k) = (k \bmod m) + 1, \\
x^{k+1} = P_D y^k.
\end{cases}
$$

证明 $\{x^k\}$ 收敛于 $\mathcal{S} \cap D$ 中一点.

练习 7.4 证明算法 7.9 的第 2 步中迭代终止规则是合理的, 即在算法 7.9 中若 $\omega_k = y_k$, 则 ω_k 是单调变分包含问题 (7.100) 的解.

参考文献

[1] Acedo G L, Xu H K. Iterative methods for strict pseudo-contractions in Hilbert spaces [J]. Nonlinear Analysis, 2007, 67(7): 2258-2271.

[2] Alvarez F. On the minimizing property of a second order dissipative system in Hilbert spaces [J]. SIAM Journal on Control & Optimization, 2000, 38(4): 1102-1119.

[3] Alvarez F. Weak convergence of a relaxed and inertial hybrid projection-proximal point algorithm for maximal monotone operators in Hilbert space [J]. SIAM Journal on Optimization, 2004, 14(3): 773-782.

[4] Alvarez F, Attouch H. An inertial proximal method for maximal monotone operators via discretization of a nonlinear oscillator with damping [J]. Set-Valued Analysis, 2001, 9: 3-11.

[5] Attouch H, Peypouquet J. The rate of convergence of Nesterov's acclerated forward-backward method is actually faster than $1/k^2$ [J]. SIAM Journal on Optimization, 2016, 26(3): 1824-1834.

[6] Avrachenkov K, Borkar V S, Saboo K. Distributed and asynchronous methods for semi-supervised learning [J]. Bonato, Anthony; Graham, Fan Chung; Pralat, Pawel. Algorithms and Models for the Web Graph: 13th International Workshop, WAW 2016, Montreal, QC, Canada, December 14-15, 2016, Proceedings, 10088, Springer International Publishing, 34-46, 2016, Lecture Notes in Computer Science, https://link.springer.com/chapter/10.1007/978-3-319-49787-7_4.

[7] Banach S. Sur les opérations dans les ensembles abstraits et leur application aux équations intégrales [J]. Fundamenta Mathematicae, 1922, 3: 133-181.

[8] Bauschke H H, Borwein J M. On projection algorithms for solving convex feasibility problem [J]. SIAM Review, 1996, 38(3): 367-426.

[9] Bauschke H H, Combettes P L. Convex Analysis and Monotone Operator Theory in Hilbert Spaces [M]. 2nd ed. New York: Springer, 2017.

[10] Beck A, Teboulle M. A fast iterative shrinkage-thresholding algorithm for linear inverse problems [J]. SIAM Journal on Imaging Sciences, 2009, 2(1): 183-202.

[11] Borwein J M, Lewis A S. Convex Analysis and Nonlinear Optimization Theory and Examples [M]. 2nd ed. New York: Springer-Verlag, 2000.

[12] Bregman L M. The method of successive projection for finding a common point of convex sets [J]. Soviet Mathematics-Doklady, 1965, 6: 688-692.

[13] Brézis H. Operateurs Maximaux Monotones [M]. Amsterdam-London: North-Holland Mathematics Studies, 1973.

[14] Browder F E. Existence of periodic solutions for nonlinear equations of evolution [J]. Proceedings of the National Academy of Sciences of the United States of America, 1965, 53(5): 1100-1103.

[15] Browder F E. Nonexpansive nonlinear operators in a Banach space [J]. Proceedings of the National Academy of Sciences of the United States of America, 1965, 54(4): 1041-1044.

[16] Brouwer L E J. Über abbildung von mannigfaltigkeiten [J]. Mathematische Annalen, 1911, 71: 97-115.

[17] Browne J, de Pierro A B. A row-action alternative to the EM algorithm for maximizing likelihood in emission tomography [J]. IEEE Transactions on Medical Imaging, 1996, 15(5): 687-699.

[18] Byrne C L. Iterative Optimization in Inverse Problems [M]. Boca Raton: CRC Press, 2014.

[19] Cegielski A, Gibali A, Reich S, Zalas R. An algorithm for solving the variational inequality problem over the fixed point set of a quasi-nonexpansive operator in Euclidean space [J]. Numerical Functional Analysis and Optimization, 2013, 34: 1067-1096.

[20] Cegielski A, Zalas R. Methods for variational inequality problem over the intersection of fixed point sets of quasi-nonexpansive operators [J]. Numerical Functional Analysis and Optimization, 2013, 34: 255-283.

[21] Ceng L C, Cubiotti P, Yao J C. An implicit iterative scheme for monotone variational inequalities and fixed point problems [J]. Nonlinear Analysis: Theory, Methods & Applications, 2008, 69(8): 2445-2457.

[22] Censor Y. Row-action methods for huge and sparse systems and their applications [J]. SIAM Review, 1981, 23: 444-464.

[23] Censor Y, Bortfeld T, Martin B, Trofimov A. A unified approach for inversion problems in intensity-modulated radiation therapy [J]. Physics in Medicine and Biology, 2006, 51(10): 2353-2365.

[24] Censor Y, Elfving T. A multiprojection algorithm using Bregman projections in a product space [J]. Numerical Algorithms, 1994, 8: 221-239.

[25] Censor Y, Elfving T, Kopf N, Bortfeld T. The multiple-sets split feasibility problem and its applications for inverse problems [J]. Inverse Problems, 2005, 21(6): 2071-2084.

[26] Censor Y, Gibali A. Projections onto super-half-spaces for monotone variational inequality problems in finite-dimensional space [J]. Journal of Nonlinear and Convex Analysis, 2008, 9(3): 461-475.

[27] Censor Y, Gibali A, Reich S. The subgradient extragradient method for solving variational inequalities in Hilbert space [J]. Journal of Optimization Theory and Applications, 2011, 148: 318-335.

[28] Censor Y, Gibali A, Reich S. Extensions of Korpelevich's extragradient method for the variational inequality problem in Euclidean space [J]. Optimization, 2010, 61(9): 1119-1132.

[29] Chidume C E, Mutangadura S A. An example of Mann iteration method for Lipschitz pseudocontractions [J]. Proceedings of the American Mathematical Society, 2001, 129(8): 2359-2363.

[30] Chidume C E, Moore C. Fixed point iteration for pseudocontractive maps [J]. Proceedings of the American Mathematical Society, 1999, 127(4): 1163-1170.

[31] Combettes P L. Inconsistent signal feasibility problems: least-squares solutions in a product space [J]. IEEE Transactions on Signal Processing, 1994, 42(11): 2955-2966.

[32] Combettes P L. The convex feasibility problem in image recovery [J]. Advances in Imaging and Electron Physics, 1996, 95: 155-270.

[33] Deutsch F, Yamada I. Minimizing certain convex functions over the intersection of the fixed point sets of nonexpansive mappings [J]. Numerical Functional Analysis and Optimization, 1998, 19(1-2): 33-56.

[34] 定光桂. 巴拿赫空间引论 [M]. 北京: 科学出版社, 1984.

[35] 东北师范大学微分方程教研室. 常微分方程 [M]. 2 版. 北京: 高等教育出版社, 2005.

[36] Dong Q L, Cho Y J, Zhong L L, Rassias T M. Inertial projection and contraction algorithms for variational inequalities [J]. Journal of Global Optimization, 2018, 70: 687-704.

[37] Dong Q L, Huang J Z, Li X H, Cho Y J, Rassias Th M. MiKM: multi-step inertial Krasnosel'skiĭ-Mann algorithm and its applications [J]. Journal of Global Optimization, 2019, 73(4): 801-824.

[38] Dong Q L, Jiang D, Cholamjiak P, Shehu Y. A strong convergence result involving an inertial forward-backward algorithm for monotone inclusions [J]. Journal of Fixed Point Theory and Applications, 2017, 19: 3097-3118.

[39] Dong Q L, Lu Y Y, Yang J. The extragradient algorithm with inertial effects for solving the variational inequality [J]. Optimization, 2016, 65: 2217-2226.

[40] Dykstra R L. An algorithm for restricted least squares regression [J]. Journal of the American Statistical Association, 1983, 78(384): 837-842.

[41] Fukushima M. A relaxed projection method for variational inequalities [J]. Mathematical Programming, 1986, 35: 58-70.

[42] Genel A, Lindenstrauss J. An example concerning fixed points [J]. Israel Journal of Mathematics, 1975, 22: 81-86.

[43] Goebel K, Kirk W A. A fixed point theorem for asymptotically nonexpansive mappings [J]. Proceedings of the American Mathematical Society, 1972, 35(1): 171-174.

[44] Goebel K, Reich S. Uniform convexity, hyperbolic geometry, and nonexpansive mappings [M]. New York, Basel: Marcel Dekker, 1984.

[45] Göhde D. Zum Prinzip der kontraktiven Abbildung [J]. Mathematische Nachrichten, 1965, 30(3-4): 251-258.

[46] Goldstein A A. Convex programming in Hilbert space [J]. Bulletin of the American Mathematical Society, 1964, 70: 709-710.

[47] Goldstein T, O'Donoghue B, Setzer S, Baraniuk R. Fast alternating direction optimization methods [J]. SIAM Journal on Imaging Sciences, 2014, 7(3): 1588-1623.

[48] Gower R M, Richtárik P. Stochastic dual ascent for solving linear systems [J]. Mathematics, 2015: 674-683.

[49] Gubin L G, Polyak B T, Raik E V. The method of projections for finding the common point of convex sets [J]. USSR Computational Mathematics and Mathematical Physics, 1967, 7(6): 1-24.

[50] Halpern B. Fixed points of nonexpanding maps [J]. Bulletin of the American Mathematical Society, 1967, 73: 957-961.

[51] Han Q M, He B S. A predict-correct projection method for monotone variant variational inequalities [J]. Chinese Science Bulletin, 1998, 43: 1264-1267.

[52] He B S. Inexact implicit methods for monotone general variational inequalities [J]. Mathematical Programming, 1999, 86: 199-217.

[53] He B S. A class of projection and contraction methods for monotone variational inequalities [J]. Applied Mathematics and Optimization, 1997, 35: 69-76.

[54] He B S, Liu X H. Inverse variational inequalities in the economic field: applications and algorithms [J]. Sciencepaper Online, http://www. paper. edu. cn/releasepaper/content/200609-260 (2006)(in Chinese).

[55] He B S, Liu H X, Li M, He X Z. PPA-based methods for monotone inverse variational inequalities [J]. Sciencepaper Online, http//www. paper. edu. cn/releasepaper/content/200606-219(2006).

[56] Herman G T, Meyer L. Algebraic reconstruction techniques can be made computationally efficient [J]. IEEE Transactions on Medical Imaging, 1993, 12(3): 600-609.

[57] He S N, Dong Q L. An existence-uniqueness theorem and alternating contraction projection methods for inverse variational inequalities [J]. Journal of Inequalities and Applications, 2018: 351(2018). https: //doi.org/10.1186/s13660-018-1943-0.

[58] He S N, Dong Q L, Tian H L, Li X H. On the optimal relaxation parameters of Krasnosel'skiĭ-Mann iteration [J]. Optimization, 2020, 70(9): 1959-1986.

[59] He S N, Tian H L. Selective projection methods for solving a class of variational inequalities [J]. Numerical Algorithms, 2019, 80(2): 617-634.

[60] He S N, Tian H L, Xu H K. The elective projection method for convex feasibility and split feasibility problems [J]. Journal of nonlinear and convex analysis, 2018, 19(7): 1199-1215.

[61] He S N, Wang Z T, Dong Q L, Yao Y H, Tang Y C. The dual randomized Kaczmarz algorithm [J]. Journal of Nonlinear and Convex Analysis, 接收.

[62] He S N, Wang Z T, Dong Q L. Inertial randomized Kaczmarz algorithms for solving coherent linear systems [J]. 待发表.

[63] He S N, Wu T, Cho Y J, Rassias T M. Optimal parameter selections for a general Halpern iteration [J]. Numerical Algorithms, 2019, 82: 1171-1188.

[64] He S N, Wu T. A modified subgradient extragradient method for solving monotone variational inequalities [J]. Journal of Inequalities and Applications, 2017, 89.

[65] He S N, Xu H K. Variational inequalities governed by boundedly Lipschitzian and strongly monotone operators [J]. Fixed Point Theory, 2009, 10: 245-258.

[66] He S N, Yang C P. Solving the variational inequality problem defined on intersection of finite level sets [J]. Abstract and Applied Analysis, 2013, 2: 94-121.

[67] He S N, Yang C P, Duan P. Realization of the hybrid method for Mann iterations [J]. Applied Mathematics and Computation, 2010, 217: 4239-4247.

[68] He S N, Yang Z. A modified successive projection method for Mann's iteration process [J]. Journal of Fixed Point Theory and Applications, 2019, 21(9): 1-14. https://doi.org/10.1007/s11784-018-0648-9.

[69] He S N, Zhao Z Y, Luo B. A simple algorithm for computing projection onto intersection of finite level sets [J]. Journal of Inequalities and Applications, 2014, 2014: 307.

[70] 何松年, 杨彩萍. Brouwer 不动点定理的推广及其应用 [J]. 南京大学学报 (数学半年刊), 2009, 26(2): 201-205.

[71] Hundal H S. An alternating projection that does not converge in norm [J]. Nonlinear Analysis: Theory, Methods & Applications, 2004, 57(1): 35-61.

[72] Ishikawa S. Fixed points by a new iteration method [J]. Proceedings of the American Mathematical Society, 1974, 44(1): 147-150.

[73] Iutzeler F, Hendrickx J M. A generic linear rate acceleration of optimization algorithms via relaxation and inertia [J]. Optimization Methods and Software, 2019, 34(2): 383-405.

[74] Kaczmarz S. Angenäherte Auflösung von Systemen linearer Gleichungen [J]. Bulletin International de l'Académie Polonaise des Sciences et des Lettres. Classe des Sciences Mathématiques et Naturelles. Série A, Sciences Mathématiques, 1937, 35: 355-357.

[75] Kim T H, Xu H K. Strong convergence of modified Mann iterations [J]. Nonlinear Analysis, 2005, 61: 51-60.

[76] Kim T H, Xu H K. Robustness of Mann's algorithm for nonexpansive mappings [J]. Journal of Mathematical Analysis and Applications, 2007, 327(2): 1105-1115.

[77] Kirk W A. A fixed point theorem for mappings which do not increase distances [J]. American Mathematical Monthly, 1965, 72: 1004-1006.

[78] Korpelevich G M. An extragradient method for finding saddle points and for other problems [J]. (Russian) Ekonomika Matematicheskie Metody, 1976, 12: 747-756.

[79] Krasnosel'skiĭ M A. Two remarks on the method of successive approximations [J]. (Russian) Uspekhi Matematicheskikh Nauk, 1955, 10: 123-127.

[80] Lei Y, Zhou D X. Learning theory of randomized sparse Kaczmarz method [J]. SIAM Journal on Imaging Sciences, 2018, 11(1): 547-574.

[81] Levitin E S, Polyak B T. Constrained minimization methods [J]. USSR Computational Mathematics and Mathematical Physics, 1966, 6(5): 1-50.

[82] Liang J. Convergence rates of first-order operator splitting methods [J]. Optimization and Control [math.OC]. Normandie Université; GREYC CNRS UMR 6072, 2016. English.

[83] Lieder F. On the convergence rate of the Halpern-iteration [J]. Optimization Letters, 2021, 15: 405-418.

[84] Lin J, Zhou D X. Learning theory of randomized Kaczmarz algorithm [J]. Journal of Machine Learning Research, 2015, 16: 3341-3365.

[85] Lions P L. Approximation de points fixes de contractions [J]. Comptes Rendus de l'Académie des Sciences Paris Séries A-B, 1977, 284: 1357-1359.

[86] Liu L S. Ishikawa and Mann iterative processes with errors for nonlinear strongly accretive mapping in Banach spaces [J]. Journal of Mathematical Analysis and Applications, 1995, 194: 114-125.

[87] López Acedo G, Xu H K. Iterative methods for strict pseudo-contractions in Hilbert spaces [J]. Nonlinear Analysis, 2007, 67(7): 2258-2271.

[88] Ma A, Needell D, Ramdas A. Convergence properties of the randomized extended Gauss-Seidel and Kaczmarz methods [J]. SIAM Journal on Matrix Analysis and Applications, 2015, 36(4): 1590-1604.

[89] Mann W R. Mean value methods in iteration [J]. Proceedings of the American Mathematical Society, 1953, 4: 506-510.

[90] Martinez-Yanes C, Xu H K. Strong convergence of the CQ method for fixed point iteration processes [J]. Nonlinear Analysis: Theory, Methods & Applications, 2006, 64(11): 2400-2411.

[91] Milnor J. Analytic proofs of the "Hairy ball theorem" and the Brouwer fixed point theorem [J]. American Mathematical Monthly, 1978, 85(7): 521-524.

[92] Moudafi A. Viscosity approximation methods for fixed-points problems [J]. Journal of Mathematical Analysis and Applications, 2000, 241: 46-55.

[93] Nadezhkina N, Takahashi W. Weak convergence theorem by an extragradient method for nonexpansive mappings and monotone mappings [J]. Journal of Optimization Theory and Applications, 2006, 128(1): 191-201.

[94] Nakajo K, Takahashi W. Strong convergence theorems for nonexpansive mappings and nonexpansive semigroups [J]. Journal of Mathematical Analysis and Applications, 2003, 279(2): 372-379.

[95] Nesterov Y E. A method for solving the convex programming problem with convergence rate $O(1/k^2)$ [J]. Dokl. Akad. Nauk SSSR, 1983, 269: 543-547.

[96] von Neumann J. On infinite direct products [J]. Compositio Mathematica, 1939, 6: 1-77.

[97] von Neumann J. Functional Operators. Volume II: The Geometry of Orthogonal Spaces [M]. Annals of Mathematical Studies, No.22, Princeton: Princeton University Press, 1950.

[98] Opial Z. Weak convergence of the sequence of successive approximations of nonexpansive mappings [J]. Bulletin of the American Mathematical Society, 1967, 73(4): 591-597.

[99] Picard E. Memoire sur la theorie des equations aux derivees partielles et la methode des approximations successives [J]. Journal De Mathématiques Pures Et Appliquées, 1890, 6: 145-210.

[100] Polyak B T. Some methods of speeding up the convergence of iteration methods [J]. USSR Computational Mathematics and Mathematical Physics, 1964, 4(5): 1-17.

[101] Polyak B T. Introduction to Optimization [M]. New York: Optimization Software Inc., 1987.

[102] Reich S. Weak convergence theorems for nonexpansive mappings in Banach spaces [J]. Journal of Mathematical Analysis and Applications, 1979, 67(2): 274-276.

[103] Reich S. Strong convergence theorems for resolvents of accretive operators in Banach spaces [J]. Journal of Mathematical Analysis and Applications, 1980, 75(1): 287-292.

[104] Rockafellar R T. Convex Analysis [M]. Princeton: New Jersey Princeton University Press, 1970.

[105] Rockafellar R T. On the maximality of sums of nonlinear monotone operators [J]. Transactions of the American Mathematical Society, 1970, 149: 75-88.

[106] Schauder J. Der fixpunktsatz in funktionalräumen [J]. Studia Mathematica, 1930, 2: 171-180.

[107] Shehu Y, Dong Q L, Jiang D. Single projection method for pseudo-monotone variational inequality in Hilbert spaces [J]. Optimization, 2019, 68(1): 385-409.

[108] Shimizu T, Takahashi W. Strong convergence to common fixed points of families of nonexpansive mappings [J]. Journal of Mathematical Analysis and Applications, 1997, 211: 71-83.

[109] Shioji N, Takahashi W. Strong convergence of approximated sequences for nonexpansive mappings in Banach spaces [J]. Proceedings of the American Mathematical Society, 1997, 125(12): 3641-3645.

[110] Stark H. Image Recovery: Theory and Applications [M]. Orlando: Academic Press, 1987.

[111] Strohmer T, Vershynin R. A randomized Kaczmarz algorithm with exponential convergence [J]. Journal of Fourier Analysis and Applications, 2009, 15: 262-278.

[112] Takahashi W, Toyoda M. Weak convergence theorems for nonexpansive mappings and monotone mappings [J]. Journal of Optimization Theory and Applications, 2003, 118: 417-428.

[113] Wittmann R. Approximation of fixed points of nonexpansive mappings [J]. Archiv der Mathematik, 1992, 58: 486-491.

[114] 夏道行, 吴卓人, 严绍宗, 舒五昌. 实变函数论与泛函分析 (下册)[M]. 2 版. 北京: 高等教育出版社, 1983.

[115] Xu H K. Another control condition in an iterative method for nonexpansive mapping [J]. Bulletin of the Australian Mathematical Society, 2002, 65(1): 109-113.

[116] Xu H K. Iterative algorithms for nonlinear operators [J]. Journal of the London Mathematical Society, 2002, 66(1): 240-256.

[117] Xu H K. An iterative approach to quadratic optimization [J]. Journal of Optimization Theory and Applications, 2003, 116: 659-678.

[118] Xu H K. The parameter selection problem for Mann's fixed point algorithm [J]. Taiwanese Journal of Mathematics, 2008, 12(8): 1911-1920.

[119] Xu H K. Averaged mappings and the gradient-projection algorithm [J]. Journal of Optimization Theory and Applications, 2011, 150: 360-378.

[120] Yao Y H, Xu H K. Iterative methods for finding minimum-norm fixed points of nonexpansive mappings with applications [J]. Optimization, 2011, 60: 645-658.

[121] Yang C, He S N. The successive contraction method for fixed points of pseudocontractive mappings [J]. Applied Set-Valued Analysis and Optimization, 2019, 1(3): 337-347.

[122] 叶彦谦. 常微分方程讲义 [M]. 北京: 人民教育出版社, 1979.

[123] 游兆永, 龚怀云, 徐宗本. 非线性分析 [M]. 西安: 西安交通大学出版社, 1991.

[124] 俞鑫泰. Banach 空间几何理论 [M]. 上海: 华东师范大学出版社, 1986.

[125] Zegeye H, Shahzad N, Alghamdi M A. Convergence of Ishikawa's iteration method for pseudocontractive mappings [J]. Nonlinear Analysis, 2011, 74: 7304-7311.

[126] Zhao J, Yang Q. Self-adaptive projection methods for the multiple-sets split feasibility problem [J]. Inverse Problems, 2011, 27(3): 035009.

[127] 赵义纯. 非线性泛函分析及其应用 [M]. 北京: 高等教育出版社, 1989.

[128] Zhang C, Dong Q L, Chen J. Multi-step inertial proximal contraction algorithms for monotone variational inclusion problems [J]. Carpathian Journal of Mathematics, 2020, 36(1): 159-177.

[129] Zhang C, Wang Y. Proximal algorithm for solving monotone variational inclusion [J]. Optimization, 2018, 67(8): 1197-1209.

[130] 张恭庆, 林源渠. 泛函分析讲义 (上册) [M]. 北京: 北京大学出版社, 1987.

[131] 张石生. 不动点理论及其应用 [M]. 重庆: 重庆出版社, 1984.

[132] Zhou H. Convergence theorems of fixed points for Lipschitz pseudo-contractions in Hilbert spaces [J]. Journal of Mathematical Analysis and Applications, 2008, 343(1): 546-556.